设计应对衰退
美国收缩城市重建与更新的成败得失

U0167478

国家自然科学基金青年科学基金项目：
我国经济发达地区城市"穿孔型收缩"现象的识别与测度研究：以苏南地区为
实证（编号：52008086）

U D
精选
——
002

设计应对衰退
美国收缩城市重建与更新的成败得失

DESIGN AFTER DECLINE How America Rebuilds Shrinking Cities

[美] 布伦特·D.瑞安　著

高舒琦　常宜禾　许　可　译

中国建筑工业出版社

著作权合同登记图字：01-2023-6260号

图书在版编目（CIP）数据

设计应对衰退：美国收缩城市重建与更新的成败得失 /（美）布伦特·D. 瑞安著；高舒琦，常宜禾，许可译. — 北京：中国建筑工业出版社，2024.2

（UD 精选）

书名原文：DESIGN AFTER DECLINE　How America Rebuilds Shrinking Cities

ISBN 978-7-112-29279-0

Ⅰ. ①设… Ⅱ. ①布… ②高… ③常… ④许… Ⅲ. ①城市规划—研究—美国 Ⅳ. ① TU984.712

中国国家版本馆 CIP 数据核字（2023）第 190064 号

责任编辑：率　琦　刘文昕

责任校对：刘梦然

校对整理：张辰双

UD 精选

设计应对衰退

美国收缩城市重建与更新的成败得失

DESIGN AFTER DECLINE　How America Rebuilds Shrinking Cities

[美] 布伦特·D. 瑞安　著

高舒琦　常宜禾　许 可　译

*

中国建筑工业出版社出版、发行（北京海淀三里河路9号）

各地新华书店、建筑书店经销

北京点击世代文化传媒有限公司制版

北京中科印刷有限公司印刷

*

开本：880 毫米 ×1230 毫米　1/32　印张：8½　字数：251 千字

2024 年 1 月第一版　2024 年 1 月第一次印刷

定价：69.00 元

ISBN 978-7-112-29279-0

（41971）

献给永远支持我的洛瑞娜（Lorena）

目　录

前　言

　　时钟拨回到 1993 年夏天，我还是哥伦比亚大学建筑学院的一名硕士研究生，趁着学校放暑假之际，我决定去底特律探望一下老朋友们。出发之前，我就听说底特律的一些糟糕情况——空置的土地、焚毁的房屋以及空荡的摩天大楼，这些都让我确信，要想了解城市衰败的模样，去底特律看看应该是最好的选择。但是，到了底特律后，城市中大量空置的建筑还是给了我前所未有的震撼，尤其是当我发现雄伟的密歇根中央车站[①]也无可奈何地在命运的嘲弄下被彻底废弃。某日清晨，我伫立在密歇根中央车站，仿佛身于整个美国衰败的缩影之下。对我而言，底特律几乎宣告了数十年来美国重建衰败城市的努力以失败而告终。此情此景，还有什么希望可言呢？

　　随着对于城市研究的不断深入，我发现相比许多其他美国铁锈地带的城市，例如费城与克利夫兰，底特律还是有些希望的：正在建设中的少量住宅、颇具活力的商业区，还有不少游客观看体育比赛与集会的中心城区。但是我对这些收缩城市新开发的社区非常不满：他们中的相当一部分是在复刻美国郊区式的发展模式，有着大量美国郊区常见的尽端式道路。在 20 世纪 90 年代，这些城市中的公共住房开始逐渐消失，取而代之的是我眼中的郊区式"公寓"——联排别墅。在我看来，这种城市更新的方式不仅过于保守，而且对于缓解收缩城市中大量空置的住房问题而言，规模又显得太小。我心想：难道就没人关心糟糕的费城北部或者底特律吗？为什么我们不对这些地方做些什么呢？

　　转念间，我又意识到，在几十年前，大多数美国的老工业城市曾经历过

---

① 密歇根中央车站：其与纽约中央车站同期建设，并由同一家设计师事务所（Warren and Wetmore）所设计。——译者注

一场大规模的城市更新。在我的故乡——美国康涅狄格州纽黑文市，现在到处都是那场规划师们为了拯救城市发起的更新运动所留下的垃圾：一条没有建设完成的高速公路、一个巨型的球场，以及数不清的空置、废弃的建筑。纽黑文市证明了"城市更新"的终结似乎并不是一件很糟糕的事情：这标志着城市无法继续大规模地清理传统街区，也无法再建类似哥伦布骑士会大厦这样与小城格格不入的建筑。联邦政府不再对大规模的拆迁进行补助，正如简·雅各布斯的城市点评，城市不再庆祝自己被各种建设项目"洗劫一空"。美国的建筑师们将目光转而聚焦于郊区或者美国以外的大陆，城市更新运动时期的现代主义明星建筑师们（如保罗·鲁道夫）已经在美国之外开拓了他们的职业生涯。随着规划学习的不断深入，我发现规划师们逐渐放弃了他们乌托邦式的宏大叙事理想，转而聚焦于城市居民，帮助他们渐进式地实现对自己社区的愿景。在波士顿市这样经济发达而且历史悠久的城市中，这种后城市更新时期的方法取得了不错的效果。

但是对底特律这样的收缩城市而言，有什么新的城市更新方法出现呢？仅就我所观察到的情况来看，底特律以及很多其他曾经规模很大的收缩城市或地区（例如，克利夫兰、布法罗、费城、巴尔的摩、圣路易斯以及芝加哥的南部与西部）近年并没有什么新的动作，20世纪90年代的城市再开发①项目已经没有现代主义时期的那份自负，像是宣告了这些收缩城市的未来是大量复制粘贴的别墅。这些别墅可能由一个小型的非营利组织负责建设，同时为社会的低收入阶层提供居住空间。一些规划师可能认为这种社区尺度的再开发建设很不错，但是我认为，这些项目在建筑形式上受限于美国传统的郊区式独户住宅，在建设成本上受限于捉襟见肘的联邦政府经费。虽然有人认为这类再开发项目优于美国20世纪中后期的城市更新运动，但是我认为两者并没有什么不同。近年来郊区化式的更新导致美国绝大多数收缩城市的众多邻里遭废弃，而不是重建。

---

① 尽管此处可以翻译为"城市更新"，但是由于二战后美国"城市更新"（Urban Renewal）的种种问题，使其被彻底污名化，20世纪70年代以来，美国各界极力避免使用该词，而是使用"城市再开发"（Urban Redevelopment）等意思相近，但表述不同的词汇。——译者注

与简·雅各布斯在《美国大城市的死与生》一书中对于当代城市规划与更新的批判不同，我发现很难就美国收缩城市的惨状责怪任何人。20 世纪60 年代的"总体规划"已经不复存在，大规模的拆迁也不再发生，除了中心城区的公建设施外，建筑师很少设计其他建筑，规划师则把以人为本奉为至理名言，而政治家宣称致力于帮助城市发展。很明显，我所见证的美国城市规划与更新的失败，以及城市的收缩，是一种集体式的错误，应该由全体参与重建保障性住房的各方主体承担责任，而不是埋怨任何一个参与者。通过高度去中心化的政府基金分配制度（例如社区发展基金），美国联邦政府放任城市自生自灭。公私合营组织在努力复兴城市，但是他们只关注开发商希望谋取利益的城市中心地区；非营利组织在努力创造与维护小规模的公共住房；城市设计师表现得更像政府官员而非建设者。

相比于波士顿和旧金山这样一度出现人口收缩的城市在 20 世纪 80 年代起走上了复苏的道路，城市更新运动的戛然而止却使得底特律和费城这样的收缩城市的状况不断恶化。过去鼓吹现代主义的社会精英们已悄然离去，取而代之的是毫无章法的非正规更新策略。而这些策略是由以下几个主体所形成的奇怪组合共同完成的：已经几乎失去规划能力的规划部门、一心只想商业利益最大化的地产开发商、对自身问题极为敏感同时希望外界能对其增加关注的少数族裔社区。在种种城市更新的成功案例包围下，我怀疑许多失败的案例被悄悄地藏了起来。举例来说，没有人向我证明，新泽西州的卡姆登市（严重衰败的城市）可以代表成功的政策或设计。

为了更好地理解和解释 1990—2010 年间在美国收缩城市的所见所闻，我特地撰写了本书。我最核心的观点是，20 世纪 70 年代中期结束的美国城市更新运动既是一种伤痛的慰藉，又是一种幻想的破灭：说伤痛的慰藉是因为，类似联邦财政支持的明尼阿波利斯的滨河松庭项目粗暴对待原有的社区；说幻想的破灭是因为，这些城市更新项目所展现的充满希望的未来戛然而止。20 世纪 70 年代之后的城市再开发项目（例如，位于纽约南布朗克斯地区的夏洛特花园）既没有粗暴地对待社区，又没有过于乐观。相反，这些新的城市再开发项目为美国的社区在未来 30 年的发展设立了一种小尺度、渐进式更新的范式。一直以来，众人对于二战后受现代主义影响的城市更新持有一种极为负面的论调，此后地域主义的设计范式取代了原先的现代主义范式，并一直流行至今。但是我认为，上述观点忽略了以下事实：20世纪60年代美国受现代主义影响的城市更新并不只是在设计范式上出了问题，还遭遇了政策设计的彻底失败。为了佐证这一观点，我查阅了英国大伦敦地区建设局的相关历史。我发现，这个机构虽然在建设保障性住房方面没有犯美国20世纪60年代现代主义设计的种种问题，但是也在同一时期被政府彻底关闭了。

在美国，一项对于1950—2000年的人口与住房发展变化的研究显示，现代主义的城市更新并没有阻止大城市的经济下滑。在像费城与底特律这样的城市中，1975年美国城市更新运动停止后，城市的衰败却并没有终止，这意味着并不存在着某一个特定的政策在摧毁（或是拯救）这些城市。在本书的中间章节里，我将展现费城与底特律的城市社区发展历史，这将使我的研究与传统的内城发展研究[例如弗雷登与赛格林（1989）的研究]进行区分。底特律与费城都曾经是重工业城市，但是它们在地理、城市设计、住房数量、社会发展轨迹以及20世纪五六十年代的城市更新经历上有着截然不同的背景。费城采用了极为严谨的方式开展城市更新，通过城市设计以及合理的规划取得了巨大的成功，例如社会山和约克镇的再开发项目，尽管它也有与其他城市类似的问题。底特律则恰好相反，从某种意义上来说是一个更为年轻的城市，有着大量可供开发的居住区，其20世纪中叶的城市更新摧毁了大量的原有住宅并迫使许多居民迁走，这被认为是城市在20世纪七八十年代快速衰落的原因之一。而当20世纪90年代房地产市场开始复兴之时，底特律不但没有几个肌理完整的社区，而且也没有实现城市复兴的能力。

在没有任何集权式的住房、规划或者城市设计政策的引导下，底特律致力于通过设立补贴吸引开发商建立住房市场。在社区中，这一政策获得了前所未有的成功，但是开发商提出唯一值得市场化的模型是郊区式的独户住宅。在得到地方政府大规模补贴的维多利亚花园（Victoria Park）开发项目获得一定成功后，底特律的模式已难以为继，因为到了20世纪70年代，城市中已经没有大块可以用于更新的土地。而之后的杰斐逊村项目则成为一场彻头彻尾的灾难，地方政府不得不将居民赶走，以迎合那些和政府关系紧密的开发商的市场化开发需求。但是，在地方政府的高压之下，冲突再一次爆发，社区抵抗运动导致开发项目搁浅了多年。当2007年次贷危机来临之时，除了城市中少量开发商还愿意投资的地区以外，底特律其他所有地区都难以实现更新。

20世纪90年代，相比底特律，费城对商品房的需求要小得多。但是在1993年，费城选举出了一位具有远大抱负的市长，并在城市北侧遭遇严重衰败的地区采取了干预式的公共住房政策。随后的7年间，费城在较为复杂的空间规划战略的引导下，建造了一系列平凡的公共住房项目。尽管全美的房地产市场在2000年后逐渐恢复，但是费城依旧保持了原先低密度式的公共住房建设原则。在本书写作之时（2010年），费城仍在建设郊区式的公共住房，而私人开发商则正在几个街区之外建设高密度和混合利用的住房。尽管费城的城市再开发策略在政策上行得通，但是大量20世纪六七十年代所留下的现代主义公共住房还留待未来对其进行改造。而在底特律，目前20世纪六七十年代城市更新鼎盛期所留下的现代主义改造项目已经所剩无几，只有一些类似拉斐特花园这样完全推倒重建、很难算作城市更新的项目。

费城和底特律的案例清晰地表明，过去30年的发展并非都是成功的。今天，收缩城市更关注于拆除建筑而不是新建建筑。更进一步来说，目前流行的日常都市主义、景观都市主义、新城市主义等理论在收缩城市及其社区的治理中都有缺陷。但是，我仍然认为这些收缩城市还有希望。尤其是20世纪80年代以来，改良后的现代主义设计（Rowe 1993，264）可以满足收缩城市居民的期望。为了给收缩城市的重建提供新的思路，我提出了五条设计与规划的原则：第一，姑息式规划。即便城市不可能完全恢复到之前的状态，保持行动依旧是解决问题最为重要的方法。第二，干预主义的政策。在应对收缩城市的问题上，过去30年里去中心化的方法已经被证明毫无效率，城市的收缩是一个严峻的问题，需要特殊的政策干预。第三，民主决策。规划师必须考虑到收缩城市中最弱势群体的需求，让居民成为收缩城市在规划与政策制定中的核心角色。第四，预见性设计。在保持现代主义的未来导向之外，保持人道主义所要求的社会干预。第五，城市织补。未来收缩城市的景观可能混合了住满居民的社区、部分空置的社区、重建的社区，以及完全空置的社区。收缩城市和其他各种类型的城市总是处于一种未完成的状态，总在变化之中，但同时也可以在以上五条原则的指导下一直朝着更好的未来进发。本书的最后，我为收缩城市提出了一种"半乌托邦式"的愿景。

在美国，类似底特律和费城这样的收缩城市所面临的经济下滑与空间衰败等已经基本无法挽回。但是我相信，近年来，一些陆续发生的改变可以激励城市设计师、规划师和政客们相互配合，重新调整政策制定的方向，重新思考设计策略。从许多角度来看，美国的收缩城市为城市设计师们提供了大展拳脚的绝佳机会。

第1章　后城市更新时期的城市设计：沉重的历史已经远去

1.1　明尼阿波利斯，一段历史的终结

在 1970 年（Montgomery 1971，35），美国住房与城市发展部[①]颁布了一项旨在重建全美各地社区的新政策。自 1945 年二战结束后，美国的城市在之后的 20 年里经历了史无前例的更新与改造。绝大多数人都认为，美国城市更新运动的高潮已经过去了。在 1970 年之前的这场轰轰烈烈的城市更新运动中，美国各地完成了数以百计的保障性住房项目和上万套的保障性住宅（Thompson 2006，6），建设了上万英里的州际高速公路（National Transportation Statistics，2002），在各地的中心区清理了难以计数的贫民窟。还有什么城市建设运动能够与之比肩呢？然而，又有谁能够设想，未来迎接他们的将是一场规模更加空前的城市建设运动？

当众议院在 1970 年 12 月 31 日通过《城市增长与新社区发展法案》[②]后，美国所有的怀疑者瞬间变得鸦雀无声。这部法律提出，在全美范围内，住房与城市发展部将支持新建 10 个巨型社区（Jackson 1972，6），又名"中心区新城"（New Towns In-Town）（Jackson 1972，10）。对于美国这样一个正在不断郊区化的国家而言，这种理念非常新颖，但是在大西洋的对岸，英国已经有了大量类似的案例。早在 10 年前，伦敦的城郊建设了一个名为巴比肯（Barbican）的巨型社区。它拥有超过 2100 户的居民、巨大的开放空间、学校以及各类福利设施（Carter 1962，plate7）。

[①] 英文名为 The United States Department of Housing and Urban Development，简称 HUD，其职能与我国住房和城乡建设部类似。——译者注

[②] 后来被命名为《住房与城市发展法》。——译者注

　　美国住房与城市发展部雄心勃勃。它设想每个新城社区将包含上千套住宅，以及配套的商业、零售、教育，甚至包含制造业设施。住房与城市发展部对于这些新社区的描述，恰如其分地传达了它们近乎乌托邦式的特性："我们国家在城市建设上并不缺乏新的想法。缺乏的是这样一个机会，可以将许多创意整合到一个系统框架之下，然后将它们在一个完整且具有试验性的环境中实施，以证明我们的想法可以满足城市的需求。新建造的社区恰好提供了这样一种环境：它们在城市设计中为社会与物质空间营造等各个方面的创新提供了机会，也为检验和证明这些新理念提供了契机。它们将成为其他城市在未来发展与建设过程中必须学习的优秀案例"（Jackson 1962，7）。正如住房与城市发展部所宣称的那样，在1971—1972财年中，为清理贫民窟、公共住房建设、城市更新项目共提供了29亿美元的补助（Herbers 1970，32），包括在纽约市与明尼阿波利斯市分别规划、设计与建造一个大型的新城社区项目。这两个项目的规模与复杂程度远远超过了两个城市之前由住房与城市发展部所支持的任何建设项目。在纽约市，住房与城市发展部将在上东区（Upper East Side）的对面，即那个长期被边缘化的罗斯福岛①上，建设一座类似微缩版曼哈顿的长条形新城。当时，明尼阿波利斯市的人口只有43万，远远小于纽约市800万人口的规模（CensusCD NCDB，2001），但明尼阿波利斯市的"滨河松庭"（Cedar-Riverside）新城项目的规模却与纽约市新城项目的规模几乎一样。"滨河松庭"新城项目有着大量高层建筑，几乎成为明尼阿波利斯市的第二个中心城区，取代了原本中央商务区南侧1.5英里处的老旧社区。明尼阿波利斯市的新城由知名建筑师拉尔夫·拉普森（Ralph Rapson）设计，预计将建设12500套住房（Special to New York Times 1971，29），成为美国有史以来最大的城市更新项目。然而，当时没有人会想到，这也将成为全美国最后一个动工的城市更新项目。

　　许多人都认为，拉尔夫·拉普森是践行这一宏大理念的最佳设计师。

---

① 罗斯福岛曾被称为福利岛（Welfare Island），1973年后改为现名。——译者注

20 世纪 60 年代，拉尔夫·拉普森曾是美国最成功的建筑师之一。与那个时代的其他建筑师一样，拉尔夫·拉普森在匡溪艺术学院与麻省理工学院接受了先进的建筑教育。然后，在 20 世纪 40 年代通过与其他知名的现代主义大师，如埃罗·沙里宁（Eero Saarinen）合作，设计家具与小别墅，从而声名远扬（University of Minnesota News 2008）。1954 年，拉尔夫·拉普森成为明尼苏达大学建筑学院的院长，并在此度过了随后的人生岁月。20 世纪 70 年代初，随着一系列备受推崇的大使馆、文教建筑以及住宅设计的完成，拉尔夫·拉普森认为滨河松庭新城项目、这支"重新拯救城市"的狂想曲（Goldberger 1976，1），将成为其职业生涯中的巅峰之作。

　　类似美国当时其他地区的城市更新项目，滨河松庭项目要求对场地进行近乎彻底的清理。这个场地与明尼阿波利斯市其他地区的城市风貌类似，由大量的 1 ~ 2 层的商业与住宅建筑混合而成。滨河松庭社区起源于20 世纪初（Cedar-Riverside Association 1971，2），与美国东部高密度的老工业城市相比，并没有显得异常衰败。然而，在一份 1966 年城市规划委员会报告中，却将滨河松庭社区描绘为明尼阿波利斯市最为衰败的社区之一："滨河松庭社区有着十分混乱的土地利用模式。这些模式之间并不协调。尤其松庭西路①清楚地展示了这种混杂的土地利用模式对城市发展的破坏效果……此外，混杂的土地利用模式使得滨河松庭社区很难支持并吸引新的城市功能"（Minneapolis City Planning Commission 1965—1966，11）。城市规划委员会的结论是，滨河松庭社区必须完全重建："98% 以上的建筑需要更新来满足当代的要求与设计的规范……2/3 的邻里需要彻底推倒重建……如果要减少城市中现存的大量隐患，就必须改变目前土地和街道的利用方式（Minneapolis City Planning Commission 1965—1966）。"拉尔夫·拉普森的新城设计采用了令人叹为观止的手法解决上述问题。滨河松庭项目将由五个高密度的住宅区环绕一个混合商业区构成。该项目预计将

---

① West Ceda，社区内的一条主要街道。——译者注

于 1992 年全部建成，从而为 3 万人提供 1.25 万套住房（Miller 2006，40；Christensen 1973；Bryan 1972）。在 20 世纪 60 年代早期，滨河松庭项目中的大多数土地被一位名叫格洛丽亚·西格尔（Gloria Segal）的慈善家购入。这位慈善家认为拉尔夫·拉普森的设计将实现其重建城市中衰败社区的梦想。

最初，滨河松庭项目的推进完全按照计划进行。在 1971 年 6 月 29 日，住房与城市发展部为该项目提供了为期 10 年、价值 2400 万美元的贷款，并要求地方政府配套拨款 4000 万美元（Special to the New York Times 1971，29；Bryan 1972，127；Martin 1978，95；Christensen 1973，137；Segal 1972，162）。第一期项目预计在 1976 年完工（Cedar-Riverside Association 1971，1）。西格尔在 20 世纪 60 年代已经购置了滨河松庭项目的绝大多数土地，因此项目很快就得以启动（Martin 1978，111）。1973 年，滨河松庭项目的第一期（10%）完工了。新的居民随后陆续迁入，既包括从其他城市更新项目中搬迁来的低收入阶层，又包括按当时以市场价格甚至高昂租金租住的中产阶级（Goldberger 1976，1；Martin 1978，115）。

滨河松庭项目的设计非常壮观且具有里程碑的意义，在建筑学的语汇中可以称为"巨构建筑"（Wilcoxon 1968，2，Banham 1976，8）。拉尔夫·拉普森的明尼阿波利斯市巨构建筑，主体是一组 30～40 层高的塔楼，在周边散布着 4～8 层的组团（图 1.1）。每一个组团都围合出了含有休闲和娱乐功能的公园（Bailey 1974，33）。拉尔夫·拉普森的设计去掉了传统居住区设计中常见的道路，而是将通往超级组团的交通用尽端口袋的手法来处理，从而尽可能地将地面空间留给行人。拉尔夫·拉普森的设计中还有空中连廊：将各个组团在四层的位置相互连接起来。这些空中连廊连接着每个高层塔楼与"商业及社区服务设施"（Cedar-Riverside Association 1971，15）。因此，滨河松庭社区的居民可以不下到地面层，仅仅通过空中连廊就能在整个超大社区中徜徉。

拉尔夫·拉普森的这一设计在明尼阿波利斯市前所未有。对现代主义建筑历史有所了解的人可以发现，滨河松庭项目的形态与功能都源自瑞士

图 1.1　明尼阿波利斯市的混凝土巨构是美国城市更新时期最后的回光返照。社区的反对以及尼克松政府对于城市更新资金使用的去中心化政策，使得这一项目在 1974 年戛然而止。

图片来源：1977 年 11 月，《美国建筑师协会会刊》第 66 期，第 27 页。摄影：汉利·伍德（Hanley Wood）

建筑师勒·柯布西耶对于住宅的"整体设计"理念，即"统一居住区"。[①]
柯布西耶在欧洲设计了许多的"统一居住区"，这些居住区在一栋 18 层的板
式高层住宅中结合了居住、商业，以及娱乐功能，而不是像以前的城市将这
些功能分布于不同的街区。拉尔夫·拉普森所采用的清水混凝土外观设计以
及黄色、红色和蓝色的窗户之间的隔板，都模仿了勒·柯布西耶的"统一居
住区"风格。滨河松庭项目的空中走廊反映了英国建筑师史密森夫妇（Alison
and Peter Smithson）的"空中步道"理念。这一理念最早体现于他们在伦敦"金
色小巷"（Golden Lane）住宅项目的设计上。在这个尚未建成的方案中，史
密森夫妇将传统城市街道中混合的土地利用模式和开放空间转变为一种由住
宅单元和露天走廊相互连接组成的三维空间，它们同时承担了公共空间与休
闲娱乐的功能。尽管拉尔夫·拉普森设计的滨河松庭项目比勒·柯布西耶与
史密森夫妇的设计晚了 20 年，但是或多或少地继承了他们的设计理念。

　　无论从任何角度来看——尺度、形式、材料、外观，滨河松庭项目
都与明尼阿波利斯市低密度的木制洋房社区格格不入。拉尔夫·拉普森的
设计在形式上非常复杂，但是这正体现出滨河松庭项目与其所在的明尼阿
波利斯市之间的巨大差别。考虑到城市中没有任何其他的住宅项目与滨河
松庭项目相似，拉尔夫·拉普森冒险用一种与其他地区完全不同的方法塑
造滨河松庭项目，并期待着这种巨大的差异能够为城市带来积极的影响。
"我们希望可以通过建成环境的设计展现明尼阿波利斯市的多样性"，拉尔
夫·拉普森在 1976 年说道。尽管建筑评论家纷纷表示赞同，但是许多当地
的住户却对此并不认同。从人本主义的视角来看，滨河松庭项目很快展现
出现代主义高层建筑的失败之处：有小孩的家庭希望逃离这个钢筋混凝土
的怪兽去亲近自然，而低收入家庭则认为巨大的窗户和狭小的阳台非常不
实用（Goldberger 1976）。

　　当滨河松庭项目的第一期完工后，在美国首都华盛顿正酝酿着影响全

---

① "统一居住区"（Unités d'Habitation）：直译自法文，"马赛公寓"全名为 Unités d'Habitation of
Marseille，即马赛市的统一居住区。——译者注

美新城项目的决议。1973 年初，联邦政府表明了将对城市更新与新社区计划作出重大的调整。在 1 月 5 日，尼克松总统宣布，在此后的 18 个月中，将暂停政府补助的保障性住房建设，以便政府"总结之前保障性住房建设过程中存在的问题并对其进行纠正"（Nixon，"State of the Union"1975，172）。在这项暂行令之后，尼克松总统提议将用新的计划取代之前众多"浪费和过时"的住房项目，包括新社区行动以及一笔专项拨款，以增强地方政府在城市更新上的决策能力（Nixon，"Radio Address"1975）。1975 年 1 月，尼克松总统提出了"更好的社区法案"最终成为《住房与社区发展法案》（Housing and Community Development Act），该法案取消了所有的新社区项目，取而代之的是社区发展基金（Community Development Block Grants）。社区发展基金允许社区自由地使用这笔钱满足社区发展的需求（Frej and Specht 1976），从而把他们从美国住房与城市发展部的强制性要求中解放出来。尼克松总统认为这种去中心化的城市更新财政分配方式对各方都有利：

> 我们正在停止这些失败的项目。我们决定将从纳税人手中收取的所有美元都用到刀刃上。联邦政府不能继续把钱投到大规模城市更新项目这样的无底洞中。这意味着我们将在联邦项目中坚持追求更高的效率与更完善的管理，但同样意味着再次让基层政府发挥主导作用。相比于联邦政府所雇佣的规划师，我相信你们可以把自己的城市规划得更好（Nixon，"Radio Address"1975）。

尼克松总统在 1973 年 3 月的公告，宣告彻底终结滨河松庭这样由中心化的联邦资金所支持的项目。自此，就像尼克松总统说的那样，美国住房与城市发展部将不会告诉社区如何使用他们的重建资金，而是把经费的使用权完全交给社区。但是，美国的民主与共和两党对于这种中心化规划的反对态度却惊人地一致。1973 年下半年，在明尼阿波利斯市，一群环境与社区的积极分子对滨河松庭项目提出了诉讼，他们认为该项目的环境影响评价声明"不充分"，并且项目本身是"不必要又具有社会破坏性"的

（Goldberger 1976）。由于缺乏继续推进项目所需的环境影响证明，滨河松庭项目的建设在受到诉讼后不久便无限期地停止了。同时，明尼阿波利斯市中另外一个尚未完成的新社区项目也遭受了同样的命运。此外，在1976年，作为住房与城市发展部所谓的"新城镇计划详细评估"（Detailed Re-evaluation of The "New Towns" Program）的一部分，整个新社区法案（New Communities Act）被悄然暂停（Oser 1976，10）。10年后，住房与城市发展部失去了对滨河松庭项目（Miller 2006，56）的所有权。同时，整个开发项目也将被纳入联邦政府的破产管理之下。

如今，滨河松庭项目与其他传统的公共住房开发项目几乎没有什么不同，同样在种族构成上以少数族裔为主，并且70%的居民处于或低于联邦政府所划定的贫困线（Cedar-Riverside Adult Education Collaborative 2010）；与其他地区格格不入，内部环境不断恶化，受到种族和社会隔离，甚至成为贫困的象征，这个耗资巨大的滨河松庭项目反而成了整个城市的累赘。对于大多数明尼阿波利斯人来说，它不过是20世纪60年代又一件夸夸其谈的建筑作品、又一次失败的城市更新实验、又一个标志现代主义死亡的真实案例。

20世纪70年代中期，随着城市更新政策的"快速调整"（Nixon，"State of the Union" 1975，172），整个美国的城市更新项目陷入了崩溃，无一例外。"现代主义者们承诺了一个乌托邦的世界，" 1976年，《泰晤士报》的建筑评论家阿达·路易斯·赫克斯塔布尔（Ada Louise Huxtable）曾这样评论，"他们的愿望是建造一个更清洁、更明亮、更高效、更有序的世界。在这个世界中，新的建筑和技术将为人们创造健康和幸福的乐园。它想要摆脱一切伪善，摆脱一切历史的束缚，但是却没有成功，因为承诺了太多，而且承诺的世界并不真实"（Huxtable 1976，47）。阿达·路易斯·赫克斯塔布尔在日后对现代主义的批判中，也一直保持着这样的观点。

1.2 城市更新的复苏：批判，危机与改革

尼克松总统所提出的去中心化的城市更新政策，成为美国城市化进程

的分水岭。它标志着从富兰克林·罗斯福总统设立的移民安置管理局（Hall 2002，135）所建立的绿带城镇开始，联邦政府对于建成环境长达 40 年的直接干预结束了。许多人甚至怀疑，比起所解决的问题而言，这 40 年似乎给美国的城市带来了更多的麻烦。特别像上文提到的滨河松庭项目等这些现代主义者留下的充满问题和争议的建筑，更加深了人们对于这种自上而下的城市更新政策的怀疑。这些项目在建筑学意义上也许具有创造性，但它们在规模和形式上却十分另类，并且还是以牺牲那些受人喜爱的老社区为代价所建造的。这些缺陷导致公众认为现代主义建筑仅仅是一种用于城市重建的方式，这种方式不但忽视了公民的意愿，而且扭曲和贬低了人们对于建筑和城市规划专业的认识。

尽管公众对现代主义建筑的怀疑在不断累积，但长期以来，建筑和规划界仍然一致主张城市更新应当"消除贫民窟，阻止其产生，并且不断建造新的社区"（68 Stat. 590，1954）。但是，各地城市更新项目的不断失败，导致建筑师和规划师的联盟逐渐陷入了僵局。随着城市更新项目的地位，从联邦政府的核心议题转变为一潭毫无活力的"政策死水"（Altshuler and Luberoff 2003，26），建筑师和规划师在大型城市开发项目上的合作也大为减少。尽管这样的合作机会并没有完全取消，直到 1989 年，联邦资金还在资助一些大规模的城市更新项目（Dreussi and Leahy 2000）。但随着联邦政策的快速转变，大规模的城市建设机会已经大幅削减。建筑师和规划师也不得不相信，自 20 世纪 40 年代以来指导城市更新的现代主义设计思想，就像他们曾经注定要摧毁的街区一样过时了。现代主义建筑的衰落如此之快，以至于滨河松庭项目完成之前，在设计审美上就已经过时了。

尤其在建筑的风格和物质基础方面，建筑师开始质疑现代主义。阿道夫·路斯（Adolf Loos，1931）曾这样概括：那些以前刻板的现代主义认为，装饰就是"犯罪"。但这种想法不仅是过时的，而且是缺少人性的，是对自文艺复兴以来建筑大师们所特有的"复杂性和矛盾性"（Venturi 1966）的拒绝。一些建筑师还认为现代主义是反城市的，对以往美学原则的抛弃不仅产生了不人性化的建筑，而且忽视了城市作为人类知识和文化宝库的价值（Rossi 1982）。20 世纪 80 年代初，建筑评论家查尔斯·詹克斯（Charles Jencks）大胆地宣称现代主义已经结束，设计已经进入后现代主义时代："后现代主义主要致力于现代主义的价值观塑造，如技术、流通和效率的表达，但后现代主义建筑强调城市环境、使用者的价值观和建筑表现的永恒手段，例如装饰"（Jencks 1981，6）。詹克斯还补充道，后现代主义建筑的特点是谦逊的，是能够满足大众诉求的，它们试图恢复被现代主义的傲慢所否认的对人性的尊重。

正如大伦敦委员会（Greater London Council）的工作所表明的那样，现代主义的迅速衰落对美国和英国的城市设计产生了巨大影响。大伦敦委员会是英国 1947 年由《城乡规划法》（Hall 2002，356）所支持创立的一个强大的地方政府，严格履行为大伦敦地区提供中低成本住房的职责。在 1965 年至 1970 年间，大伦敦委员会花费了大约 1.5 亿英镑建造了 2.6 万户新住宅（Greater London Council 1970，12）。虽然英国没有受到 20 世纪 70 年代早期美国城市政策转变的影响，但大伦敦委员会的建筑部门经历了一场程度相当的设计革命。20 世纪 70 年代早期，现代主义仍然占据着主导地位：在伦敦的周围，新建城镇和大规模保障性住房的建造正如火如荼地进行着（图 1.2）（Greater London Council 1970，16–20）。这些项目往往规模巨大[1]，并且外形抽象，具有典型的现代主义建筑风格。它们存在很多的共同点，例如，大多是 15～25 层的塔楼和低矮的"裙楼"式建筑，空旷且组织松散的开放空间，以及对现存历史建筑的大规模清理。20 世纪 70 年代初的建筑设计和规划思想，似乎与 20 年前相差无几。

然而，任何与 20 年前显著的共同点都是误导性的，因为 20 世纪 70 年代初同样意味着英国现代主义进程的最后几年。到 1974 年，大伦敦委员会终于宣布了这一点：

（今年）建筑行业对于自身地位的认知又向前迈进了一大步。

---

[1] 泰晤士米德新城（Thamesmead New Town）的直径超过了 3 英里（约 5 公里）。——译者注

图1.2　位于英国泰晤士米德新城的纽艾克项目（Newacres estate），是大伦敦委员会在 20 世纪 70 年代早期的典型设计。它的预制塔楼充满力量，高度抽象，但却往往呈现出缺乏吸引力的现代主义鼎盛期的典型形式。

图片来源：大伦敦委员会建筑与设计部门，1965—1970 年大伦敦委员会建筑：大伦敦委员会建筑与设计部门作品（London: Greater London Council 1970）

有人称之为建筑行业的危机，但它实际上是到了自我认知的另外一个阶段。这种重新认知的核心，是越来越多的人对建筑界的一些既定态度产生怀疑，越来越多的人开始认同建筑师和公众之间需要更深入的相互理解。其最终结果导致更加低调、平和的建筑产生，它们是精妙并且人性化的，具有居住者真正喜欢的那些特点（Greater London Council 1974，3–4）。

仅仅三年后，大伦敦委员会便宣布它已经完全抛弃了现代主义。"住房的形象发生了根本性的变化；它的规模已经完全改变了。过去那些庞大的高层建设项目，连同相对应的全面重建政策都不复存在。它们造成了大规模的城市结构的破坏……设计正在回归到更为传统的英国方式。自我意识过度膨胀的时代已经结束了"（Greater London Council 1977，10）。大伦敦委员会在 20 世纪 70 年代中期设计的住宅反映了这些理念的变化，它们与几年前建造的住宅几乎没有任何相似之处。没有高大的混凝土塔楼和开放式广场，70 年代中期的这些建筑只有几层楼高，并且带有混合使用、充满活力的街道和步行街，给人一种类似于传统城市提供的城市包围感。现代主义鼎盛时期盛行的大量的抽象元素消失了；这些建筑主要由砖砌成，带有穿孔的窗户和私人入口，让人联想到 19 世纪的伦敦建筑。并且，与它之前的几代相比，这些建筑的质量和吸引力往往非常之高（图 1.3）。

20 世纪 70 年代中期，大伦敦委员会建筑部门的设计"革命"将现代主义从设计手法中彻底移除，但至少目前看来没有一场类似的城市政策革命与此同时发生。强大的区域规划机构继续按照长期总体规划建造社会住房，尽管它所建造的住房规模比革命前更小，形式上更有内涵，对所处的社区环境也更为敏感。这种对政策变化的豁免权不会持续太久：在席卷英国的私有化浪潮之下，撒切尔首相于 1986 年将大伦敦委员会废除（Klatt 1986，11）。但是，20 世纪 70 年代末和 80 年代初标志着英国进入了一段宁静的时期，在这段时期里，英国将一种改良的现代主义建筑和城市美学应用于带有自由主义政策色彩的保障性住宅（social house）建设之上。

图 1.3　到了 20 世纪 70 年代末，与 1980 年在托特纳姆沿利河（Lea River）边建成的皇后渡口庄园（Queensferry Estate）一样，大伦敦委员会的住宅项目在设计上更加个性化，在规模和材料上更加人性化，并且更加尊重所在的环境。

图片来源：大伦敦委员会建筑与设计部门，大伦敦委员会建筑作品第二辑（London：Academy Editions 1976）

在短短几年里，大伦敦委员会改良的设计策略取得了巨大的成功，尤其体现在 20 世纪 80 年代初建造的一系列住宅开发项目中。其中最成功的一个案例是奥达姆（Odhams Walk）项目，该项目建于 1978—1982 年间，位于科芬园（Covent Garden）社区附近。如今，科芬园是一个极其繁荣、绅士化的社区，有星巴克和 Zara 这样的商店，但在 20 世纪 60 年代，它是一个萧条的社区，混杂了办公、住宅、零售、商场、工业和娱乐等多重功能于一体，类似于美国的斯科莱广场（Scollay Square）或西格林威治村（West Greenwich Village）。与 20 世纪 60 年代末的许多更新项目类似，奥达姆项目的诞生也经过了激烈的斗争。与同时期美国其他城市的更新策略一样，1968 年由大伦敦委员会起草的《科芬园搬迁计划》提议对科芬园社区进行大规模的清理。该计划提议清理和重建该社区 93 英亩土地中的 55 英亩，并建造一个巨构建筑（Covent Garden Planning Team 1968，49）。该计划立即引发了抗议，因为它提出要取代工人阶级的住房和生活，最终导致在 20 世纪 70 年代初，爆发了居民的抗议活动。一位工人阶级居民愤怒地写道："科芬园最吸引人的地方是这里的人……这里有商场雇员和工人阶级租户。把这些人都赶走，这里还剩下什么呢？只剩下其他没有任何特色的区域。合理的方案应该用当地的居民、伦敦东部地区的人取代商场雇员，而不是用切尔西 ① 地区的居民"（Anson 1981，39）。1973 年，社区运动和政府压力迫使大伦敦委员会放弃原规划，重新进行规划（Anson 1981，176），一位学者称这是"规划历史上最不同寻常的事件之一"（Home and Loew 1987,9）。1978 年，大伦敦委员会在与包括科芬园社区工人阶级居民和工人在内的一个委员会进行了长达四年的磋商，发布了一份经过大量修订的行动规划。在意料之中的是，这份行动规划与之前的规划截然不同。1969 年规划中所提出的大规模的推倒重建已经不复存在：相反，新的行动规划建议，翻新历史建筑和一些空置或低效用地，其中包括原先奥达姆出版社（Odham'd Press）所在的建筑工地。在行动规划中，建议奥达姆项目由大约容纳 320 人的

---

① 切尔西（Chelsea）是伦敦西南部地区的地名，素以高收入阶层聚居区而闻名。——译者注

住宅和商业空间组成（Greater London Council 1978，74）。随着行动规划的正式推出，奥达姆项目的建设于 1978 年顺利开工，并于 1981 年完工。

居民们的诉求很好地融入奥达姆项目的设计过程之中，这被评论家肯尼斯·坎贝尔（Kenneth Campbell）称为"一份最巧妙也是最令人满意的答卷……这个城市中近乎独立的社区，具有令人震慑的强烈社群感"（Woodward and Campbell 1982，43）（图 1.4）。奥达姆项目为科芬园社区的 314 名工薪阶层居民提供了 102 套公寓，包括 12 套"5 人"（4 间卧室）公寓和 8 套"6 人"（5 间卧室）公寓（Woodward and Campbell 1982，44）。

为了应对在城市的中心区提供数量较多的中等收入住房的挑战，奥达姆项目在某几个方面显得与众不同。也许其最大的特征是与周边 4~5 层的建筑在尺度上保持了一致性，这使其与现代主义建筑顶峰时期的建筑存在显著的差异。与此同时，奥达姆项目的建筑师唐纳德·鲍尔（Donald Ball）运用了一种极为超前的设计手法，将奥达姆项目设计为建筑、花园露台和公共人行道共同组成的三维集合，从而为大多数住宅提供了通向私人入口的半公共楼梯（图 1.4）。在对科芬园的历史文脉和当代设计潮流的回应上，奥达姆项目都可以称为具有"反应性"或"反思性"的现代主义特征。如今，在建成 30 年后，奥达姆项目中的植物已经枝繁叶茂，成为一个由绿色、光、影和砖所共同构成的迷人的混合体，巧妙地将私人的生活与纷繁复杂的公共空间联系起来。2010 年，可持续社区研究院 ① 将奥达姆项目认定为一个"典范"项目，并称赞该项目是"少有的能在真实世界中完美甚至更好地表达艺术家创造力的住宅开发项目之一"（Academy for Sustainable Communities 2010）。

抛开建设前的规划和社区争议，奥达姆项目是在集权化的规划范式下诞生的社会住房和建筑创新的典范。为了应对现代主义风格晚期的变迁，以及社会上对大规模拆除贫民区和随之而来的人口置换的抵制，大伦敦委

① Academy for Sustainable Communities 于 2005 年由英国前副首相约翰·普莱斯考特（John Prescott）设立，旨在推动英国社区的发展。——译者注

图 1.4 也许位于伦敦科芬园社区的奥德姆项目最能代表大伦敦委员会改良的现代主义设计理念。奥德姆项目于 1982 年建成，是一个复杂的综合体，在视觉上充满令人愉悦的创造性都市元素，同时在规划上充满了社会责任。仅仅几年后，撒切尔政府解散了大伦敦委员会，社会住房的建设随之戛然而止。

图片来源：大伦敦委员会，1976—1986 年建筑与设计部作品（London: Architectural Press 1986）

员会将自由主义的住房政策和现代设计美学结合起来。在现代主义逐渐没落的 1974 年至大伦敦委员会解散的 1986 年之间，奥达姆项目只是大伦敦委员会规划和建设的众多类似项目之一。在这短暂的十几年间，英国通过调动国家资源，以高质量的建筑和城市设计，极大地满足了低收入居民对住房和社区的需求。

尽管奥达姆项目别具特色，但它在公共政策和城市设计上并不完美。随着时间的推移，以及 20 世纪 80 年代英国保守党政府通过"购房权"计划将公共住房推向市场，原本为社会中下阶层所承担的社会保障性职能受到了严重的侵蚀。这个项目允许原先的租户（其中绝大多数为工薪阶层）以政府补贴后的价格购买租住的公寓，然后再以市场价格转售。这一计划实际上对政府而言是巨大的失败：一方面，在公共财政上，政府放弃了对奥达姆项目住房的所有权，原先的国有资产瞬间流失；另一方面，在政策设计上，原先预想的保障性住房成了商品房。如今，从市场价值来看，奥达姆项目大多为豪华住宅。尽管目前仍有"许多原先的居民"（Academy for Sustainable Communities 2010）居住在此，但位于奥达姆项目的一套一居室公寓售价高达 50 万英镑，约合 70 多万美元。如此高的售价无疑是该项目位于伦敦市中心的结果，而大伦敦委员会原本打算为工薪阶层在寸土寸金的伦敦提供保障性住房的想法，显然早已成为过去式。

但是在今天，奥达姆项目就完全不可能实现了。大伦敦委员会已经解散了，而 21 世纪的科芬园地区拆迁的成本又非常高。不过，奥达姆项目的建筑和规划经验值得其他所有地区学习。通过与在国家层面致力于提供低成本住房的规划设计机构合作，唐纳德·鲍尔设计的奥达姆项目既体现了人本关怀，又体现了在地化和现代性的设计策略。今天，在物价高昂的伦敦，可能很难找到一个像奥达姆项目这样兼具社会和设计责任感的项目。

1.3 城市规划的并行危机

在英国，改良后的现代主义和国家主导的规划可以在短时间内修正现代主义盛行时期在城市中犯下的错误。然而在美国，1975 年以后，设计领域的创新和规划分道扬镳，导致无法修正原有的问题。尽管建筑师努力与现代主义划清界限，专注于设计"低调的"、"平常的"和"人性化的"建筑，但这些关注城市问题的规划者发现，他们与之前几十年来支持城市更新活动的联邦基金和项目彻底脱节了。几十年来，美国各地的规划部门、城市再开发机构和建筑师们携手合作，共同执行联邦政府的命令，利用联邦资金重建美国城市。可是当城市更新消失后，这种关系随之发生了巨变。

二战后的 30 年间，美国的城市规划往往与城市现代化、大规模的贫民窟清理行动联系在一起。而贫民窟清理行动其实早在现代主义诞生之前就存在了：例如在 19 世纪 70 年代，非营利组织就曾为纽约的穷人们建造了"廉租公寓"（Plunz 1990，88-121）；20 世纪 20 年代，在住房先锋伊迪丝·埃尔默·伍德（Edith Elmer Wood）的带领下，美国区域规划协会的各种住房建造在很大程度受到田园城市 ① 的影响，而不是光辉城市 ② 的理想主义（Birch，1976）。20 世纪 30 年代，随着现代主义影响力的逐渐扩大，保障性住房与现代主义设计紧密联系在了一起，尤其是在纽约，自 1938 年威廉斯堡住区（Williamsburg House）建成之后，所有公共住房都遵循着现代主义的设计风格（Plunz 1990，217）。20 世纪 50 年代，随着 1949 年和 1954 年联邦住房法案的出台，城市规划者要求再开发项目必须与"综合社区规划"和"社区分析"的需求一致（Charles S. Ryne in Kraemer 1965，23）。自此，城市规划者已然成为地方政府中资金最充足、权力最大的雇员。这一时期的城市更新有着鲜明的现代主义建筑语汇。当然，城市更新也得到了包括政界、法律界和商界领袖在内的"增长机器"联盟的支持，他们的影响力远远超过了规划师本身。实际上，在那些进行大规模再开发

---

① 田园城市（Garden City）：由霍华德提出的一种理想的城市模式，城市由功能区和绿化区组成的复合体，圈层式向外发展。——译者注

② 光辉城市（Gradient City）：由勒·柯布西耶提出的一种理想的城市模式，城市的建设应该降低建筑密度，提高容积率，从而可以有更多的空间用作公共和绿地。——译者注

的城市中，城市规划（包括城市更新）的地位是非常重要的。在 20 世纪 50 年代末，芝加哥和纽约都全面修订了区划，以反映现代主义的设计原则（Schweiterman，Caspall 2006，38;Willis 1995，140–142），这使得规划师不仅将现代主义的设计理念融入城市更新项目中，更是尝试以立法的形式将现代主义的设计原则制度化。

　　然而，自从 20 世纪 60 年代以来，伴随着城市规划与现代主义的联系逐渐减弱，美国城市规划行业在地方政府中原本强大的地位不断下降。纽约的规划师不再得到罗伯特·摩西（Robert Moses）的器重。摩西是一位有权有势的官僚，尽管压迫和蔑视规划师几十年，但却一直作为城市更新的公众形象出现在大众面前。作者罗伯特·卡罗（Robert Caro）曾描述过纽约市规划委员会是如此软弱无能，以至于在 20 世纪 50 年代，城市规划师不得不"转入地下"商讨如何应对摩西主导的拆迁与城市更新（Caro 1974，966）。纽约的规划师可能悄悄策划并实施一些行动，反对摩西及其资金雄厚的机构，但指望普通市民能识别出来是不现实的，因为他们可能都无法区分摩西和规划师们所代表的不同政党派别。20 世纪 60 年代中期，随着摩西"总体规划"中的高速公路和住房再开发项目引发越来越多的公众争议，城市规划委员会提出的现代主义促使整个纽约修建了大量的巨型建筑（Klemek 2008）。1969 年，尽管纽约市公布了第一个总体规划，但那时城市规划的形象和意义早已不堪，以至于纽约市规划专员贝弗利·斯帕特（Beverly Spatt）认为该规划是"一个徒劳无益的典范"（Spatt 1969，174）。斯帕特认为，纽约的城市规划需要"从一开始就保持公众参与，让社区居民与专业的城市规划人员一起制定方案，解决问题，共同提出具有较高实施性的解决方案……只有城市规划师和社区居民从一开始共同努力，才能尽量减少分歧，实现和解"（Spatt 1969，175）。斯帕特的异议反映了自 20 世纪 60 年代初以来，学术界对现代主义规划的态度其实是日益疏远的。尼克松总统放弃了集权化的城市更新方案，这也是对集权式规划的怀疑最为盛行的时期之一。历史学家克里斯托弗·柯里米克（Christopher Klemek，2009）曾描述过"新左派城市主义"（New Left Urbanism），这种怀疑论首先出现于 20 世纪 50 年代末的宾夕法尼亚大学。在那里，保罗·达维多夫（Paul Davidoff）——一位接受过法律而非建筑学训练的社会学家提出了一种质疑的观点，他对于是否应该由专家主导大型的城市规划项目表示怀疑。达维多夫既反对自上而下的规划范式，也反对将规划与建筑联系在一起。达维多夫在 1965 年提出了社会性规划方法，他写道，"城市规划要让公民参与进来，而不是将他们排斥在外。"参与"不仅意味着允许公民聆听内部的声音，还意味着让他们充分了解规划编制的根本动因，并以专业规划师的语汇发表意见"（Davidoff 1965，546）。受到这一社会正义理论的影响，规划师和公民们自然不可能支持任何形式的大规模重建计划及其相关政策。因此，社会正义论的拥护者们对宏大叙事的现代主义城市设计方案极为不满，而这些设计方案的缺陷很快就影响到了规划教育和实践的核心——城市设计和物质空间规划。受社会性规划的启发，宾夕法尼亚大学在 1965 年废除了规划课程中的设计课程（Scott Brown 1990，14），这一举措很快被其他规划院校效仿，如麻省理工学院（Rich et al. 1970）。建筑设计被从规划课程中彻底取消，同时也取消了规划的内容 [1]，这标志着规划与建筑戏剧性地分道扬镳，而联邦政府在 20 世纪 70 年代中期的政策转变也体现了这一点。1975 年，随着城市更新项目的暂停，现代主义规划——正如尼克松总统所说的那样——正在进行一次"重新评估"。克利夫兰推出了新的城市总体规划，转向以社会问题为核心的政策规划。报告中没有使用任何图片信息，并且以条例的形式将设计和规划彻底分离。

20 世纪 70 年代末，规划和建筑行业逐渐从各自的困境中恢复过来。建筑学虽然一如既往地致力于创新设计，但在被缺乏人道主义的现代主义设计警醒后，建筑师开始重新考虑"乡土和地域主义"的设计理念（Scully 1988，262）。许多建筑师希望通过重新挖掘城市的历史与背景，以及现代主义诞生前的城市环境，重新获取设计的灵感。与此同时，具有讽刺意味的是，带有自由主义色彩的规划师彻底放弃了致力于重塑城市的现代主义

---

[1] 耶鲁大学建筑学院在 1970 年完全取消了规划专业。

设计理念，转而与致力于权力下放和减少自由主义政策的保守的联邦政府步调一致。以上两个转变使城市规划丧失了塑造空间的主要模式：城市更新。[1] 规划专家和实践者越来越关注规划在解决资本主义社会矛盾和社会不公平方面的潜力。业界和学界的规划师对原本由国家机器运行的现代主义城市更新项目失去了兴趣。将关注点转向历史和社会，赋予建筑和规划行业全新的使命感。从城市更新的失败中恢复之后，建筑与规划行业不得不调整预期，以适应后城市更新时代不断紧缩的财政环境。

然而，改革后的建筑与规划行业的理念有一个致命的缺陷。尽管现代主义在规划、建筑和城市设计领域已经烟消云散，但那些最初导致现代主义消亡的城市问题却并没有随之消失。相反，现代主义和城市更新同时消亡，使得衰落的城市没有明确的政策可供使用，也没有具体空间营造手法重塑那些陷入困境的社区。随着后现代主义建筑师和规划师的分道扬镳，他们无缘参与到 20 世纪 70 年代末应对收缩城市众多问题的那场宏大叙事中。尽管现代主义在鼎盛期存在严重的缺陷，但它也有一个优势，那就是与国家政策的关系非常密切。在 20 世纪 70 年代末，谦卑而可靠的建筑和规划行业解决了意识形态上的争论，但它们已经难以应对当时和此后几十年困扰美国旧城的种种危机。

当尼克松总统宣布将城市更新政策的权力下放时，他宣称，新的计划将"把主导权还给基层政府"，并且"让人们感受到，他们能对自己生活的地方产生影响"（Nixon，"Radio Address"1975）。20 世纪 70 年代末，衰败的美国城市第一次有机会按照自己的计划，而不是联邦的计划重新开发和建设社区。在美国，最早的这种去中心化的城市更新案例之一，是纽约市衰败的南布朗克斯地区。

1.4 南布朗克斯地区的新生

评论家们认为，20 世纪五六十年代的城市更新恶贯满盈。其中，最为糟糕的是，规划师将健康的，或许带有拥挤和贫穷特性的城市社区与亟待拯救的贫民窟混为一谈。对波士顿城北和城西的少数族裔聚居区的谴责，向简·雅各布斯这样的评论家传递了一种错误的信息，即城市的现代化是以牺牲普通市民生活为代价的。"'你为什么就偏偏住在北面？'一位波士顿的规划师抱怨道，'这就是一个贫民窟！我们最终必须重建它，必须让那里的人离开。'这事说来蹊跷，我朋友的直觉告诉他，波士顿城北是个好地方，而且社会经济数据也证实了这一点。但作为一名专业的规划师，在他的知识体系中，有关好的社会和空间组织模式都印证了波士顿城北是一个糟糕的地方"（Jacobs，1961，10–11）。简·雅各布斯对贫民窟清理计划的批评富有争议。这些批评在某些方面是准确的，但也有夸张的成分，并非所有的规划人员都支持清除贫民窟，正如卡罗（Caro，1974，966）所记载的那样，许多规划师试图抵制由政客和富商们所支持的强大的城市更新机器。但是，政府部门雇佣的规划师几乎不可能对抗这样的联盟，他们甚至通常都没有对抗的机会。在 20 世纪 50 年代，政治学家道格拉斯·雷（Douglas Rae，2003，316–325）在对纽黑文城市更新的政治学研究中，描述了一位市长理查德·李（Richard Lee）在资金充足且充满信心的情况下，认为他不仅可以将该市的规划委员会边缘化，而且还可以将其分化，同时为重建一个规划委员会和一个私人咨询公司提供资金，以承担原先规划师无法或不愿意执行的许多城市更新任务。城市规划作为一个政府行为，显然与州际高速公路等对旧城造成破坏的因素没有多大关系。但大规模的社区清理和随之而来的问题，毫无疑问是由以城市规划为主的公共政策所引发的。正是简·雅各布斯和保罗·达维多夫等评论家们对这一公共政策加以批判，认为规划行业应该承担相应的责任。

如果城市更新能与城市规划挂上关系，那么城市的衰败也是可以的。在整个 20 世纪 60 年代，美国的城市面临着日益严重的社会问题，在资源极其有限、经济不断萎缩以及带有惩罚性的城市更新政策上，各个种族间发生了严重的冲突。1967 年联邦政府所组织的克纳委员会（Kerner Commission）在调查夏季的骚乱时得出结论，"城市更新有时会执行不力，但我们相信这种做法是合理的"（U.S. National Advisory Commission on Civil

Disorders 1968，480）。但是，罗伯特·卡罗在谴责南布朗克斯公路建设的影响时，就没有那么客气了：

> 在 1960 年，横贯布朗克斯地区（Bronx）和东特雷蒙特地区（East Tremont）长达 1 英里的高速公路完工了。到 1965 年，对曾经住在里面的人来说，原先房价高昂的居民楼，此刻已经面目全非。没有玻璃的窗户，像是一双双无神的眼睛凝视着大街小巷。建筑物的入口处，铺满了来自原先通往大堂的玻璃门的碎片。而大堂里，基本上所剩无几，只有成堆的石膏、错位的管道、不再工作的电梯和破败的楼梯（Caro 1975，893）。

卡罗对城市更新和城市衰败之间因果关系的描述[1]有些夸张，第 2 章将在回顾底特律和费城城市衰败时对此进行论述。在没有经历城市更新的社区中，衰败的程度与经历城市更新的社区基本相同。实际上，在 20 世纪六七十年代，美国各地老城中的社区都在衰败，城市更新或城市规划与之关系并不大。

20 世纪 70 年代初，城市更新计划失败后，南布朗克斯等衰败的社区迎来了一段特别黑暗的时期。作为一个充满了租客、集合住宅和移民的社区，自 19 世纪 70 年代以来，南布朗克斯地区一直吸引着穷人和社会的中下产阶级（White and Willensky 1968，218）。正如卡罗所记录的那样，城市更新确实造成了一些破坏：20 世纪 60 年代早期，横跨布朗克斯和布鲁克纳（Bruckner）的高速公路穿过了附近社区，并且在南布朗克斯地区的莫特港区域（Mott Haven）分散建设了 900 多套公共住宅（"Bronx Housing Slated" 1960，34）。

在 20 世纪 70 年代中期，南布朗克斯地区真正的问题源于北部的克罗托纳公园附近（图 1.5）。和当时许多其他城市一样，南布朗克斯地区的人

---

[1]　城市更新导致人口结构的剧变，人口结构的剧变导致社会混乱。——译者注

口结构也从 1960 年的白种人占 78% 转变为 1980 年的黑人和拉丁美洲人占 76%（CensusCD 1960；Census CD 1980）。在此期间[2]，大约有 37.6 万人（几乎全部是白人）搬离了这个社区，取而代之的是数量更少的新来者，他们比迁出的居民穷得多。这种人口交换，极大地动摇了南布朗克斯地区的房地产市场。随着年龄较大的白人居民从南布朗克斯的公寓搬到离曼哈顿更远的社区，他们的房东可能面临着灾难性的财政危机。对集合式住宅的需求锐减，以及新来的租户只能支付更低的租金，导致许多南布朗克斯地区的房东们认为他们的房产失去了价值。就像他们以前的租户一样，许多房东离开了，只留下那些无法搬走的租户，让他们自生自灭。房东甚至试图通过放火烧掉他们的房子（无论是否有人居住），骗取保险赔偿（Rooney 1995，56）。这导致了更多的人离开，并将南布朗克斯地区变成了一个被称为"阿帕奇堡垒"（Fort Apache）① 的地方。92 岁的居民格扎·昆（Geza Kun）曾在南布朗克斯地区亨特角谷地（Hunts Point-Intervale）居住了 30 年。二战结束后，这里居住着约 10 万犹太中产阶级，他目睹了这个平静的社区变成一片被炸得粉碎的恐怖之城。医生和诊所搬走了，杂货店、犹太食品店、肉店、药店关门了，建筑物被遗弃并遭纵火焚毁，不良少年散布各地，垃圾就在街上腐烂着。警方长期以来一直称该地区为"阿帕奇堡垒"（Robertson 1977，48）。与许多衰落的社区不同，南布朗克斯地区并不是一个远离纽约富人视线的边缘地区。它与曼哈顿毗邻，所有人都能看到这里的房子燃起了大火。这里也是洋基球场② 的所在地，1977 年洋基队在总决赛上的亮相，让每一个美国人都看到了南布朗克斯地区的纵火事件。"在那里，女士们、先生们，"新闻广播员霍华德·科塞尔（Howard Cosell）注视着着火的公寓楼说道，"布朗克斯正被火焰吞噬"（Mahler 2005，338）。

南布朗克斯地区显而易见的问题，很快成为纽约市政府的危机。随着

① 阿帕奇堡垒：位于美国亚利桑那州，是美国人为了抵御印第安人而修建的堡垒，19 世纪时印第安人阿帕奇族与美国人在此地周边延续了几十年的战争，著名电影《要塞风云》（*Fort Apache*）描述了这一历史事件。——译者注
② Yankee Stadium：是美国知名棒球队——纽约洋基队的主场。——译者注

许多社区陷入崩溃，并被严重的财政问题所困扰，很多人认为，如果可能的话，纽约应该被所有人彻底抛弃。这一更大的"城市危机"反过来引起了联邦政府的注意。新当选的卡特总统想要直面美国城市正在衰落的问题，这促使他在 1977 年访问了南布朗克斯地区。卡特总统选择了一个叫夏洛特街（Charlotte Street）的地方进行访问。这是克洛特纳公园（Crotona Park）附近一条很短的小道，之前周边是 5 层楼的公寓，但是其中大部分在总统来访时已经被遗弃或烧毁（图 1.5）。这个社区的外表非常脏乱，总统似乎对未来该怎么做有些摇摆不定："看看哪些地区还可以抢救，也许我们可以建一个游乐园，然后把它改造一下。拿来整个地区的地图，然后告诉我可以做什么"（Dembart 1977，66）。纽约市政府对卡特总统的话深信不疑。1978 年，市长艾德·科赫（Ed Koch）宣布，尚未重新开发的夏洛特街项目，将成为"南布朗克斯地区新生的关键"（Von Hoffman 2004，35）。科赫聘请了城市更新的亲历者爱德华·罗格（Edward Logue）指导这项工作。然而，颇具讽刺意味的是，罗格在纽黑文市和波士顿市都参与了大量的社区清理工作。但是，市长科赫的决定并非缺乏考虑，没有人比罗格更清楚如何获得联邦资金，为陷入困境的城市带来新的发展。在罗格的领导下，纽黑文市和波士顿市都位居美国人均联邦重建资金的前三名（Rae 2003，324）。但在 1978 年，城市更新项目都已经取消了，而卡特总统的指示也没有伴随财政上的任何保证，因而罗格没有任何的资金来源。罗格大胆地成立了一个称为南布朗克斯发展组织（South Bronx Develpoment Organization，SBDO）（Oser 1983，A17）的机构，然而这个机构并没有办法实现总统本人向纽约市人民的承诺：社区的重生与复兴。

　　但是，罗格拒绝放弃夏洛特街的问题。他认为，必须在那里搞出一些名堂：这座城市已经承诺要这么做，人们对它的期望很高。但玩这种花样又必须成本很低，而且有效。那么，可以建造什么呢？一个新城或类似的项目显然是不可能的：基础设施和建设的成本将是巨大的，没有时间进行复杂的规划和设计，这将会成为一个非常庞大的项目。罗格的灵感来自最不可思议的地方："当我开车在布朗克斯区转圈时，我看到了这幢废弃的 5

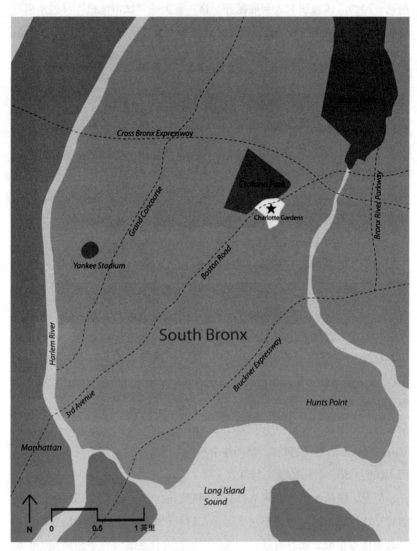

图1.5 夏洛特花园位于南布朗克斯的北部。在20世纪六七十年代，纽约市的大部分地区经历了人口的减少、种族的替换（白人离开，黑人进入）和房屋的遗弃。
原地图由作者所有，绘图由莎拉·斯派塞（Sarah Spicer）完成

层公寓楼，街道上到处是碎石，然后我看到了这幢 3 层楼高的小房子……我看到那个房东在这么恶劣的条件下还能幸存下来。我说过，如果别墅区在美国其他地区行得通，那么在南布朗克斯也行得通"（Logue，quoted in Yardley 1997）。罗格言出即行。南布朗克斯发展组织，不是以新城的模式，而是以 90 栋名为夏洛特花园（Charlotte Gardens）社区的独户住宅的模式重建了夏洛特街。这些住宅是在宾夕法尼亚州预制的，并在深夜通过乔治华盛顿大桥（Oser 1983，A17）运至纽约市（图 1.6 和图 1.7）。其象征意义是显而易见的：正如罗格反问的那样，"美国梦是什么？是一个拥有白色篱笆的独户小院，（在夏洛特街）我想要白色的"（Logue，quoted in Shenon 1983，1）。夏洛特花园社区的房子都是单层的独户住宅，占地均为 1152 平方英尺[①]，带有各种各样的郊区设施，包括"三间卧室、一间带有尖顶教堂式顶棚的客厅、一间餐厅并且配备厨房、定制橱柜、一个半浴室[②]、客厅、餐厅、大厅和卧室的地毯、洗衣机和烘干机、煤气灶、防盗窗格栅和报警系统"（Shenon 1983，1）。

1976 年，建筑师罗伯特・斯特恩（Robert A. M. Stern）颇具先见之明地提出，利用低密度的独户住宅，可以重建地铁站附近没有价值的内城土地，这些住宅带有庭院和车道，相当于郊区的住宅。他称这些为"地铁郊区"（Stern 1981，92），并且自认为这一方案在后现代主义时期未必能付诸实践。夏洛特花园社区的成功显示出，斯特恩看似轻率的提议不仅可行，而且是拯救低迷的南布朗克斯地区的最佳方案。

从 20 世纪 80 年代初的财政条件和理念限制来看，南布朗克斯发展组织决定在社区顾问和城市的支持下建设夏洛特花园是合乎逻辑的。在这个期望降低、通胀加剧、白人大量逃离城市的时代，将郊区住宅引入衰败的市中心，不仅提供了一种田园式的庇护场所，而且吸引了政策的制定者和潜在的买家。城市的衰败可能摧毁集合住宅楼，但它怎么可能摧毁到独户

[①]　约为 107 平方米。——译者注
[②]　在美国，通常称那些没有浴缸或者淋浴设施的卫生间为半个卫生间。——译者注

图 1.6 夏洛特花园社区的场地规划位于被拆除的公寓楼之上。90 栋独户住宅的密度为每英亩 6.8 户，与莱维特镇（Levittown）差不多。但在此之前，该地区的建筑密度为每英亩近 290 套。夏洛特花园社区的人口密度仅为之前社区的 2%。

原地图由作者所有。地图插图由莎拉·斯派塞完成。数据来自布罗姆利（Bromley）和谷歌地图

图 1.7　20 世纪 70 年代后期，夏洛特花园的 90 栋预制住宅是由濒临破产的纽约市政府以尽可能低的成本建造的。虽然大多数人认为该项目是城市更新的胜利，深受居民欢迎，但它标志着城市设计与规划的分离，并为城市更新时期谢幕后的城市再开发定下了美学的基调。
由作者拍摄

住宅社区呢？斯特恩是对的：郊区化似乎是解决内城棘手问题的完美策略。

　　夏洛特花园社区的建设也受到严酷现实的影响。罗纳德·里根自 1980 年当选美国总统后，公开承认自己是保守派，比尼克松更反对城市政策。相比卡特总统啬晦的政策似乎还更好一些。在 1985 年的一篇文章中，南布朗克斯发展组织的前项目开发总监丽贝卡·李（Rebecca Lee）详细地描述了，夏洛特花园社区在里根总统的保守政策下（Lee 1985，277–282）如何实现财政创新。自 1979 年成立的四年中，南布朗克斯发展组织一直在寻求资金来源，以实现方案的愿景。罗格在 1980 年决定建造独户住宅，但直到 1983 年，他们才最终获得了 135 万美元的联邦拨款[①]，这才有了资金启动项

---

① 该贷款源自 Federal Urban Development Action 计划。——译者注

目。即使有了这笔资金，在如此复杂的场地上建造住宅的费用依旧很高，每栋房子的建设费用为 7.19 万美元，只比预期减少了 2 万美元。最终，夏洛特花园社区的 90 名购买者们每人只支付了不到 5.2 万美元。

与许多保障性住房项目一样，在政治言论中，难以见到夏洛特花园社区融资困难的问题。纽约市长埃德·科赫将该项目视为南布朗克斯地区"正在回归"的一个迹象："有人说，你不能在南布朗克斯地区建造房屋。我们解决了这个问题。有人说，你只能在富有的地区建设……并支撑周边地区。我们说过我们也会这么做，但不会忘记城市的任何部分。总统曾经站在过夏洛特街的这片地区，意味着这里的重建具有意义"（Mayor Koch, quoted in "South Bronx Debate" 1979，E7）。其他政界人士则认为，该项目为 20 世纪 70 年代末的众多困境画上了一个可喜的句号。"夏洛特花园社区是一项史无前例的实验，"副市长兼南布朗克斯发展组织主席官罗伯特·埃斯纳德（Robert Esnard）说："它不仅仅是一个象征，还意味着这里已不再是城市的累赘"（Roberts 1987，B1）。

在 520 名申请人中只有 90 个幸运儿最终有权购买夏洛特花园的房产，他们中的绝大多数来自黑人或拉丁裔的家庭。毫无疑问，他们中的每个人都对搬进夏洛特花园感到十分激动（Lee 1985, 281）。一位业主这么说："当我走进这片社区，我感觉它和布朗克斯其他地区的房子完全不一样，住在这里就像住在长岛一样"（"The Bronx Is Up," telecast, February 10, 1988, quoted in Plunz 1990, 334）。其他业主则认为夏洛特花园项目可以缓解布朗克斯地区的许多社会问题。"这是一个全新的社区……我不会担心我的女儿们，她们不会像其他布朗克斯地区的孩子一样，夏洛特花园的孩子们有着不一样的命运"（Stewart 1997）。

10 年前，明尼阿波利斯市"滨河松庭"项目中的混凝土巨型建筑赢得了建筑界的赞誉，但也招致了居民的不满。夏洛特花园社区引发了相反的反馈：居民们为实现住在郊区独户住宅里的梦想而欢欣鼓舞。但从建筑学角度来看，这些建筑却非常平庸：当时没有一份建筑刊物对夏洛特花园社区进行过评论。为什么会这样呢？因为没有一个建筑值得评价。在短短

10 年时间里, 纽约的公共住房与城市设计彻底分离, 就像巴特利公园城 (Battery Park City) 等豪华住宅项目中的城市设计与住宅的分离一样。只有极少数的建筑杂志提到了夏洛特花园, 可以预见, 这些简洁的评论与居民的意见相左。《美国建筑师协会纽约指南》的作者这样认为, "破旧不堪的 (夏洛特街的) 郊区住宅揭示了一种新的罪恶——极低的开发强度, 使得土地的价格高昂且极为封闭, 非常愚蠢"(White and Willensky 2000, 562)。城市设计师理查德·普伦茨 (Richard Plunz) 对该项目的评价也不高, 他称该项目"与附近烧毁的房屋外壳形成了超现实的对比"(Plunz 1990, 334)。

回想起来, 夏洛特花园社区的遗产可谓五花八门。当然, 这个项目标志着纽约市非营利性公共住房迎来了一个新的时代 (Von Hoffman 2003, 19-76)。社区赋权的倡导者们赞扬了夏洛特花园社区之后去中心化、非营利驱动的规划过程, 这一过程在南布朗克斯地区创造了一种新的公共住房模式。从空间的角度来看, 毫无疑问, 布朗克斯的新公共住房是适度的、人性化的、适合居民居住的。然而, 这些项目的建筑设计极其平庸, 对城市风貌的影响也微不足道。这些建筑具有毫无生气的地域建筑风格, 它们的聚集仅仅表明了当地已经半郊区化。1985 年后, 公共住房在建筑领域变得形同虚设, 这或许是夏洛特花园社区最具破坏性的后果。在布朗克斯地区, 夏洛特花园社区和它同类的建筑基本上把公共住房从建筑和城市设计专业领域中剔除。正如第 4 章所讨论的, 其他城市公共住宅设计的轨迹几乎如出一辙。

但或许, 对夏洛特花园社区最具有发言权的是市场。购房者们最初的期望无疑得到了回报。在 2009 年, 夏洛特街 1545 号——一个典型的夏洛特花园社区住宅, 被以 45.9 万美元[3]的价格挂牌出售, 几乎是购入时价格的 9 倍。自建成后的 25 年来, 夏洛特花园社区让人们清醒地认识到, 设计并非决定价值的唯一要素, 尤其对 21 世纪正在经历着经济高速发展的纽约而言。

1.5 革命：后城市更新时期的城市设计

1924 年，弗吉尼亚·伍尔夫（Virginia Woolf）宣称"1910 年现代主义的兴起"带来了随后"宗教、行为、政治和文学各个方面的改变"（Woolf 1924）。在更小的层面上，人们也可以说，城市更新的设计形式和与其相关的社会理念在 1982 年左右发生了转变。那一年，大伦敦委员会（Greater London Council）完成了在奥达姆街区为工薪阶层修建 314 户混合用途住宅的项目，同时南布朗克斯发展组织将要在夏洛特街建造 90 栋预制的独户住宅。一方面，在大西洋东侧的欧洲，奥达姆项目标志着 1974 年之后积极响应社会问题的现代主义理念、自上而下的城市规划和公共住房项目短暂形成的混合体宣告结束；另一方面，在美国纽约，夏洛特花园社区标志着新时代的来临。它开创了低调的后现代主义与地域建筑风格，以及同样低调、去中心化的城市规划，却不得不如同建筑倒塌和人口流失一样，被扫进废墟之中。1982 年的革命与伍尔夫笔下的那场革命有所不同，但对于美国衰败城市而言，这场革命同样意义重大。

奥达姆项目和夏洛特花园社区在当时都被誉为成功案例，在今天的市场上同样具有很高的价值，但在其他方面，这两个住宅开发项目几乎没有任何关系。从建筑设计的层面来说，正如前面提到的，奥达姆项目标志着一种新的回应，或者叫"改良的"现代主义（Rowe 1993，264）。奥达姆项目的设计同时表现了其与科芬园的关系，以及"普韦布洛"①式堆积的住宅单元中的一种新的生活方式。材料、规模、个性化的特点及其地方化的形象，标志着它是一个关注现代城市存在的项目，而抽象性、极简主义、体量和空间的新颖性，则宣告它"成为"一个具有时代引领性的项目（Rowe 1993，271）。

与此同时，奥达姆项目标志着规划过程的改革。这个项目是与相关居民进行多年协商才形成的，而且（在允许租户购买房产之前）具有社会意

---

① Pueblo，美国西南部印第安人的原始住宅，其外形为堆积式的方块。——译者注

义，包括廉租房和商业用房。奥达姆项目标志着对自上而下的规划进行改革，而不是彻底地放弃；原先福利主义国家对于城市中心公共住房的承诺，转变为尊重居民的顾虑，融合居民的意见，并满足居民的需求。无论是在建筑还是在规划方面，它都堪称典范。

　　夏洛特花园社区满足了居民的需求，但它几乎不具有奥达姆项目的其他品质。它的"设计"是简约主义的，住宅是地域主义的，场地规划也同样简单。从罗的观点来看（Rowe 1993，271），夏洛特花园社区与周遭环境格格不入；这些住宅的设计与其周边的环境毫无关系，很难成为城市未来的愿景。幸运的是，夏洛特花园社区并未成为主流；20 世纪 90 年代左右的联排住宅项目，如梅尔罗斯苑（Melrose Court）的密度要高得多（White，Willensky，Leadon 2010，831），反映出纽约经济复苏导致土地成本的上升。夏洛特花园社区标志着彻底放弃，而不是改革现代主义的未来愿景。同时，它也反映了去中心化的规划政策所产生的令人失望的结果。后来，由非营利性机构资助的布朗克斯社区住宅对居民们作出了积极回应，尽管设计同样朴实无华（例如：Von Hoffman 2003，64）。罗格务实的项目，最终不过是在保守主义思潮攻击城市更新时期的一种应对策略。夏洛特花园社区标志着原先城市更新中乐观主义的消失。这种乐观主义曾经是城市更新中的特点之一，例如罗斯福岛的更新。

　　奥达姆项目和夏洛特花园社区是两个单独的城市开发案例，很好地代表了 20 世纪 70 年代中后期的城市设计革命。这场革命有四个维度：城市的动态、城市的政策、建筑设计业、设计与规划行业。而这场革命对贫穷地区的环境产生了尤其显著的影响，尤其是"收缩"的（Oswalt 2005）、去工业化的城市。本书的其余部分将探讨它们对收缩城市所产生的后果。

　　或许，在 1974 年联邦政府停止资助的城市更新之际，城市设计革命所展现出的最具破坏性的影响是，收缩城市开始出现严重的人口流失和经济衰退。除了政客们不知所措地走秀表演，联邦政府没有任何政策能够对夏洛特街区的房屋空置与废弃问题作出回应，这绝非巧合。联邦政府的政策并不是引发夏洛特街区问题的根源，但它的缺失无疑使问题变得更加糟糕。

政策的缺失对那些问题更严重、经济状况比纽约更糟的城市而言，甚至产生了更为严酷的影响。尽管可能有人会像罗伯特·卡罗（Robert Caro）那样辩解是城市更新破坏了整个社区的稳定，但我们无法忽视在城市更新中底特律或费城等城市的衰退。这些城市人口减少的地区远远超过被城市更新所影响的地区。

城市设计革命的第二点影响，是从大规模的国家主导的规划转向地方驱动的、去中心化的规划。权力下放提供了更少的联邦政府直接干预、更多的地方政府决策机会，既满足了保守派，又满足了自由派的希望。在美国的城市里，其结果很明显：联邦政府节省了开支，住房与城市发展部不再犯大的错误，社区可以自己决定想要什么。在城市的天际线上，城市更新后期所建设的超大型塔楼的数量不再增长，有时甚至像明尼阿波利斯市"滨河松庭"那样建设到一半就停止了。逐渐地，由非营利组织或私人赞助的小规模项目取代了以往的宏大叙事。开发商对这些规模不大的项目感到满意，但遗憾的是它们在不断收缩的城市中数量稀少。而在这些城市中，大规模的衰落使得大片区域变得荒芜，这是非营利性的城市更新力所不能及的。在不断收缩的城市中，权力的下放与其说是联邦政府给地方政府赋权，不如说是联邦政府彻底放弃这些地区。

城市设计革命的第三点影响是建筑设计业，设计师首先对现代主义理念进行改造，然后将其彻底抛弃并转向后现代主义。在城市中，现代主义鼎盛期的结束，终结了大家所说的"空间病理学"（Plunz 1990，268–269），即在传统的邻里中建设高耸的大楼。与此同时，现代主义的消亡终结了大部分的空间创新，无论是在建筑层面还是在城市层面。后现代主义设计理念在城市更新中的停滞不前，不仅因为政策去中心化之后地方政府往往反复无常，还因为这种理念下所设计的建筑不再具有彰显个性的特点。在最好的情况下，后现代主义设计理念对"情境与责任"（Polshek 1988）的关注代表着对历史的尊重和信任；但在最坏的情况下，它代表着只能用虚假的情境为低质量的"地域建筑设计"找借口。后现代主义终结了现代主义试图重构城市肌理的灾难性尝试。在不断收缩的城市中，后现代主义在最好的情况下，为修复城市的历史肌理提供了最好的契机；但在最坏的情况下，庇护于恢复城市肌理的借口下，后现代主义随意地用郊区化应对衰败。现代主义的终结，标志着设计师和规划师对地域主义环境的重新认识和尊重，但也在很大程度上标志着创造性思维的终结，以及彼得·罗（Peter Rowe）所说的建筑能带来美好明天的终结。

城市设计革命的第四点影响是规划和建筑行业的分道扬镳。如上文所述，规划和建筑都与国家支持的现代主义鼎盛期密切相关，并且因其消亡而遭到破坏和改变。规划完全转向社会公平和民主，远离城市空间的塑造。尽管并没有完全消失，但是规划师继续参与城市设计的愿望和能力显著减弱。城市设计仍然是贯穿整个 20 世纪八九十年代规划的重要组成部分（Howe in Rodwin and Sanyal，2000）。与此同时，建筑设计业（至少在美国）脱离了国家和规划，将城市设计作为自己的一部分，首先借助后现代主义设计理念，并在之后的 20 世纪 90 年代，越来越多地通过景观设计和现代主义奇迹般地复兴，从而参与到城市设计之中。但规划在很大程度上并没有参与其中；在规划中，"场所"有关的主要话题局限于熟悉的领域，比如历史保护、城市肌理和郊区扩张。尽管 20 世纪 90 年代，后现代主义理念在建筑设计领域有所衰落，但它仍然活跃在规划领域。尽管规划界并不关注设计的创新，但是后现代主义所关注的社区和社会问题仍然在规划领域占有重要地位。

1.6　对传统理论的质疑

在美国的城市更新消亡后，仔细观察城市设计在收缩城市中的发展轨迹，可以为城市的再开发提供一个不同的视角，同时也让我们对设计和规划领域的一些根深蒂固的观念进行反思。今天，规划的主导语汇（例如：Hall 2002，283-293）认为，现代主义鼎盛期之后的转型需要进入一种"救赎模式"。在这种模式中，对现有建成环境的保护和回应取代了以往现代主义时期的粗暴拆除和不人性化的方法。这种"救赎"不仅将现代主义与 20 世纪 60 年代后极端的案例 [如芝加哥卡布瑞尼 – 格林社区（Cabrini-

Green）和圣路易斯市的普鲁伊特－伊戈社区（Pruitt-Igoe）（这两者都是公共住房的非典型例子）] 画上等号，而且忽略了那些相似的项目中所体现的乐观主义甚至乌托邦主义。同时，这种"救赎"也忽视了现代主义的一些优点，例如"滨河松庭"项目试图通过设计解决社会的需求。今天，传统的规划理论将现代主义晚期的项目视为对城市的侵害，更欢迎随后出现的小规模的改造项目。这一传统观点如今已被包装成一种"伪科学"：在一个投资不足的社区，大胆的房主们挺过了最艰难的时期，组织起来一起拯救他们的社区，并且随着市场的复苏，正在享受随之而来的收益。按照这种传统的观点，现代主义的终结确实是一件再好不过的事情。

　　这种传统理论是有缺陷的，因为它抑制了现代规划相关的各个方面，并且使权力过于分散。现代主义并不是反乌托邦的失败，相反，人们认为明尼阿波利斯市的"滨河松庭"项目是一个具有一定缺陷，但为了在建筑设计和社会公平上实现宏大的目标，在公共政策的实施上进行了具有创新性的勇敢尝试。通过政府、慈善机构和设计师的真诚合作，"滨河松庭"项目部分实现了目标，但不幸的是，最终因经济危机，该项目宣告难产。不同于大伦敦委员会在科芬园所做的那样，将改革坚持到了最后；"滨河松庭"项目的主要支持者纷纷离开了。换种说法，联邦政府放弃了规划和城市更新，转而将责任交给规模较小的实施主体。这些主体的应对策略是，在资金和能力严重受限的小型项目中尽可能实现社会目标。像夏洛特花园社区这样规模不大的项目，幸运地位于繁荣的纽约市，能够赶上一波房价上涨的浪潮。但是，位于衰败城市的项目就没有那么好的运气了。波士顿，纽约或旧金山等城市的小规模改造项目正好赶上了房地产市场的大幅提升，使得这种新的保守策略看起来很成功（即使这种策略在许多其他地方失败了）。而现代主义式的城市更新则没有那么幸运，在严酷的经济危机之下，彻底画上了句号。

　　无论传统理论认可现代主义的终结是件好事，还是其他观点认为现代主义在某种程度上是正确的，城市更新往往是残酷的，麻木不仁的，正如现代主义在鼎盛时期往往过于抽象，不贴近生活。然而，我们将在接下来的章节中看到，城市更新和现代主义也有一些模范案例，这些案例具有很强的社会和空间敏感性，稳定了原先衰败的社区，而不是进一步将其带入深渊。本书并不是唯一从城市设计方法的角度对现代主义的影响进行重新评估的著作。目前，不仅现代主义理念下的建筑和城市开始为人们所重新认识（例如：Risselada and van den Heuvel 2006；Waldheim 2004），而且历史学家逐渐意识到，城市更新有时还会带来良好的社会效益，比如纽约市的公共住房（Bloom 2008），甚至自卡罗 1974 年写了一本尖酸刻薄的传记 [1] 以来，一直是城市更新领域最臭名昭著的公众人物的罗伯特·摩西也得到了重新评价（Ballon and Jackson 2008）。收缩城市的重建和再开发提供了更多的证据，证明现代主义式的自上而下的规划并不总是糟糕的。反之亦然，后现代主义去中心化的规划也并不总是正确的。

从政治经济学的角度来看，我们也可以把有关更新的传统观点视为中间派对新自由主义的接纳。这种传统观点认为，政府从城市设计中退出，由此转向私人融资的项目，并不完全是一件坏事。乐观的思想家如弗雷登 [2] 和赛格林 [3] 认为（例如：Frieden and Sagalyn 1991，15-38；Garvin 1996，3），物质空间规划可以在以盈利为目的的私人开发项目中实现规划的社会与公共属性职能。在波士顿、纽约、旧金山甚至洛杉矶等拥有强大房地产市场和自由主义政治倾向的城市中，新自由主义导向的城市规划无疑取得了良好的效果。在这些繁荣且政治与经济环境自由的城市中，开放空间、中低收入阶层住房以及维护良好的商业区等公共产品可以通过私人行动实现，并冠之以"城市规划"的成就。然而，这么做的结果是，由于这些城市在 20 世纪 90 年代与 21 世纪前 10 年中失去了政府本应进行的市场调控，房价一飞冲天。

但是，市场导向的城市设计和规划在市场状况恶化的地方很难实施。比如，在许多收缩城市中，由于当地的房地产市场过于低迷，以至于即使有着大量的公共补贴，任何私人开发建设仍然无法盈利。在巴尔的摩或费城等拥有成功商业区的收缩城市，以及底特律和克利夫兰等不拥有成功商

---

[1] 《权力掮客》（*The Power Broker*）。——译者注
[2] Frieden：原麻省理工学院（MIT）城市规划与研究系教授。——译者注
[3] Sagalyn：哥伦比亚大学商学院房地产专业教授。——译者注

业区的收缩城市中，情况亦是如此。在这两种情况下，上述城市的大多数社区都出现了市场失灵、人口和住房数量不断减少的现象。这些城市的衰败社区亟需公共福利救济，但市场却无法满足社区的需求。市场驱动的城市发展理念已经把大多数收缩城市抛在了脑后，因此希望对这些地方进行改良的城市设计师必须找到市场以外的方法。这就需要对城市设计的方法和成果进行改革，并重新考虑过去非市场导向的城市设计方法，包括考虑城市更新中的要素。

任何有关在衰败或收缩的地区重新审视城市设计的议题，可能都无法引起怀疑论者的兴趣，他们通常会质疑城市设计与规划和建筑设计专业之间的关联。这两个领域之间的差异是一个长期存在的问题：几十年前，凯文·林奇（Kevin Lynch 1981，102-103）指出，任何改良城市设计的呼吁都面临如下的质疑："物质空间形态并不是解决问题的关键，改变空间环境没有意义"。林奇的这番话显然是为在现代主义衰落后对设计持怀疑论的规划者准备的。但是，他的这番话也可以视为，警告城市设计师，不能对设计所产生的社会性结果不自知与不上心。

本书之后的几章将会进一步论述 1975 年之后 35 年的发展经历，证明怀疑论者是正确的。无论是现代主义的城市设计和规划，还是小规模、小尺度的后现代主义设计，都没有解决收缩城市所面临的问题。然而，这不应该让我们对未来失去希望。林奇反驳了他那个时代对城市设计的怀疑，他说这种怀疑"是一种普遍的观点，甚至大多数对物质空间进行规划的专业人士都持有这种观点，并且这种观点在建筑和城市设计行业的历史进程以及规划决策中不断强化。它反映了现状……我们将努力证明这种怀疑论是错误的……在这一点上，读者需要屏住呼吸，不要匆忙下结论"（Lynch 1981，103）。我们不要匆忙下结论，特别是在设计和规划都明显遇到困难的时候。正如建筑师菲利普·奥斯瓦尔特（Philipp Oswalt）所言，"以前试图重塑城市收缩的过程……但受限于传统的城市规划模式……无法解决这个问题"（Oswalt 2005，15）。收缩城市是一个棘手的问题，20 世纪后半叶美国大多数历史悠久城市的急剧衰落，使政府决策者的工作更加难以推进。

第2章 1950—1990年的美国老城命运：收缩还是更新？

2.1 20世纪后半叶：城市的悲剧

1950年，走在底特律市伍德沃德大道上的众多行人们，恐怕很难想到50年后这条大道将面目全非。二战后，伍德沃德大道活力四射，这里是密歇根州零售业和办公楼集中区，人们常常惬意地穿行在底特律的这条中心购物大道上。作为仅次于梅西百货① 的美国第二大百货商店（"Vast Shopping Center" 1950, R1; Grutzner 1951, 149），伍德沃德大道上的哈德森百货公司② 里常常人头攒动，这里聚集了购物广场、礼堂、图书馆、餐厅、理发店、摄影工作室、度假展览，以及一个庞大的玩具城堡，并悬挂着世界上最大的美国国旗（Hauser and Weldon 2004）。当时的人们怎能料到，如此具有活力的伍德沃德大道将在几十年后逐渐消亡，在2000年成为一片充斥着尘土和空置建筑的废弃地区，而占地220万平方英尺（Palm 1998, 39）的哈德森百货将在1998年破产，曾经能容纳4000名观众的密歇根剧院（Kleinmen 1997, 31）则将在20世纪80年代变成停车场？甚至底特律这个在1950年拥有大都市区三分之二人口的大城市，将在接下来的50年里流失近一半的人口，留下一个残破不堪的躯壳呢（表2.1）？[1]

---

① 梅西百货（Macy's）：美国百货连锁店，由罗兰·赫西·梅西（Rowland Hussey Macy）于1858年创立。在2015年，按零售额计算，梅西百货是美国最大的百货公司。——译者注
② 哈德森百货公司（Hudson's Department Store）：美国百货连锁店，由约瑟夫·哈德森（Joseph Hudson）于1881年在底特律创立，其旗舰店是位于底特律市伍德沃德大道的哈德森百货大楼，总建筑面积接近20万平方米，但由于底特律的城市衰退，加之公司经营不善，哈德森百货大楼于1983年关闭，并于1998年拆除。——译者注

底特律并不是唯一在战后沦为废墟的城市。在美国东北和中西部地区，那些曾经人口稠密的城市，在二战后沦为了一座座空城。在这些城市中，工业城市遭受的打击尤为沉重。例如费城，工业是这类城市的命脉，它既是支撑城市经济发展的动力，也是稳固工人阶级社区的支柱。1950 年至 1980 年，随着工业的逐渐衰退，工作岗位的数量不断减少，费城占整个大都市地区的就业比重从近 68% 下降到 39%（Adams et al. 1991，17），随之整个城市的社区结构也开始瓦解。20 世纪初，费城被称为"世界工厂"，有超过 6 万的纺织工人（Scranton and Licht 1986，113），然而到了 2000 年，大部分的工厂、停车场、景点和工人阶级的社区几乎无一例外地变成了荒地（Campo 2010）。在 2000 年，曾经支撑费城成为美国第四大城市的工业生产力已经消失殆尽，荡然无存。

1950 年后，美国老城所发生的灾难性变化，与之前城市所具有的蓬勃活力形成了鲜明对比。在之后的几十年中，多数美国大城市都经历了人口的流失（表 2.2），这反过来导致城市建成环境的收缩，例如拆除废弃的房屋。这些老城看上去似乎遭受了战争的摧残。之前它们因为高速公路的建设和城市更新运动而被地毯式拆除，现在随着人口的流逝，住房和社区逐渐消失。如今，回看 1950 年，当时的城市居民和政客没能预料到之后城市的衰败可能是一件好事，至少让他们获得了暂时的快乐。1950 年以后，老城所面临的问题极其严重且长期难以解决。直到今天，它们依旧困扰着城市的决策者们。

我们很难完全解释为什么在 1950 年后会出现老城衰败，但引起这些变化的大部分原因是众所周知的。在经济层面，商业和工业逐渐外迁至郊区，或者气候宜人、成本低廉的地区——这是城市衰退的重要原因；在人口层面，大多数白人居民移居郊区或直接搬离城市，取而代之的是收入较低、获利机会较少的少数族裔（通常是非裔美国人）；在财政层面，随着企业的撤离、工作岗位的消失，以及贫困人口导致的社会支出飙升，地方财政陷入了危机，进一步导致整个城市陷入危机。这种"美国式的去工业化"

（Bluestone and Harrison 1982）是政治学家道格拉斯·雷 ① （2003）所提出的"城市化的终结"的基础，也是导致城市衰败的主要原因。但除此之外，技术更迭、社会和基础设施的变化同样影响着城市。它们通过增加收入，增加汽车拥有量，改善道路基础设施和提供更廉价的郊区土地，驱使工厂、商业中心和城市居民逃离老城（Bluestone and Harrison 1982；Jackson 1985；Fogelson 2001；Bruegmann 2005；Wilson 1987，1996；Bradbury 1982）。

推动产业和居民离开老城的力量势不可挡，而城市政策对这些趋势的影响力却微乎其微。有学者详细研究了城市衰落与政策之间的关系，例如，政治学家道格拉斯·雷（2003）在康涅狄格州纽黑文市的政治历史和城市更新中发现：政策在缓解城市衰落的过程中大多是无能为力的。与许多老城一样，纽黑文试图利用《1949 住房法》 ② 提供的城市更新资金扭转当地商场的颓败。1950 年的纽黑文市只有 15 万人口，但却依靠精明的管理成为美国获得人均城市更新资金最高的地方。根据雷的研究，纽黑文市市长理查德·李（Richard Lee）最终进行了异想天开的尝试，他试图通过投入大量的联邦资金来抗衡经济衰退背后的强大力量。雷仔细研究了李市长的城市更新工作，得出了如下结论：

> 这种抵制城市化及其内部城市主义特征的力量非常强大，甚至使李在他的八个任期内积累的宝贵资源都相形见绌。曾经促进城市发展的力量，如今却交织在一起变成了抵抗城市发展的各种因素。这些基本结构的变化远远超出了李的能力范围，即使他拥有庞大的联邦资金和卓越的才华……即便市长的能力再强大，

---

① 道格拉斯·雷：Douglas Rae（1939—）政治学家，耶鲁大学理查德·伊利（Richard Ely）政治科学与管理学教授。他同时也是美国艺术与科学院院士，并于 1990—1991 年担任康涅狄格州纽黑文市首席行政官。——译者注

② 该法为全美各地的地方政府在征收贫民窟与衰败建筑等项目上提供 10 亿美元，并在随后 5 年中，每年为地方政府提供 1 亿美元的资金补助。——译者注

这种抵制城市化的力量仍在很大程度上超出了政府的能力范围。
（2003，313-314）

雷还认为，城市政策并不是纽黑文人口和住房数量下降的主要驱动力。
他发现，城市更新可能使大约 1 万户家庭流离失所（2003，339-343），这大
约是 1950 年该市家庭总数的五分之一。这一极高的比例也许使人们开始相信
"是城市更新摧毁了城市"这一谣言，但实际上纽黑文市只是一个特例，它的
城市更新规模比大多数地区都要大得多。同时雷还发现，许多家庭，特别是
白人家庭，并不是因为城市更新而离开了城市。恰恰相反，是那些少数族裔，
由于贫穷和歧视等种种限制而无法离开城市。雷总结道，"城市更新和高速公
路建设并没有以任何简单的方式导致这些人口的转移。这些变化在 1954 年之
前的很长一段时间里就已经开始了，并且一直持续至今"（2003，342-343）。

并非只有纽黑文试图利用城市更新扭转城市衰退的趋势。旧城改造一
直是城市更新政策的核心：在 20 世纪 50 年代，接受联邦重建资金最多的
10 个城市中，有 8 个位于东北或中西部地区。1966 年，在人均重建资金最
多的 12 个城市中，11 个位于东北或中西部地区（Rae 2003，324）。但是，
联邦资金的巨额支出仍然无法挽救城市的经济。理查德·李的纽黑文和罗
伯·摩斯（Robert Moses）的纽约都在进行狂热的城市重建，以实现交通现
代化、吸引商业和居民的目标。1959 年，纽黑文在城市更新方面的支出为
2740 万美元，纽约为 8990 万美元。到了 1966 年，纽黑文的人均城市更新
支出（745.38 美元）是纽约（36.77 美元）的 20 倍。但在 1980 年之后，纽
约的人口有所增长，而纽黑文的人口仍持续收缩。这清楚地表明，不同的
城市受制于截然不同的经济、社会以及其他现实力量的影响。最终，事实
证明，纽黑文企图用巨额联邦资金对抗城市收缩的努力是徒劳的。

20 世纪 70 年代初，正值大规模城市转型时期，但当时针对城市更新
的大规模抵制运动导致城市更新政策的取消。鉴于此，即使是像"滨河松
庭"这样极端的城市更新项目也可以从另一个角度看待。城市更新的推进
确实具有破坏性——比如纽黑文五分之一的居民流离失所！但值得注意的

是，在这些城市里，人口流失更多的是由于其他与城市更新并不相关的原因。20 世纪 70 年代后期，城市更新政策逐渐消失，但夏洛特街等社区仍然没能逃脱空置和被烧毁的命运，城市更新与城市收缩之间的脱节变得愈发明显。有人可能会争辩说，这种脱节是城市更新的后遗症，但正如雷得出的结论一样，城市更新本身与 1975 年以后的城市收缩"毫无关联"。

20 世纪五六十年代，这些为扭转经济衰退和城市空置付出巨大努力的城市更新项目均以失败告终。这不禁令人反思，相对于推动城市变化的其他巨大力量而言，城市的政策设计是否能够发挥作用？这是一个难以解答的问题。我们将这一问题牢记在心，因为我们将在接下来的三章中介绍不同城市在重建上的努力。本章将说明，随着城市更新的结束，人口和住房的流失并没有停止：在费城和底特律等几座衰退严重的城市中，城市收缩一直持续到了 20 世纪末。1975 年以后，当联邦资金移交给当地社区支配时，这些城市或多或少地留下了之前各自政策设计的痕迹。在第 3 章和第 4 章中，我们将探讨在这个去中心化的分权时代两个收缩的城市——底特律和费城的经历。但是在此之前，让我们分析一下 20 世纪中叶以后老城的人口和住房的变化趋势。

2.2　美国老城的人口与住房变化：1950—2000 年

在 1950 年至 2000 年之间，几乎每个美国城市都经历了显著的人口变化。它们的变化模式是一致的：1950 年，人口最多的城市大多位于东部或中西部，并且这些城市的人口在随后的几十年中急剧收缩（表 2.2）；同时，位于南部和西部的新兴城市在人口排名中不断上升，逐渐取代这些老城（表 2.1）。这些变化发生得很快，而城市人口的排名也在这 50 年间发生了迅速的变化。1950 年，人口排名前十的城市中仅有洛杉矶位于阳光地带。[①]

---

① 阳光地带（Sunbelt）：美国俚语，指美国温暖的南方地区，西起加利福尼亚州，东至北卡罗来纳州一带。——译者注

到了 1980 年，排名前十的城市中已有五个来自阳光地带，而之前的克利夫兰、圣路易斯、华盛顿和波士顿都掉出了前十名之列。到了 2000 年，排名前十的城市中有七个来自阳光地带，意味着巴尔的摩和底特律也掉出了前十的队列。也就是说，在 50 年中，仅有三个来自东北和中西部的城市——纽约、芝加哥和费城守住了自己前十的地位。而迅速发展的阳光地带城市如凤凰城、休斯敦和圣何塞则成为美国新一代的大城市。

1950—2000 年，旧城之所以掉出前十名队列，不仅是因为新城市的人口在不断增加，还因为这些旧城的人口在逐渐流失。人口流失几乎无处不在：如表 2.2 所示，1950 年最大的 20 个城市中，有 18 个城市在之后的 30 年间经历了人口流失，且其中不乏人口急剧减少的例子。有 8 个城市因为人口的过度流失，从前 20 名行列中消失。1950 年的前二十大城市中，只有洛杉矶和休斯敦在此后的 30 年之间人口有所增加。到 2000 年，在 1950 年排名前 20 位的城市中，只有一半仍然在列。

1950—2000 年美国前二十大城市的人口数据（按 1980 年人口排名）　　　表 2.1

城市	1950	1980	1990	2000	1950 年至 2000 年间的变化
纽约	7891957	7071639	*7322564*	**8008278**	1%
芝加哥	**3620962**	3005072	2783276	*2896016*	−20%
洛杉矶	1970358	2966850	3485398	**3694820**	88%
费城	**2071605**	1688210	1585577	1517550	−27%
休斯敦	596163	1595138	1630553	**1953631**	227%
底特律	**1849568**	1203339	1027974	951270	−49%
达拉斯	434462	904078	1006877	**1188580**	174%
圣迭戈	334387	875538	1110549	**1223400**	266%
菲尼克斯	106818	789704	983403	**1321045**	1137%
巴尔的摩	**949708**	786775	736014	651154	−32%
圣安东尼奥	408442	785880	935933	**1144646**	180%
印第安纳波利斯	408442	700807	731327	**791926**	85%
旧金山	775357	678974	723959	**776733**	<1%
孟菲斯	396000	646356	635230	**650100**	64%

续表

城市	1950	1980	1990	2000	1950 年至 2000 年间的变化
华盛顿	**802178**	638333	606900	572059	-29%
密尔沃基	**637392**	636212	628088	596974	-6%
圣何塞	95280	629442	782248	**894943**	839%
克利夫兰	**914808**	573822	505616	478403	-47%
哥伦布	375901	564871	632910	**711470**	89%
波士顿	**801444**	562994	574283	589141	-26%

资料来源：美国人口普查数据。

注：斜体数字表示恢复增长的人口数。粗体数字表示历史最高时期的人口数。

1950—2000 年美国前十大城市的人口变化（按 1950 年人口排名）   表 2.2

城市	1950 年人口	2000 年人口	1950 年至 1980 年间人口变化率	1950 年至 2000 年间人口变化率	1950 年至 1980 年间的年均人口变化率	1980 年至 2000 年间的年均人口变化率
纽约	7891957	8008278	-10%	1%	-0.4%	0.7%
芝加哥	3620962	2896016	-17%	-20%	-0.6%	-0.2%
费城	2071605	1517550	-19%	-27%	-0.6%	-0.5%
洛杉矶	1970358	3694820	51%	88%	1.7%	1.2%
底特律	1849568	951270	-35%	-51%	-1.2%	-1.0%
巴尔的摩	949708	651154	-17%	-32%	-0.6%	-0.9%
克利夫兰	914808	478403	-37%	-47%	-1.2%	-0.8%
圣路易斯	856796	348189	-47%	-59%	-2.0%	-1.2%
华盛顿	802178	572059	-20%	-29%	-0.7%	-0.5%
波士顿	801444	589141	-30%	-26%	-1.0%	0.2%
休斯敦	596163	1953631	168%	227%	5.6%	1.1%

资料来源：美国人口普查数据。

注：变化率的计算采用除法而非开方。本表中列出休斯敦的数据，以供与其他城市进行比较。

1950—1980 年间，老城人口的流失现象极为普遍。但在 1980 年之后，少数城市的人口流失趋势出现了逆转。如表 2.2 中所示，1950 年排名前十的城市中，纽约和波士顿在 1980 年后人口开始缓慢增长，芝加哥的人口在 1990 年以后开始逐步增加。但是相比而言，芝加哥和波士顿都仅恢复了它们所流失人口的一小部分，而纽约的新增人口则完全超过了之前的流失人口。到 2000 年，纽约的人口已经达到了历史最高水平，总计 800 多万。

城市既由物质空间构成，又由其中所居住的人口构成，而地理边界影响着人口数量的变化。城市可以通过扩大边界增加人口，比如通过开发新的土地吸引人口；或者在城市现有的界限内增加住房，从而增加人口数量。政治学家戴维·拉斯克（1993）提出了"弹性"和"非弹性"两个概念来描述城市。他认为通过扩大边界获得人口的城市具有弹性，在现有边界内获得或失去人口的城市缺乏弹性。曾任阳光地带市长的拉斯克认为弹性是有益的，特别是对于稳定财政而言。许多阳光地带的城市似乎也视其为有益的，因此土地吞并现象在这一地区十分疯狂。例如，自 1950 年以来，休斯敦在人口大幅增加的同时，面积增长了近四倍（表 2.3），导致 2000 年的人口密度反而低于 1950 年，因此休斯敦仍是一个低密度的郊区城市。在 1950 年至 2000 年之间，跃居至前 20 名的大多数弹性城市，其人口密度同样较低，这反映了美国人普遍偏爱郊区生活。

美国前十大城市的城市弹性和人口密度（按 1950 年人口排名） 表 2.3

城市	1950 年市区面积（平方英里）	1950 年人口密度（每平方英里）	2000 年市区面积（平方英里）	2000 年人口密度（每平方英里）	1950 年至 2000 年间人口密度的变化	1950 年至 2000 年间人口数量的变化
纽约	315.1	25046	303.3	26404	5%	1%
芝加哥	207.5	17450	227.1	12752	−27%	−20%
费城	127.5	16286	135.1	11233	−31%	−27%
洛杉矶	450.9	4370	469.1	7876	80%	88%
底特律	139.6	13249	138.8	6854	−48%	−51%
巴尔的摩	78.7	12067	80.8	8059	−33%	−32%
克利夫兰	75	12197	77.6	6165	−49%	−47%
圣路易斯	61	14046	61.9	5625	−60%	−59%

续表

城市	1950 年市区面积（平方英里）	1950 年人口密度（每平方英里）	2000 年市区面积（平方英里）	2000 年人口密度（每平方英里）	1950 年至2000 年间人口密度的变化	1950 年至2000 年间人口数量的变化
华盛顿	61.4	13065	61.4	9317	-29%	-29%
波士顿	47.8	16767	48.4	12172	-27%	-26%
休斯敦	160	3726	579.5	3372	-10%	227%

资料来源：美国人口普查数据。

注：列出休斯敦以供比较。

相比之下，大多数老城是缺乏弹性的，并被周边抵制吞并的地方所包围。例如，1871 年布鲁克林镇拒绝了波士顿的吞并建议，这被视为波士顿一直缺乏弹性的开端（Bolton 1897）。后来，波士顿陆续受到了许多周边城市对其吞并计划的抵抗，这些抵抗让波士顿深受挫败。因此，它成为1950 年全美大城市中面积最小的城市，甚至不及纽约的六分之一。实际上，1950 年排名前十的大城市都是缺乏弹性的，包括纽约和洛杉矶（表 2.3）。但不同的是，纽约和洛杉矶是这些城市中仅有的、在 1950 年的城市边界内或多或少增加了人口的城市。纽约人口略有增长，而洛杉矶在 1950 年至2000 年之间的人口几乎翻了一倍。

毫无疑问，缺乏弹性的城市难以逃脱人口流失的困局。值得注意的是，在 1950 年排名前十的大城市中，有六个"持续流失人口的城市"——费城、底特律、巴尔的摩、克利夫兰、圣路易斯和华盛顿。它们在此后的 50 年中出现了持续的人口流失，流失比例总计超过 25%（表 2.2）。其中，底特律、克利夫兰和圣路易斯人口流失超过 50%，这相当于从 1950 年之后的 30 年中，它们每年流失的人口超过 1950 年人口总量的 1%。实际上，圣路易斯在 1950—1980 年间，每年损失了其 1950 年人口的 2%；在 1980—2000 年间，每年损失其 1980 年人口的 1.2%。在 50 年间，这座遭受重创的城市人口共计减少了近 60%。这也是自 1950 年以来，所有大城市中人口流失最为严重的一个城市。

美国的老城大多是在汽车普及之前发展起来的，因此人口密度都较高（表 2.3）。1950 年，几乎所有前十大城市的人口密度都超过了 12000 人 / 平方英里，而洛杉矶以每平方英里 4000 多人的密度排在最末。但是在接下来的 50 年里，由于除纽约以外所有非弹性城市都经历了人口流失，因此情况发生了逆转。到 2000 年，1950 年排名前十的城市中，只有纽约、芝加哥和波士顿的人口密度仍然超过 12000 人 / 平方英里，费城和华盛顿的密度则徘徊在 10000 ~ 11000 人之间。洛杉矶的变化则恰恰相反，其人口密度显著增加至 8000 人 / 平方英里，这几乎像收缩后的巴尔的摩一样。此时的洛杉矶人口比底特律、克利夫兰和圣路易斯更加密集，而 50 年前这些城市的人口密度却是洛杉矶的三倍以上。

总体而言，我们可以按照人口流失将 1950 年的前十大城市分为三类。第一类是"稳定增长型"城市，洛杉矶是唯一一个幸运的一个，其人口规模和密度在 1950—2000 年间逐年递增。第二类是"恢复型"城市，包括纽约、波士顿和芝加哥，其中芝加哥有一定争议。这些城市在 1980 年前流失了人口，后来又逐渐恢复，其中纽约的变化尤其显著。第三类是"持续流失型"，这是包含城市数量最多的一种类型。前十大城市中有六个城市属于这一类别，如果算上芝加哥，那么一共有七个不断收缩的城市，这些城市的人口在 1950—2000 年间持续流失。这一类城市也能按照人口流失程度进一步划分：人口适度缩减（27% ~ 32%）的城市——费城、巴尔的摩和华盛顿特区，以及人口严重缩减（47% ~ 59%）的城市——底特律、克利夫兰和圣路易斯。

人口持续流失对这些城市的物质空间产生了巨大影响，我们可以从城市住房套数观察这种变化。1950—2000 年，住房套数发生了显著改变，并且这种改变与人口变化之间存在着有趣的联系。住房是一种耐用品，因此住房的变化与人口的变化有所不同，其中最大的区别是人比房屋的流动性更强（Glaeser and Gyourko, 2001）。如果一个家庭离开一座城市，他们的房屋将保留在原处，之后如果没有其他人入住，那么这个住房将一直空置。从长期来看，只有当这座房屋被拆除后，它才可能从这座城市消失。这些证据表明，在不断收缩的城市中，房屋要比人口维持更长的时间。因此，在这些城市中，废弃的房屋随处可见，并且这些空置的房屋还将继续存在很长一段时间。

1950—2000 年美国十大城市的住房套数变化

（城市按 1950 年人口排名）　　　　　表 2.4

	1950 年住房套数	1960 年住房套数	1980 年住房套数	2000 年住房套数	1950—2000 年间住房套数的变化	1950—2000 年间人口数量的变化	人口变化与住房套数变化的比值
纽约	2433465	—	—	3200912	—	31.5%	0.03
芝加哥	1106119	**1214958**	—	1152868	4.2%	−5.1%	4
费城	599495	—	**685629**	661958	10.4%	−3.5%	9
洛杉矶	698039	—	—	**1337706**	—	91.6%	0.96
底特律	522430	**553199**	（461500）	375096	−28.3%	−32.2%	1.53
巴尔的摩	277880	—	**305800**	300477	8.1%	−1.8%	16
克利夫兰	270943	**282914**	（251000）	215856	−20.3%	−23.8%	1.95
圣路易斯	**263037**	—	（201800）	176354	−33%	−33%	1.78
华盛顿	229738	—	**279800**	274845	21.8%	−1.8%	29
波士顿	222079	—	—	**251935**	—	13.4%	2
休斯敦	191681	—	—	**782009**	—	308.0%	0.72

资料来源：美国人口普查数据。

注：变化率的计算采用除法而非开方。粗体数字表示峰值的住房套数计数。列出休斯敦以供比较。

表 2.4 展示了 1950 年十大城市住房数量在 1950—2000 年间的变化情况，这与表 2.1 和表 2.2 中的人口变化迥然不同。其中最明显的区别是，除非人口增加，否则住房数量的变化比人口数量的变化更慢。洛杉矶和休斯敦的表现类似，随着人口的增长，它们的住房数量在 50 年间稳定增长。而在其余九个城市中，住房表现有所不同。纽约和波士顿在

1950—2000 年间经历了人口的流失（及随后的恢复），但房屋数量净值却大幅增长。纽约的住房存量增长了 31% 以上，而人口的增长率仅为 1%。相比之下，波士顿的人口减少了 26%，但住房存量却增长了 13% 以上。在这两个城市中，住房和人口变化相差约 30 个百分点。显然，在 1950—1980 年的人口流失中，这些城市的住房存量至少在数量上未受到影响。但是夏洛特街的故事表明，这些城市在局部地区可能出现了严重的住房减少。因此，住房存量仅能表明，一些地区的住房数量减少被城市其他地区住房数量的增长抵消了。截至 2000 年，纽约和波士顿的住房数量均达到历史最高水平。

　　除了 20 世纪 90 年代的芝加哥，1950 年十大城市中的其余七个都在 50 年间损失了住房（和人口）。正如"恢复型"的城市一样，在持续收缩的城市中，住房数量的减少比人口的收缩更为平缓，前者比后者大约低 30 个百分点。例如，巴尔的摩流失了近 32% 的人口，但只减少了 2% 的住房。三个人口持续严重流失的城市——圣路易斯、克利夫兰和底特律的住房也大幅减少，占其 1950 年总量的 24%~33%。1950—2000 年，圣路易斯的人口流失了三分之二，这里的住房数量也减少了三分之一左右。从城市结构上看，这里的许多社区都在逐渐瓦解（图 2.1）。由此可见，那些经历了严重且持续的人口流失的城市是住房流失严重的城市，而人口流失较温和的城市也是住房流失相对较温和的城市。

　　然而，随着住房减少速度的不断放缓，这种联系在逐渐弱化。表 2.4 显示，即使老城的人口流失正在发生，其住房套数仍在增加，有时这一趋势甚至能够持续数十年。在 1950 年的十大城市中，只有圣路易斯的住房数量在 1950—1960 年间显著减少。1960 年之后，芝加哥、底特律和克利夫兰的住房数量开始减少，1980 年以后巴尔的摩和费城也开始经历同样的事情。因此，这些城市先后经历了住房增长与人口减少并存的奇怪现象。例如，截至 1980 年，巴尔的摩的人口相比 1950 年的高峰时期锐减了超过 16 万人，但其住房套数却在这一年达到有史以来的最高水平。此后，这座城市的人口持续流失，住房开始慢慢减少。在这种错综复杂的减少和增长背

图 2.1　圣路易斯是全美 1950 年前十的大城市中人口和住房减少最严重的城市。因此，到 2000 年，包括圣路易斯北部在内的很多地区几乎全部废弃（摄于 2010 年）。这些街区距离前普鲁伊特·伊戈公共住房区很近。

图片由 Google Earth 提供

后，隐藏着截然不同的社区维度的变化。在 1950 年之后的几十年里，老城市的周边地区出现人口和住房的增加，而那些靠近市中心的地区却截然相反，人口和住房在不断减少。这几十年里，随着老城在城市范围内开展"建设"，新的外围房屋建设量开始下降，住房存量的流失逐渐凸显出来。我们将在下一章对此进一步阐述。

人口的变化趋势与住房的变化趋势不同，相比于住房套数的变化，家庭规模的改变更具灵活性。例如，一套两居室公寓既可以满足一个人独自生活，又可以容纳一个四口之家。表 2.5 显示，1950 年至 2000 年间，住房内部的拥挤程度在总体上是逐渐减缓的，几乎所有城市的平均套内人口规模都有所下降。例如纽约，人口略有增长，与之相应的却是大量增加的住房，因此全市的平均住房套内人口从 1950 年的 3.3 人减少到 2000 年的 2.5 人。50 年间，只有洛杉矶保持了 2.8 人的稳定套内规模。随着其他城市套内规模的不断缩小，洛杉矶逐渐从 1950 年大城市中最不拥挤的城市变为最为拥挤的城市。

在其他排名前十的城市中，套内规模则大幅下降。例如，波士顿从 1950 年 3.6 人 / 套住房下降至 2000 年 2.3 人 / 套住房。套内规模的下降独立于人口数量的下降：例如，底特律等流失大量人口的城市与纽约一样，人均居住面积较大。1950 年，底特律有 185 万人口，平均每套住房内居住 3.5 人；而在 2000 年，该市人口大幅减少，每套住房仅居住 2.5 人，居住环境更为宽敞。这一趋势在很大程度上归因于这段时期内美国乃至所有发达国家的财富增长和人口变化。但是，不断收缩的城市在拥有宽敞居住环境的同时，伴随着大量住房空置、无人居住的情况。值得注意的是，在六个持续收缩的城市中，有五个城市的平均住房套内居住人数位于 2.0 ~ 2.3 之间，均低于纽约、休斯敦和芝加哥 2.5 人 / 套住房的平均水平。虽然还不能下定论，但是值得思考的是，收缩城市中较小的套内居住人口规模是否归因于这些城市存在大量废弃的房屋，从而拉低了平均每套住房的居住人口呢？

1950 年和 2000 年美国十大城市的套均居住人口

（按 1950 年人口排名）　　　　　表 2.5

城市	1950 年人口	1950 年住房套数	1950 年套均居住人口	2000 年人口	2000 年住房套数	1950 年套均居住人口
纽约	7891957	2433465	3.2	8008278	3200912	2.5
芝加哥	3620962	1106119	3.3	2896016	1152868	2.5
费城	2071605	599495	3.5	1517550	661958	2.3
洛杉矶	1970358	698039	2.8	3694820	1337706	2.8
底特律	1849568	522430	3.5	951270	375096	2.5
巴尔的摩	949708	277880	3.4	651154	300477	2.2
克利夫兰	914808	270943	3.4	478403	215856	2.2
圣路易斯	856796	263037	3.3	348189	176354	2.0
华盛顿	802178	229738	3.5	572059	274845	2.1
波士顿	801444	222079	3.6	589141	251935	2.3
休斯敦	596163	191681	3.1	1953631	782009	2.5

资料来源：美国人口普查中的基本人口和住房数据。

　　住房套数的变化也受住房（或公寓楼）结构的影响。尽管生活在城市中的每个人在生理结构上几乎是相同的，但对于他们居住的房屋而言，却大相径庭。住房可以存在于任何结构类型的建筑中。从独立的、木制的独户住宅，到可以容纳 300 个甚至更多住房套数的、由钢和玻璃建成的高层住宅，每个城市都包含着众多不同类型的住宅。但由于历史、文化和气候等原因，一个城市通常只有一种住房类型占据多数。在一个存有大量废弃住宅的城市中，房屋类型的差异会影响房屋的损失率，因为某些类型的住房更加耐用。例如，砖砌联排住宅比木制独户住宅更不易遭受风化、纵火和盗窃的影响。一般来说，集合住宅或联排住宅比四个面都会遭受风化和入侵风险的独户住宅更加耐用。

　　费城、底特律、克利夫兰、巴尔的摩、圣路易斯和华盛顿，这六个人口持续流失的城市（表 2.6）在住房的损失率和住房的存量上的变化有所不同。房屋损失率最高的城市，往往是那些独户和 2 ~ 4 户独立住宅占主要优势的城市。而那些以联排式的独立住房，或包含 5 户及以上家庭的集合型住宅为主的城市，房屋损失率较低。费城、巴尔的摩以及华盛顿特区，在某种程度上属于排屋式结构为主的城市。因此，它们的房屋损失率要低于底特律、克利夫兰和圣路易斯这些建筑密度较低，并且以木质结构独户住宅为主的城市。

1980 年持续收缩城市中的住房类型						表 2.6
	费城	巴尔的摩	华盛顿	底特律	克利夫兰	圣路易斯
1980 年住房套数	685629	305800	279800	461500	251000	201800
独门独院式独户住宅占比（%）	4.4	11.7	12.2	56.6	39.3	38.3
连拼独户住宅占比（%）	61.9	51.8	25.4	2	3.7	1.3
2 ~ 4 户集合住宅比重（%）	16.3	18.5	14.1	23.5	36.1	41.6
5 户以上集合住宅比重（%）	17.4	17.9	48.3	17.9	20.8	18.9
住房套数的变化，自巅峰期至 2000 年	−3.5%	−1.8%	−1.8%	−32.2%	−23.8%	−33%

资料来源：美国人口普查中的基本人口和住房数据。

1950 年后的 50 年中，美国的各个老城市走上了截然不同的发展轨道。伴随着城市的扩张、复苏以及收缩，它们的人口排名也在不断地发生变化，而这些人口持续流失的城市有着不同的命运。有些城市在 20 世纪末控制住了人口的流失，而另一些城市则经历了灾难性的急剧收缩。也许最受打击的是位于前十大城市郊外的小型工业城市，它们的经济活动严重依赖于这些大城市，而几十年来这些大城市的经济却经历了最严重的衰退。在经济上遭受毁灭性打击的小型城市包括：印第安纳州的加里市（Gary），位于芝加哥市外围（Vergara 1997，81-83）；新泽西州的卡姆登市（Camden），位于费城外围（Gillette 2005）；伊利诺伊州的东圣路易斯市（Reardon 1997）和密歇根州高地公园市，位于底特律外围（Marchand and Meffre 2010，170-184）。相比于这些小城市所遭受的打击，大城市的问题看起来似乎更容易解决。在美国的大城市中，底特律和费城是最大的两个人口持续流失的城市。而在城市更新结束后，它们截然不同的命运对重建政策产生了巨大影响。费城的人口总量虽然在下降，但住房的存量基本稳定，呈现出局部地区下降，其他地区增长的情况——因此费城的收缩在空间上只局限于部分地区。而底特律则经历了全市范围内的人口和住房减量，因此它遭受的是大面积、毁灭性收缩。

2.3 局部收缩：1970—1990 年费城人口和住房变化

1950 年，美国第三大城市费城的人口刚刚超过 200 万。在接下来的 50 年中，这座城市流失了近 50 万居民，约占其 1950 年人口总数的四分之一。其中大部分人口流失发生在 1970—1990 年。这期间该市的人口从 1948609 下降到了 1585577，共流失了 363032 人，几乎失去了其 1970 年人口总数的 20%。相比之下，费城在 1950—2000 年期间的住房总量变化可谓微不足道。1970—1990 年之间，费城住房套数先增后减：从最初的 674233 套增加至 1980 年的 685629 套，然后又在 1990 年降至 674899 套。费城是一个典型的以局部收缩为特征的收缩城市。这意味着，尽管这座城市的部分地区经历了灾难性的衰退，但其他许多相对健康的地区仍然保持着人口和住房数量的增长。图 2.2 展示了费城 1970 年后的人口普查数据，通过这些数据我们可以很直观地观察到其局部收缩的特点。

人口普查地图显示，费城的大部分地区在 1970—1990 年之间人口总数锐减，共计流失了 360000 多人。考虑到整个城市长时间地经历人口流失，如此庞大的人口流失也是可以预料到的。在这 20 年中，城市内近 46% 的地区（共计 167 个普查区）流失了超过了 20% 的人口（"严重流失"）。另有大约 30% 的地区（共计 109 个普查区），流失了 5%~20% 的人口（"中等流失"）。人口流失最严重的地区集中在城中心的北部、南部和西部，那里几乎所有的土地都减少了超过 20% 的人口。该市仅有 8% 的地区（共计 28 个普查区）出现了人口增长，而这些地区的位置在很大程度上反映了费城在 1950 年之后的城市变化方式。费城地区人口数量的变化统计，证实了

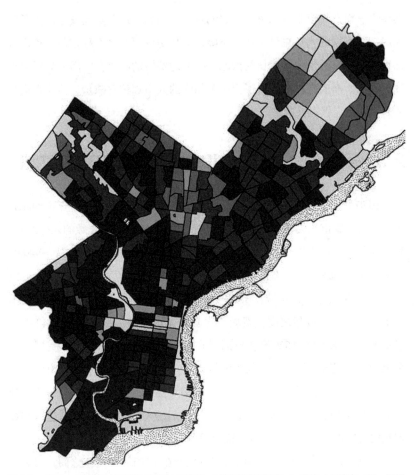

图2.2 1970—1990 年人口普查区域的人口变化。从暗到亮分别代表：> 20% 人口流失；5%～20% 人口流失；+/-5% 变化；5%～20% 人口增加；> 20% 人口增加。
数据来源：1970 年和 1990 年美国人口普查数据。插图：乔纳·斯特恩（Jonah Stern）

人口流失几乎是每个社区普遍存在的现象（表 2.7）。

虽然与霍伊特在 1939 年提出的扇形模式 ① 并不完全相同（Hoyt 1939），

---

① 霍伊特模型，是土地经济学家荷马·霍伊特（Homer Hoyt）在 1939 年提出的城市土地利用模型，
是对城市发展同心圆模型的修改，该模型中，CBD 位于城市中心，不同的扇面分别代表了上产阶级、
中产阶级和中下产阶级的居住区以及工厂。——译者注

但费城这 20 年间的人口增长和减少也形成了一种类似的模式。我们可以将费城划分为三个不同的区域：首先，位于市中心的是人口增长区，其外围是人口流失最严重的区域，再外围是人口流失程度一般的区域，最外围则包含了城市边缘以及郊区的另一个人口增长区域（图 2.3）。

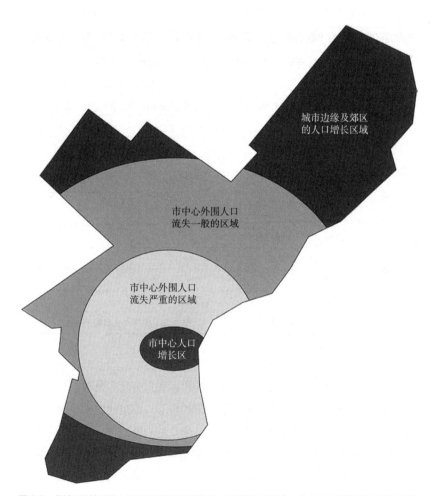

图 2.3　费城不同地区的人口变化规律可以归纳在一系列的同心圆中，市中心和最外围的区域都有所增长，而市中心附近的区域人口流失严重，次外围人口流失较少。

插图由作者自绘

费城出现最严重收缩的区域是那些环绕在市中心周围的社区。这个区域包括了大部分在 19 世纪中后叶城市工业扩张时期所建造的住宅。到 1970 年，这一区域的大多数住房都已十分老旧。它们的建筑密度也很高，除了费城西部的部分区域外，几乎都是排屋。①它们同时也是城市中最贫穷的社区。在这个严重收缩的区域外围，还有一个同样大的区域，人口流失较少或者趋于稳定。这里都是从 1900—1940 年左右修建的较新的社区，因此居住生活条件更好，并且多为独立建造的排屋或独户住宅。这些社区更加靠近令人向往的郊区，无疑有助于保持人口的相对稳定。

人口普查区视角下，1970—1990 年的费城人口变化		表 2.7
	1990 年普查区的数量	占全部普查区的比重（%）
人口流失超过 20%（90% 灰度）	167	46
人口流失在 5% ~ 20% 之间（70% 灰度）	109	30
人口增长 5% ~ 人口流失 5% 之间（50% 灰度）	28	8
人口增长 5% ~ 20% 之间（30% 灰度）	24	7
人口增长 20% 以上（10% 灰度）	28	8
数据缺失	9	2
1990 年总普查区数量	365	100
1970 年至 1990 年人口流失的数量	**363032（1970 年人口的 19%）**	

注：灰度指的是图 2.2 上的图案。

那么费城哪些社区逃脱了人口流失的命运呢？为什么是这些社区？可以发现，九个人口增长的社区都位于城市的中心，那里建筑密集、功能混合，同时也是城市的历史中心。像其他老的东部沿海城市一样，中心城市在 20 世纪仍然保留了大量的居民。正如我们所见，城市中推行的那些小心

---

① 排屋：是住宅的一种式样，由多幢相连的双层或多层房屋组成，一排排屋之内相邻的房屋共用同一堵墙。——译者注

翼翼的城市更新计划，在 20 世纪五六十年代为中心城区吸引了更多的高收入人口。费城是城市更新规划的中心，它通过高密度的新住宅项目重新开发了一些老旧的社区，例如社会山。[①] 该市的首席规划师埃德蒙·培根[②] 鼓励用办公大楼重建城市的西部地区，该地区后来的人口减少很可能正是由于居住社区被 20 世纪 80 年代建造的大型写字楼所代替。再加上从 20 世纪 70 年代开始，人们对于在市中心生活的兴趣愈发浓厚（Sohmer and Lang 1999；Birch 2002，2006），这些因素吸引了开发商和更多居民到城市中心的其他地区，包括东部的老城区和西部的里顿豪斯广场。[③]

不可否认，私人开发商为中心城市的土地开发和人口增长作出了一定的贡献，但是由机构推动实现的增长同样不可忽视。费城的两所大学——宾夕法尼亚大学和天普大学附近的人口增长，主要是由于这些地区新建的学生公寓。同样在这一时期，费城东北部地区一些机构的关闭导致了该地区的人口减少。费城其他的人口增长地区位于城市的边缘地区，因为在 20 世纪 70 年代，这一地区仍有未开发的土地，能以相对较低的密度开发独户住宅。这些土地是该市最后一批由农田改造而成的居住用地，它们的开发模式与近郊区的住宅具有一定的相似性。费城东北部有 11 个人口普查区经历了人口增加，其中一些地区由规委会主任埃德蒙·培根亲自设计，但并未完全实现（Whyte 1970，250-252）。费城西北部和西南部的偏远地区包含了其余 8 个人口增长的普查区，它们的发展模式也都或多或少地类似于郊区的发展模式。

与大范围的人口流失相比，费城的住房变化则显得稳定得多（表 2.8）。

---

① 社会山：Society Hill，是宾夕法尼亚州中心城市费城一个历史悠久的社区，建于 17 世纪 80 年代初期，是费城最古老的住宅区之一。在 19 世纪末至 20 世纪初，该社区逐渐衰落。费城当局于 20 世纪 50 年代开始了城市更新计划，更新了该地区许多优秀的历史建筑。从此以后，社会山成为费城平均收入最高，且房地产价值较高的社区之一。——译者注

② 埃德蒙·培根：Edmund Bacon（1910—2005），是美国城市规划师，建筑师，教育家和作家。在 1949 年至 1970 年担任费城城市规划委员会执行主任期间，他极富创造力的想法塑造了今天的费城，被称为"现代费城之父"。——译者注

③ 里滕豪斯广场：Rittenhouse Square，是里滕豪斯公园及其周围社区的总称，位于美国宾夕法尼亚州费城的城市中心。该社区是美国收入最高的城市社区之一。——译者注

1970—1990 年，费城的住房单元经历了先增加后减少的过程，并且增加和减少的幅度几乎相同（约 1000 个），同时发生住房增加和减少的地区数量也相等。全市共计 53 个地区（约占全市地区总数的 15%）的住房单元数量相比 1970 年增长了 20%，同时也有相同数量地区的住房单元数量减少了 20%。74 个地区（约占全市的 20%）住房单元数量减少了 5% 到 20%，剩下大部分土地（约占全市的 33%）的住房数量基本保持稳定。与人口增长的情况类似，这一时期费城住房数量的增长既发生在城市中心，也发生在边缘郊区。费城东北部的地区经历了最显著的住房增长，这印证了该地区的发展情况。作为城市中最后一片未开发的土地，这一地区的建筑密度在 1970 年后仍保持着较低水平。

人口普查区视角下，1970—1990 年费城的住房套数变化　　表 2.8

	1990 年普查区的数量	占全部普查区的比重（%）
住房减量超过 20%	53	15
住房减量在 5% ~ 20% 之间	74	20
住房增长 5% ~ 人口流失 5% 之间	128	35
住房增长 5% ~ 20% 之间	42	12
住房增长 20% 以上	53	15
数据缺失	10	3
1990 年总普查区数量	365	100
1970 年至 1990 年住房套数的变化	676（小于 1970 年总量的 1%）	
严重衰退地区 **（人口和住房流失超过 20%）**	**48**	**13**

从增长的方向上看，费城的住房与人口在地理分布上是一致的，但从减少方向上看，住房减量却比人口流失要更为集中（图 2.4）。人口流失几乎遍布于整个城市，但住房减量仅集中在少数几个社区。在住房减少较为严重的 53 个普查区中，几乎 60%（31 个）的地区都位于费城北部，即市中心的正北方；16 个位于费城南部和西部，这些区域同时也是发生大规模

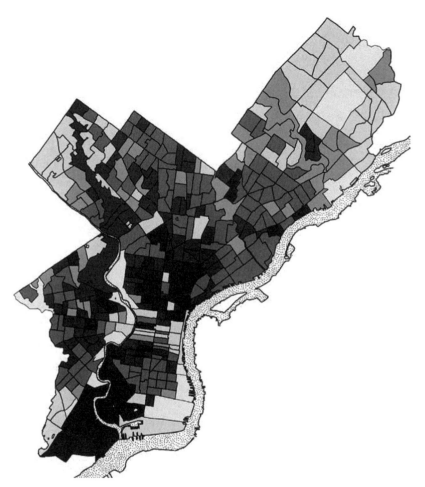

图 2.4　1970 年至 1990 年，费城人口普查区的住房单元变化统计。从深色到浅色依次表示：
> 20% 住房单元损失；5% ~ 20% 住房单元损失；+/-5% 变化；5% ~ 20% 住房单元增加； > 20%
住房单元增加。
数据来源：1970 年和 1990 年美国十年一度的人口普查数据。插图：乔纳·斯特恩

人口流失的地区；剩下几个普查区则散布在城市的其他区域。

　　正如人们所预料的，费城的住房减量与人口流失密切相关。因为在发
生住房减量较为严重的地区，有 90%（48/53）的地区同时伴有较为严重的
人口流失。这看起来非常合理，因为如果一个社区的房子越少，其中能容

纳的居民就越少。但反之，社区内住房多并不意味着人口也多。在人口流失超过 20%的地区中，有超过 70%的社区只损失了少数住房或基本没有损失。这些数字表明，没有经历住房损失的地区，人们的居住环境可能变得比之前更加宽敞，或者保留了大量空置且完好的住房。

从物质空间的角度看，费城有 48 个人口普查区（约占全市的 14%）可以说是"麻烦缠身"，这些地区都出现了严重的人口和住房流失（图 2.5），因此被归类为"严重衰退"的地区。其中，费城北部有 29 个（占北部 59 个普查区的 49%），费城西部有 7 个（占西部 35 个普查区的 20%），费城南部有 9 个（占南部 26 个普查区的 35%）。

为什么费城北部失去了如此多的住房？这个问题没有明确的答案。我们在本章后面部分会提到，费城北部在 20 世纪 70 年代后期进行了规模有限的重建。这一实践表明，城市更新并非导致社区大量住房减量的原因，真正加速住房减量的可能是其他的公共政策。费城北部有着大量分散的公共住房（Philadelphia City Planning Commission 1986，118），这些住房的高空置率导致了大量住房最终被拆除。高贫困率可能也对费城北部的严重衰退产生了影响，但它们并不具有简单的相关性。例如，费城北部和西部都有大量的黑人人口，贫困率高居不下，但费城西部住房的损失比例却要低得多。以白人为主的费城南部和东北部地区尽管人均收入较低，但在住房方面比费城北部地区更加稳定——尽管这两个地区的人口流失率都很高，但他们几乎保留了所有的住房。无论是什么原因，从数量和密度上看，1990 年的费城北部显然是整个城市衰退最严重的地区。

随着大量房屋遭废弃，费城北部的风貌发生了显著变化。一项针对费城早期衰退情况的研究统计了导致衰退的一系列原因：包括种族替代带来的不确定性、房地产市场对低质量住房单元的"过滤"①导致房屋无法流通交易、匮乏的公共服务、不负责任的房东，以及政策推行的种种困难等

---

① 过滤效应：指人们不断从下一个等级的居住区迁居前往上一个等级的居住区，导致最下层居住区中的住宅毫无市场价值。——译者注

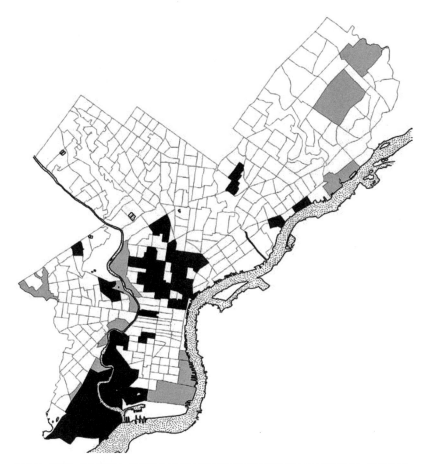

图 2.5　1970—1990 年间，费城约 14% 的人口普查区失去了 20% 以上的人口和住房。这些地区为深色调，可以认为是"严重衰退"地区。到 1990 年，这些地区对大量可利用的土地进行了重建。严重衰退地区的聚集使费城北部成为这 10 年来重建工作的重中之重。浅灰色表示人口很少的地区。
插图：乔纳·斯特恩

（Featherman 1976）。这项研究还发现，在房屋废弃程度较低的社区存在着其他引起废弃的原因。在这些地区，房地产市场的持续低迷让人们难以迅速处置房产，而不断变化的家庭状况（如老房主的搬迁或死亡）也降低了业主对房屋妥善处置的责任心。废弃的房屋很快破损，早已迁走的业主很难进行及时翻修。随着越来越多的房屋遭到废弃和毁坏，邻近的建筑也随

图 2.6 1970 年以后，费城北部遭受了巨大的住房减量，其结果是该地区的城市结构恶化。比如，2011 年北奥里安娜大街（North Orianna Street）的许多街道上只剩下了零星的房子，被形象地称为"缺牙"街（"missing teeth" streets）。
摄影：丹尼尔·坎波（Daniel Campo）

之被遗弃。这种渐进式的衰败，使得一些社区在数年内，从仅有少量废弃住宅的社区转变为遍布废弃住宅的社区（Cohen 2000）。

　　图 2.6 是费城北部的废弃区现状，映射出住宅废弃的长期影响。随着时间的推移，未缴纳财产税的空置房屋被市政府没收，受到严重破损的建筑物被拆除。逐步地废弃、扣押、清理，让整个地区变得支离破碎。当我们走进严重衰退的费城北部时，映入眼帘的是一个破碎的结构，里面散布着空置的地块和残存的房屋。相连的排屋被拆除，原本完整连续的街道立面形成了犹如"断齿"的丑陋外观。到 1995 年，费城大约有 27000 个空置的住宅和 15000 块城市空地（Pennsylvania Horticultural Society 1998），其中大部分集中在费城北部（图 2.7）。在整个 20 世纪 90 年代和 21 世纪初，费城北部密集性的住宅被废弃，使它自然而然地成为收购、修整和再利用的焦点。

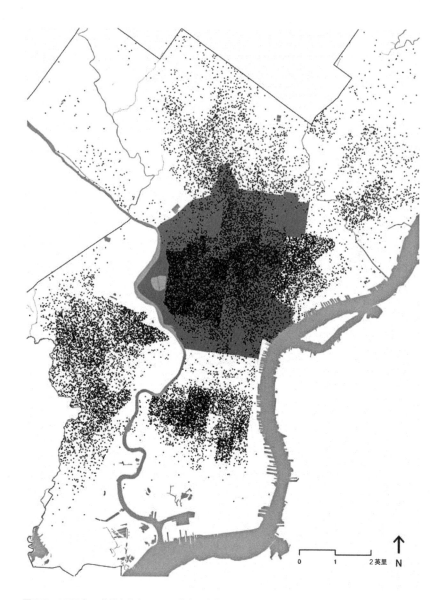

图 2.7　1995 年，费城大约有 27000 座空置建筑，图中用黑点表示。1990 年以后，如何将因人口流失而废弃的零散土地再利用，成为地方政府所要面对的首要问题。这些空置的土地主要集中在费城北部（图中深灰色区域）。

插图：安 - 阿里尔 · 维奇奥（Ann-Ariel Vecchio）

费城在城市更新结束后经历了严重的衰退，但相比之下，底特律的情况更加糟糕。在 1970 年之后的一段时间里，这座汽车城不仅失去了比费城更多的人口和住房，甚至超过了美国其他任何大城市。

2.4　全面收缩：1970—1990 年底特律的人口收缩和住房减量

像费城一样，密歇根州的底特律市在 1950 年后经历了严重的人口和住房减量。1970—1990 年间，该市人口从 1511482 减少至 1027974，净流失 483508 人，占 1970 年该市总人口的 32%。底特律市的人口收缩无论从绝对值还是相对值来看，都要高于费城。尽管在 1970 年，底特律的总人口只有费城的四分之三。但在随后的 20 年里，这座城市减少的人口比费城还要多 10 万。

从 1970—1990 年，底特律近 50 万的人口减量极大地改变了这座城市的版图（图 2.8 和表 2.9）[2]。这座城市几乎所有地区的人口都在减少：55% 的人口普查区（175/320）流失了 20% 以上的人口；另有 25% 的人口普查区（83/320）流失了 5%~ 20% 的人口。如图 2.8 所示，整座城市的人口呈自由落体式减少。几乎所有人口流失不超过 20% 的地区都呈现出中度人口流失的特征。而人口增长仅出现在少数几个地区：比如底特律市中心，这里的人口增长率非常低，并且大部分增长归因于城市更新。这一地区在 20 世纪 50 年代是第一批城市更新的对象，1970 年以后得以继续扩建。在市中心以外的 320 个普查区中，只有 20 个区出现了少量的人口增长。并且大部分位于城市外围，这表明郊区仍在扩张。因此，底特律与费城的显著不同之处在于，它的人口变化几乎只有两个方向：严重流失和中等流失。这对任何一个城市来说都是令人沮丧的，更何况底特律在 1970 年还是美国的第五大城市。

与费城的不同之处还在于，同一时期底特律的住房数量快速减少，共计减少 118895 套，占其 1970 年住房总量的 22%。底特律的住房减量不仅在数

图 2.8　1970—1990 年，底特律各人口普查区域的人口变化情况。从深色到浅色依次表示：人口流失超过 20%；5% ~ 20% 人口流失；人口增长 5% 到人口流失 5% 之间；人口增加 5% ~ 20%；人口增加超过 20%。

数据来源：1970 年和 1990 年美国人口普查数据。插图：乔纳·斯特恩

人口普查区视角下，1970—1990 年底特律的人口变化		表 2.9
	1990 年普查区的数量	占全部普查区的比重（%）
人口流失超过 20%（90% 灰度）	175	55
人口流失在 5% ~ 20% 之间（70% 灰度）	83	26
人口增长 5% ~ 人口流失 5% 之间（50% 灰度）	38	12
人口增长 5% ~ 20% 之间（30% 灰度）	16	5
人口增长 20% 以上（10% 灰度）	7	2
数据缺失	1	<1
1990 年总普查区数量	320	100
1970—1990 年人口流失的数量	**483508（占 1970 年人口的 32%）**	

注：灰度指的是图 2.8 上的图案。

量上特别巨大，而且在地理上分布广泛（表 2.10）：令人吃惊的是，该市多达 60% 的人口普查区损失了 5% 以上的住房，37% 的地区（占城市的三分之一以上）损失了超过 20% 的住房。从图 2.9 可以看出，住房损失仍不及人口流失所涉及的区域广泛。市中心周边地区的住房减量最为严重，并且从东部到西部，住房减量的现象明显蔓延到了整个城市。只有城市北部沿着八英里路（8 Mile Road）地区，没有受到住房减量的影响：在这段时间里，底特律北部边界的 21 个人口普查区中，有 19 个流失了至少 5% 的人口，但其中只有 2 个普查区出现了住房数量减少，并且有 6 个普查区甚至住房数量有所增长，这在 1970 年之后的底特律实属少见。

人口普查区视角下，1970—1990 年底特律的住房变化　　　　表 2.10

	1990 年普查区的数量	占全部普查区的比重（%）
住房减量超过 20%	119	37
住房减量在 5%～20% 之间	74	23
住房增长 5%～人口流失 5% 之间	82	26
住房增长 5%～20% 之间	27	8
住房增长 20% 以上	19	6
数据缺失	1	<1
1990 年总普查区数量	320	100
1970—1990 年住房套数的变化	118895（占 1970 年总量的 22%）	
严重衰退地区 **（人口和住房流失超过 20%）**	**111**	**35**

　　与费城一样，底特律的人口减少并不总是导致住房减量。但住房减量几乎总是与人口流失相关：住房减量严重的地区中有 93%（119 个普查区中的 111 个）伴有 20% 以上的人口流失。这一数字与费城的 90% 非常接近。但不同的是，底特律的这 111 个地区占全市所有人口流失严重地区的 63%，而费城同时遭受严重住房减量和人口流失的 48 个普查区仅占所有人口流失严重地区的 28%。也就是说，在底特律人口流失严重的普查区中，几乎有

图 2.9　1970—1990 年，底特律各人口普查区域的住房套数变化情况。从深色到浅色依次表示：住房减量超过 20%；住房减量 5% ~ 20%；住房增长 5% ~ 住房减量 5% 之间；住房增长 5% ~ 20%；住房增长超过 20%。

数据来源：1970 年和 1990 年美国人口普查数据。插图：乔纳·斯特恩

三分之二的地区遭受了住房减量，而费城只有三分之一，这使得底特律市严重衰退的社区数量比费城多了 225%。如图 2.10 所示，除了西北部地区和东北部地区外，衰退的社区遍布整个城市。截至 1990 年，该市人口普查区中 35% 的地区陷入了严重衰退。

　　底特律的住房减量地区主要分布在市中心周围的广阔地带中。在 1990 年，无论从哪个方向离开这座城市，人们都会经过大量住房减量的社区。这些社区要么经历了有目的的清理，要么散布着零星的住房，正在逐步废弃。与费城的中心城区不同，底特律市中心的居住人口很少，它无法让充满空置房屋的街区维持半点生机。市中心到处都是废弃的办公大楼，周围的居民区同样一片萧条。基于此，人们可能会认为，底特律之所以在 20 世纪 80 年代经历无法避免的经济衰败，并且被称为"犯罪的天堂"（例如：

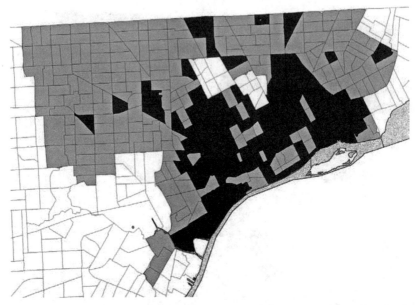

图 2.10 在 1970—1990 年间，底特律遭受了非常严重的住房损失。1970—1990 年，底特律住房损失的数量占 1970 年总量的 22%。该市的大部分地区（约 35% 的人口普查区，用深灰色显示）在 1990 年遭受了严重的衰退。城市中的大部分土地都可以进行重建，然而这座城市既没有总体规划，也没有重建政策。
插图：乔纳·斯特恩

Chafets 1991），很可能正是由于缺乏人口稳定的社区。这座城市的大部分地区都是一片空旷的土地，中间只点缀着零星的房屋（图 2.13）。这也是为什么来到底特律的游客会觉得整个城市都被彻底遗弃了。

2.5 底特律和费城的形态和政策

底特律和费城虽然同为较大的去工业化城市，且都在 1970 年之后损失了大量的人口和住房，但它们的收缩轨迹却并不相同。从全市范围内看，费城严重衰退的人口普查区占比不足总数的一半（48/111）。为什么费城的社区衰退不像底特律那么严重？其中的原因有很多。例如，相比费城，底特律的经济受到了更严重的打击。在 20 世纪，底特律的经济变得越来越专一化（Jacobs 1969，99）。汽车产业的不断扩张给这座城市带来了爆炸式的增长，但当这一产业不再只集中于底特律时，来自外围的竞争迅速涌来，这座城市的经济便开始陷入危机。底特律在汽车产业上的收入被逐渐稀释，最初是洛杉矶等城市加入了产业竞争（Jacobs 1969，153-154），随后汽车厂从 20 世纪 50 年代开始迁入没有工会的地区，美国广大的农村地区纷纷前来瓜分这块蛋糕。从 1947—1963 年的 16 年间，底特律失去了 13.4 万个制造业工作岗位（Sugrue 1996，126）。这对一个正在遭受双重打击的城市来说又是一个巨大的冲击，因为一方面汽车产业的竞争使美国公司处于不利地位；另一方面大量的工业产业被分散到城市以外的地区（例如：Rae 2003，361-363）。

费城也是"铁锈地带"的一部分。这座城市在 1947 年已经高度工业化，工业部门拥有超过 49 万个工作岗位。但各个部门的工业化程度各不相同，其中最大的工业部门是纺织业，占总工业岗位的 25%（Adams et al. 1991，32）。虽然工业的多样性使费城没有经历像底特律在 20 世纪 10 年代和 20 年代汽车产业蓬勃发展时期的那种爆炸式增长，但它保护了费城免遭二战后困扰底特律几十年的灾难性经济冲击。尽管费城在 1947 至 1986 年间失去了 11.5 万个工业岗位（Adams et al. 1991，31），但有更多种类的经济活动取而代之。

经济因素在城市的发展和衰落中起着重要作用。与此同时，其他难以量化的因素也发挥了作用。地理环境和城市形态定义了城市的自然景观，并与经济因素产生复杂的相互作用，共同塑造了城市的增长：曼哈顿的高密度不仅是因为纽约充满活力的经济，还因为它的岛屿形态紧凑，从而强化了这种发展模式。同样，从景观建筑到社会住宅，城市设计扮演着类似决定性的角色。正如无法想象脱离高密度岛屿环境的曼哈顿，人们也无法想象没有中央公园这样的设计干预曼哈顿会怎样，因为正是这些干预改变了城市的经济增长。城市不仅是抽象的经济概念，其形态和政策同样重要。1950 年以后，底特律和费城的城市形态以及城市政策有很大的差异。这两座城市的面积几乎一样（底特律 138.8 平方英里，费城 135.1 平方英里），但它们各自拥有独特的地理环境和历史沉淀。在城市更新期间及其消亡的几十年里，各自不同的地理环境和历史因素深深影响了城市形态和城市政策的形成与发展。

2.6 底特律：一个看不出边界的城市与翻天覆地的城市更新

底特律是由法国人建立的，最初是法国人在五大湖沿岸建立的一系列堡垒中的一座，一直受益于便利的地理条件——拥有美洲大陆内部巨大而便利的水路网络。底特律绝佳的航运区位最初为皮草贸易商提供了便利，后来又为工业和航运提供了便利。此外，由于位于工业腹地边缘，底特律成为这片工业区中绝佳的商品转口港，同时在密歇根州南部的地理位置使它极易到达横贯全美东西的铁路。所有这些优势都体现在从布法罗到密尔沃基沿途的其他五大湖城市上。

底特律的战略位置极好，将底特律河到加拿大河岸的美景尽收眼底。然而，这片土地本身并不引人注目：它是一片广阔而毫无特色的平原，平缓地延伸到同样毫无特色的内陆。这样平坦的地形有利于交通运输：平坦的土地不仅易于运输货物，而且便于修建公路和铁路，使商业运输变得容易。除了一些法国人规划的区域外，底特律还有一套固定不变的街道和交错的路网，这些网格向远处的河流延伸，直到与整个美国大地网格（National Survey Grid）[①] 相交汇。在最初法国的堡垒被烧毁后，1804 年提出了一份具有创意的城市设计方案。设计师奥古斯都·伍德沃德[②] 为这座城市设计了一座巴洛克风格的城市中心，其宽阔的辐射状街道一直延伸到密歇根州的内部。随着城市的发展，巴洛克式的规划逐渐被整齐排列的路网所替代。

---

① 美国大地网格：美国的国家大地测量体系，每个网格为 100 公里 ×100 公里的方块。——译者注
② 奥古斯都·伍德沃德：Augustus Woodward（1774—1827）是密歇根地区的第一任首席法官、密歇根大学的创始人之一。任职期间，他在底特律遭遇 1805 年毁灭性大火后的重建中发挥了重要作用，建立了以放射状道路为基础的城市设计。——译者注

图 2.11　底特律位于连接两大湖的海峡沿岸上，占据了一块平坦的土地。这座城市沿着统一的网格发展，网格内填充着形态相似的住房。直到城市更新政策的实施、高速公路的建设以及住房的损失开始逐渐侵蚀城市原本的肌理。这张照片展示的是 20 世纪 30 年代中期的底特律市中心。
图片来源：密歇根州高速公路部门（Detroit: Michigan State Highway Department 1937）

但那些辐条状的街道却保留了下来，在高速公路出现之前，这些街道一直是通往市中心的主要道路（图 2.11）。

1900 年，底特律还只是一个小城市，人口不到 30 万（相比之下，费城当时有近 130 万人口）。但在接下来的 30 年里，这个城市增长了近 130 万居民，爆发式的增长导致新建的住房几乎一模一样（图 2.12）。由于没有河流、山丘或其他地理因素的限制，底特律无休止地扩张。这座城市由整齐的路网组织着，但它看起来十分单调，仅有一些铁路和工厂打破了这种单调的复制。然而，即使并不美丽，底特律仍然是一个极其高效的城市，用于容纳各类工业设施和工人，中转和运输着各类进出城市的原材料和成品（Sugrue 1996，18-19）。

与其他以快速增长和重工业为特征的中西部城市一样，底特律的市中心并没有留住高收入人群。城市的主要发展模式是郊区化：早在 19 世纪

图 2.12 底特律的社区结构是由木制或砖砌的独立式住宅构成的，但这并没有让这座城市变得风景如画。像许多沿着正交网络的街区快速建设的城市一样，底特律很单调，甚至沉闷。
图片来源：底特律新闻档案

80 年代，这座城市中的大多数住宅均为独立的单户或双拼住宅。随着人们的社会经济状况下降，房子的规模逐渐减小，材料也从砖头变为木头。底特律的快速增长导致高收入住宅区从市中心迅速向外转移。早期的高收入地区，例如市中心附近的灌木公园（Brush Park），很快被商业和工业发展所淹没。由于固定的城市路网和单一的地形，高收入居民很难在空间上将自身与低收入群体隔离开来。因此，许多底特律的高收入住宅区集中在城市东部风景优美、铁路较少的底特律河沿岸。这种空间上的增长与芝加哥沿着北部湖岸的增长类似。到 20 世纪 20 年代，与这条河平行的杰斐逊大道（Jefferson Avenue）已经被高收入公寓和大型独户住宅所包围。但即便是这个城市中最具凝聚力的高收入地区，也被工业设施和铁路线所打断。

底特律的工业占据了主导地位，高收入社区的孤岛因此渐渐被低收入住房包围。考虑到这座城市快速发展又迅速废弃的历史，人们可以预见，这些高收入地区终究有一天也会被废弃。

二战后，随着底特律的经济渐渐衰退，以及非裔美国人到这里谋求工作，那些原本有利于快速增长的物质特征开始加速这座城市的衰落。历史学家托马斯·苏格鲁[1]详细描述了这样一个痛苦的过程：白人因为种族恐惧，以及缺乏可以阻止人口流动的地理屏障对他们进行保护而逐渐陷入癫狂；他们甚至曾试图通过巡逻和暴力威胁"保卫"社区边界不受黑人居民的影响。由于对日益增长的非裔美国人数量和高速公路建设的破坏性影响感到失望，白人从 20 世纪 50 年代开始大规模逃离底特律社区（Sugrue 1996，234–249）。

底特律从 1970—1990 年经历的人口和住房损失，部分原因是其独特的城市形态。这座城市在几乎没有差别的地形上规划着铁路和单调的路网，飞速发展意味着其中大部分建筑都是在 20 世纪上半叶相对较短的时间内建成的。这不仅导致其内部的社区几乎没有任何特点，而且如果城市内大量的低密度独户住房（大部分为木制）被遗弃，极易遭受风化和破坏。此外，底特律缺乏可以有效抵制衰退的长期存在的大面积高收入社区。良好的道路和高速公路连接到周边地区，虽然交通极为便利，但同时促进了郊区化向除东南部（面对底特律河）以外的土地延伸，甚至影响到城市边界以外的未开发土地。

底特律独特的地理环境和城市形态虽然在城市增长阶段起到了促进作用，但在城市衰退阶段同样加剧了种种问题。底特律从 20 世纪 40 年代开始采取了一系列的重建措施，这些措施本可以使城市受益，但却无法使一个正在收缩的城市恢复活力。托马斯（1997）对这些举措进行了详细的研究，本书在这里仅作总结。

---

[1]　托马斯·苏格鲁（Thomas Sugrue），生于 1962 年，是 20 世纪美国纽约大学的历史学家。他的专业领域包括美国城市历史，美国政治历史，住房和种族关系史。——译者注

底特律积极地进行了城市更新。这座城市不仅修建了人均数英里长的高速公路，而且实施了大规模的城市更新战略。相比之下，其他城市的努力显得微不足道。其中第一个项目是位于城市中心的市政中心，它于1947年开始设计与建设（Thomas 1997，67）。该市政中心包含了各式各样的办公楼、会议厅、开放空间和道路基础设施。这些建筑分布在一块平整的场地上，那里除了一座历史悠久的教堂外，没有保留任何历史遗迹。

市政中心项目完成后，政府的重心转向市区以东的大型城市更新项目。格拉希厄特（Gratiot）城市更新区第一期的占地面积就超过500英亩（Thomas 1997，56），住有1900多户家庭，他们几乎都是非洲裔美国人。格拉希厄特[1]的设计在规划师路德维希·希尔伯谢默[2]和建筑师密斯·凡·德·罗的指导下取得了标志性成功。但是该项目同时被誉为城市更新中"清除黑人"的标志性举措：一种高度种族化（可能也是种族主义）的重建行动，极大地损害了成千上万已经处于极端不利地位的底特律黑人的利益。拉斐特花园社区不允许修建公共住房，而只有不到三分之一流离失所的家庭在其他地方找到了公共住房（Thomas 1997，60）；剩下不那么幸运的家庭被粗暴地转移到了其他社区或者贫民窟，他们很可能会反过来破坏这些社区的稳定。

底特律在拉斐特花园的城市设计策略奉行的是一种完全推倒重建的方法，除了少数的道路和现有的铁路线，没有保留任何原有的城市结构（Waldheim 2004，128-133）——没有任何原有的建筑得到保存，也没有任何历史遗迹保留下来。这种城市设计策略与饱受争议的现代主义策略高度一致，例如勒·柯布西耶在1924年提出的"光明城市"计划。[3]但它也反映了底特律城市景观特有的空间品质，即平坦无垠，以及满铺着毫无差别的独户住宅。换句话说，不是现代主义使拉斐特花园的规划者倾向于将底

---

[1] 格拉希厄特城市更新区：后来改名为拉斐特花园（Lafayette Park）。——译者注

[2] 路德维希·希尔伯谢默（Ludwig Hilberseimer，1885-1967），是德国建筑师和城市规划师，曾在包豪斯与密斯·凡·德·罗合作，之后在伊利诺伊理工学院从事城市规划工作。——译者注

[3] "光明城市"计划（Plan Voisin）是巴黎市中心的重建计划，由建筑师勒·柯布西耶于1925年设计。"光明城市"计划的核心理念在于，通过建设高层减小建设密度，提高绿地率。该项目是勒·柯布西耶最著名的项目之一。——译者注

特律过去的城市景观整体抹去，而是其原本单调的城市景观让他们不得不
这样做。底特律和城市更新是一个不幸的组合：一个急剧衰退但拥有易于
重新开发的城市，以及一个认为大规模推倒重建是最佳城市设计策略的再
开发方法。正如第 3 章将要交代的那样，大规模推倒重建式的城市设计标
志着底特律的再开发进入了 21 世纪。

　　城市更新给底特律留下了大量的空地，在某些情况下，这些空地直
到 20 世纪 90 年代末才得以重新开发。与此同时，城市更新并没有解决这
座城市以汽车业衰退为中心的经济问题。阻止工业衰退是市长克尔曼·杨
（Coleman Young）执政过程中的核心议题。克尔曼·杨是一位任职多年的
行政官员，从 1973 年到 1993 年一直担任市长。杨市长无法扭转这座城市
灾难性的人口和住房流失，但他竭尽全力保留了工业企业，即使这意味着
在城市重建的过程中同样要残酷地对待低收入群体。在这些重建项目中，
最臭名昭著的是波兰镇社区。[①] 20 世纪 80 年代初，该市占地 465 英亩、
可容纳逾 3400 人的波兰镇社区被彻底清除，用于建设一座新的通用汽车工
厂。就像 20 年前的纽黑文一样，这一清除行动无法带来期望的经济回报。
20 世纪 50 年代，波兰镇社区的工厂雇用了 3.5 万名工人，但在 80 年代的
重建后，通用汽车厂只雇用了 3400 名工人（Thomas 1997，163-165）。重
建所花费的公共开支是巨大的：波兰镇社区的土地购置和场地准备花费了
2 亿多美元，其中大部分来自之后数年间联邦政府社区发展补助计划的资
金。为了建造波兰镇社区，底特律将未来数年的再开发资金抵押给了这一
家工厂。

　　除了重建工业，杨主持的政府还将城市重建的精力集中在底特律市
中心。这种策略与 20 世纪七八十年代美国其他几十个城市所采用的策略
没什么不同，其结果也是类似的：扩建的会议中心、新办公大楼和购物中
心，包括一个引人注目的文艺复兴中心和一些住宅，甚至还有一个自动化

---

① 波兰镇社区：Poletown，是密歇根州底特律的一个邻区。该地区以最初定居的波兰移民命名。
　 1981 年，居住区的一部分成为通用汽车公司的底特律 - 汉姆特拉克装配厂。——译者注

图 2.13 在 21 世纪初，底特律的大部分景观如同乡村一般，大片的旷野里偶尔点缀着零星的房屋、街道和人行道。从某些地方看去，就像一座广阔而美丽的野生花园。
摄影：丹尼尔·坎波

的高架人行道。所有这些都是通过公私合营（PPP）的形式建造的（Frieden and Sagalyn 1989）。但底特律的不同在于：公私合营的企业也许可以在历史更悠久、更成熟、更有吸引力的市中心重新激活旅游业和商业，但它们无法在一个迅速收缩的城市中创造繁荣。随着底特律城市肌理的不断消亡，这一系列重建的项目仿佛成了仁立在不断扩大的城市废墟中的"纪念碑"（图 2.13）。

无论是由杨市长主导的底特律再开发时期（大约 1973—1993 年），还是之前的城市更新时期（大约 1948—1973 年），底特律优越的地理位置都得到了足够重视，但却对先前一切的城市景观置若罔闻，甚至将其夷为平地。无论是拉斐特花园这样的城市更新项目，还是像杨市长清理波兰镇社区这样由经济发展推动的项目，都没有保留任何先前的城市景观，也没有考虑项目周边的环境，例如周边现存的社区以及重要的建筑。这种城市设计策略是激进甚至戏剧性的，它对这座城市的现状漠不关心。在像路德维希·希尔伯谢默和密斯·凡·德·罗这样才华横溢的设计师手中，彻底拆除重建的方法也许可以创造出一种比被拆毁的建筑更具品质的城市环境。但在其他方面，底特律的战后重建产生了残酷的后果，它将原有的城市居民（尤其是非洲裔美国人）残忍地拒之门外，并且完全无视城市中原本的建筑遗产和都市生活。

底特律这种对城市现状漠不关心的再开发方式也许为开发商提供了一个"自由灵活"的场地，但这种完全推倒重建的方法也显示出对现有城市缺乏适度的尊重。随着城市的管理者不断拆除已有的建筑，他们逐渐抹去了这座城市在日益全球化世界中的一个主要竞争优势：自身的建成环境。在交通便捷和人口自由流动的时代，城市更新政策的实施和杨市长彻底拆除重建的策略，再加上城市被灾难性地废弃，使得底特律的城市环境越来越没有吸引力。到 20 世纪 90 年代，底特律的再开发项目往往无视现有的城市环境。甚至连勒·柯布西耶的"光明城市"计划也从未做到如此境地。

2.7　费城：在一个有边界的城市中对历史的保留和反思

和美国东海岸的其他城市一样，费城的环境也受到水域和陆地的限制。这座城市的地理位置具有战略意义，它位于皮埃蒙特（Piedmont）丘陵的边缘。在这里，来自阿巴拉契亚高原的土地和水域逐渐进入这片冲积扇平原中。沿着所谓的"瀑布线"①，费城与其他许多城市共享着这片高地高原和沿海平原的混合地带，例如华盛顿、里士满和帕特森。坐拥这样的地势条件，使"瀑布线"上的城市可以最大限度地利用海洋和内陆的环境资源，并利用从高原流下的河水发电获取能量。对于费城而言，"瀑布线"是能量

---

① 瀑布线：Fall Line，全称 Atlantic Seaboard Fall Line，大西洋海岸瀑布线或称瀑布带，是一个 900 英里（1400 公里）的陡崖，是皮埃蒙特丘陵和大西洋沿岸平原在美国东部的交汇处。——译者注

来源，也是度假胜地：该市西部和北部的丘陵地区景色宜人，例如维萨希肯山谷（Wissahickon Valley），早期的工厂、小酒馆和旅馆都坐落在那里；到 19 世纪，城市西北部地区已成为人们郊区住宅的首选，费城最大的公园也建在了那里。

　　尽管费城是由理想主义者建造的，但它的城市设计非常实用。这座城市建于 1683 年，位于市内两河之间最狭窄的地方。底特律市中心放射状的道路传达了巴洛克式的在空间中无限延伸的渴望，而费城则保持了文艺复兴时期的网格状路网：狭窄的街道由两条河流限定了边界，公园位于四个角落，中心则是一个更大的公园。这个充满理想主义的设计方案不仅雄心勃勃（费城的设计方案比当时伦敦的实际规模还要大），而且不乏完整性。设计师威廉·佩恩 ① 显然没有参考欧洲港口城市的发展现状，他设想了一个恬静的理想主义田园城市，但真正的费城很快发展成为一座拥挤、繁华的港口城市，沿着特拉华海滨不断增长与聚集。费城保留了佩恩的计划，但是城市的增长在 18 世纪末之前就已经超出了预期，填满了最初计划在 19 世纪末才会利用的土地。

　　随着费城的扩张，位于半岛中部的中心城逐渐成为城市功能核心和交通枢纽。在一个没有边界限定的城市，例如底特律或洛杉矶，市中心可能会逐渐边缘化。但在费城，不同的社区被水环绕，彼此隔绝。每一个外围的地区（费城的北部、西部和南部）只有通过中心城区才能到达另一个地区。它们的相对隔离不仅增加了社区之间的社会差异，而且增强了中心城区的重要性。和纽约一样，费城被局限在岛屿上，因此逐渐发展成为一个紧凑的城市，并将一直保持到 20 世纪。

　　早在 18 世纪中期，联排住宅就被确立为费城城市格局的基本单元（Warner 1968，15–17）（图 2.14）。这种住房类型将成为费城之后整整两个世纪城市扩张的模板。虽然从经济和美学的角度来看，联排别墅确实很有

---

① 威廉·佩恩：William Penn（1644—1718），是海军上将兼政治家威廉·佩恩爵士的儿子。佩恩是一名作家、贵格会（Quakers）的早期成员，也是英国北美殖民地宾夕法尼亚州的创始人。——译者注

图 2.14　费城是美国最大的排屋城市。这条位于城市东北部的街道，与费城西部、南部和北部成千上万条街道几乎没有什么差别。
摄影：丹尼尔·坎波

吸引力。但当它们成百上千重复出现的时候，就会形成单调无趣的街景。随着城市的扩张，开发商在街道两旁建起了一排排相同的房屋，以至于有的学者（Warner 1968，53）把 19 世纪的费城街道描述为无穷无尽的"沉闷而连续"的网格，没有任何视觉上的变化。在纽约，联排住宅的统治地位被公寓住宅所打破。但在费城，即便有了其他的选择，联排住宅在之后很长一段时间仍占据着主导地位。即使到了 1980 年，经过几十年的郊区化，费城仍有 62% 的住房是联排式的独户住宅（表 2.6）。即使不把其他细分类型的联排住宅计算在内，费城几乎每两套住房中就会有一套是联排住宅。而在其他同类城市中，没有一个是由单一住房类型主导的；甚至在另一个联排住房为主的城市巴尔的摩，也只有略多于一半的住宅为联排式的独户住宅。统一的街道网格和占主导地位的联排住宅，使费城成为美国城市格局中最规则，同时也是密度最大的城市之一。

在费城，由投资者建造的联排住宅，其街区被尽可能地细分，密度如今看来都高得令人难以置信。我对费城北部 16 个重建点的研究（Ryan 2002，362-371）显示，1920 年费城北部的平均居住密度为每英亩 51 套住房（每公顷 128 套住房）。一些街区的住宅密度高达每英亩 65 套，比许多公寓楼街区的密度还要高。联排住宅的宽度只有 14 英尺，后街十分狭窄，只有 25 英尺（Sanborn Map Company 1984），并且住宅配置很少：上下 2 层各只有一个房间（Schade et al. 2008），没有前院，只有几英尺宽的后院。除了穷困潦倒的人以外，很少会有人接受这样狭小的排屋。因此在 20 世纪，人们一旦有了更好的选择，就会逃离这样的房屋。

但是费城的排屋包含了多样的建筑类型，而不只是单一的建筑模式。虽然最小、最简陋的房屋只有几百平方英尺，但较为富裕的人居住在 4 层住宅区里，面积比最小的排屋要大 10 倍，其空间也和伦敦或纽约的住房一样宽敞。许多富丽堂皇的排屋街区仍然矗立在市中心的繁华地带，或费城北部以往享有盛誉的地区，如塞西尔·B. 摩尔大道。[①] 自 20 世纪 70 年代以来，中产阶级住宅迅速发展，市中心部分地区的排屋价格上涨至数百万美元。这样的街道可以说是美国城市中最漂亮的住宅街道之一：19 世纪中期的联排住宅会给人一种独特的建筑氛围以及围合感，这是 20 世纪的住宅所比不上的（至少在美国是这样）。在 20 世纪早期和中期建造的外围排屋区相对于旧城区有一定的优势；住房更加宽敞，公共区域得到了明显的改善，街道更宽了，院子更大了，住房密度也不再那么高。到了 20 世纪 50 年代，仍在费城南部帕克公园[②] 等地建造联排住宅的开发商，在那些沿着通往死巷的街道上仅仅联排建造了五六套住宅，实现了费城独有的联排城市住宅与独立式郊区住宅相混合的模式。当规划师们在 20 世纪 60 年代和 90 年代

[①] 塞西尔·B. 摩尔大道：Cecil B. Moore Avenue，是美国宾夕法尼亚州费城市北部的一个社区。该社区松散地布置在天普大学的主校区周围。在过去的几年里，由于大学生的涌入，使得社区经历了士绅化。——译者注

[②] 帕克公园：Packer Park，帕克公园是位于美国宾夕法尼亚州费城南部的一个社区，它最初包括在 20 世纪 50 年代的帕克公园和 90 年代布林顿庄园的 1000 栋住宅。现在被指定为帕克公园的四个住宅社区之一。帕克公园被认为是费城南部地区最有组织的社区团体之一。——译者注

再次开发费城北部时，这些住宅项目中包含的种种住宅配套设施，令购买者们心驰神往。

排屋在费城的住宅类型与城市历史中有着无可匹敌的地位，使它在后来的重建工作中不可避免地成为重点参照对象。在底特律，像在拉斐特花园以及其他重建地点一样，木制的独户住宅可以拆除（或烧毁），以重新开发。但在费城，这种排屋却很难清除。它们不仅在一个街区内数量众多（一个完整的北费城街区可能包含 60 ~ 80 套排屋），而且在由狭窄街道分隔的相邻街区内也一定会有同样多的房子。因此，无论是在城市更新时期还是之后的岁月中，费城的再开发项目都表现出了对城市文脉的敏感性，这种敏感性来自联排住宅对于清除工作的阻力及其自身的城市特质。

底特律的总规划师查尔斯·布莱辛（Charles Blessing）是一位才华横溢但十分谦逊的人，在 1952—1973 年的 21 年任期中，他从未渴望成为公众人物（Thomas 1997，120-122）。在底特律实行的城市更新更多是与整座城市衰落和重建的巨大规模息息相关，而并非取决于布莱辛本人。但费城的城市更新历史与首席规划师埃德蒙·培根的超凡个性紧密相联，甚至如同与实际的重建工作一般密切相关。即使在今天，在讨论 20 世纪五六十年代的费城重建时，培根的名字也经常出现在首位。培根工作的成果在其他地方已有详细讨论（例如：Knowles 2009），而这里要讨论的费城（培根规划时期）的重建方法和实践：无论是与同时期的底特律相比，还是在城市更新结束后的几十年里对再开发实践的影响，都非常有趣。

费城的城市更新与底特律有很大的区别。不仅是因为城市自身的差异很大，而且还因为它们所奉行的更新政策明显不同。底特律在 1960 年采用了一种令人惊讶的新结构，导致这座城市的大部分地区建成还不到 40 年。但费城是幸运的，或者也可以说是不幸的，因为市中心的大部分建筑都是 19 世纪建造的，与现存的 18 世纪和 20 世纪建筑混杂在一起。为了引导尽可能多的人前往市中心，这些建筑和巨大的高架桥交织在一起。没有什么比低密度、依赖汽车的城市更符合当时人们对于 20 世纪生活的想象了，因此培根以极大的精力着手建设"现代化"的中心城市。尽管培根很有才华，也很努力，但许多城市中心区的设计（如南大街高速公路）都未能实现，有些工作（如沿海滨 95 号州际公路的延伸部分）没有做到最好。而其他的一些基础设施建设，例如连接雷丁和宾夕法尼亚铁路的铁路，以及为佩恩中心（Penn Center）所腾出的土地，都是非常有益的举措，甚至比同一时期在纽约建造的那些工程都要好很多。如果费城的经济状况更健康的话，它们可能会对这座城市产生更大的激励，带来更多的变化。同时我们也要了解，培根并不是这些项目成功或者失败的唯一原因，因为当时还有许多其他有权有势的官员对它们强加了很多条件，比如重建部门主任威廉·拉夫斯基（Garvin 1996，450-456；McKee 2009，54-55）。

培根曾被批评为一位物质空间决定论者，因为他仅仅依靠设计解决问题，而这些问题本可以通过其他方式得以更好地解决（McKee 2009，61）。这一批判建立在近 50 年来对理性主义城市规划批判的基础上（例如：Scott Brown 1990，14），但这是不公平的。因为培根不仅是一位从根本上具有物质空间取向的建筑师，并且在当时他所处的时代中，联邦政策和规划理论都倾向于修建大规模的项目，包括上文提到的差强人意的高速公路。培根采纳这些道路修建项目可能是一个错误，但他在任期内主导了大多数社区的重建，显示出一种对于费城城市文化精心的并且远超那个时代的尊重。也许是由于费城独特的社区特质促使人们提出了创造性的解决方案，或者是由于城市的高密度和分散的所有权模式阻碍了其像底特律一样推倒重建的进程。但是这样的评价对培根来说都是不公平的，因为他的部门直接负责的重建工作要比那些高层公共住房项目 [例如，建于 1959—1963 年间的南沃克广场（Southwark Plaza）距离培根负责的社会山项目只有几个街区] 发展得好很多（Bauman 1987，177）。

1964 年，凭借着佩恩中心和社会山两个重建项目一举成名，培根登上了《时代》杂志的封面。社会山项目在当时因对历史建筑的巧妙回应而备受赞誉。但在今天，由于毗邻国家历史公园，为了重建殖民时期的建筑物和花园，先锋建筑师弗兰克·弗内斯（Frank Furness）摧毁了其中几座非凡且无法替代的 19 世纪晚期银行建筑。这使得社会山项目失去了灵魂，显得不再那么重要了。在今天看来，培根将这一系列几乎无用的开放空间称作"运动系统"（1967，252-272）的做法虽然已经过时了。但贝聿铭事务所设计的社会山塔楼周围街区上的"联排别墅"却体现了那个时代的先进性。面对建设一个新的城市结构取代城市更新所清除的过往结构的任务，培根和他的开发商所挑选的建筑师（其中包括贝聿铭）设计了一系列令人欣喜的排屋和步行街。除了缺乏零售空间外，他们还对 18 世纪所遗留的排屋和街道进行了现代化的改造。毫无疑问，这样出色的建筑和城市设计为社会山重新成为费城最昂贵的住宅区之一作出了重要的贡献。

如果社会山项目是费城在城市更新时期唯一的住宅再开发项目，那么培根的工作室仍然会因为对社会问题的不敏感而受到指责（McKee 2009，71）。毕竟，社会山项目通过运用国家权力，取代低收入的居民，转而支持高收入的居民——这一行为即使对城市经济有利，也应受到社会的谴责。但是，培根在其他方面的努力表明，他的方法不仅在形式上具有创新性，而且具有社会敏感性。费城避免了像底特律一样对贫困社区进行大规模的清理，部分原因正是由于培根等人的反对。他们主张在天普大学和宾夕法尼亚大学等实力雄厚的机构附近实行"分散"清理，而不是大面积清理。培根认为，仅仅因为房地产价值低而清理这些区域的话，这样的城市更新只不过是一个"开放空间的规划"（Bauman 1987，147）。

回顾 20 世纪 60 年代底特律规模巨大的艾姆伍德（Elmwood）城市更新项目，就能体会到培根这一观点的明智之处，当时为城市更新项目清理出的空地一直闲置到 20 世纪 90 年代末。由于培根对大多数社区没有采取干涉政策，费城的大部分社区始终没有受到城市更新、高速公路或其他任何有目的性的拆除运动的影响。在城市经济大衰退的背景下，这种无声的"成功"几乎没有受到任何关注。并且，这种忽视也不会有助于费城北部地区的发展。正如我们在本章前面所看到的：1970 年之后，这个地区仍然是城市中最贫困的地区之一。保护费城北部地区免遭城市更新的洗礼，的确为后更新时代的小规模干预留了空间，其中许多作用将在第 4 章看到。并且，它还阻止了像底特律那样出现大量社区动荡、人群大规模流离失所的情况。

排屋给了社会山社区周围建筑一个较好的参考式样，在那里规划师们鼓励住户修复附近排屋的计划取得了巨大成功。但在费城北部，排屋的前景却并不明朗。因为那里的条件更差，低收入的非裔美国人口很多，住户出资修复排屋的可能性也很小。然而，即便在这样一个极度贫困的环境中，费城的城市更新策略也证明了现代主义的城市化方法既具有创新性，又保持了对社会现状的敏感，从为建设拉菲特公园而拆除住宅等一系列行动中就可以看出这一点。尤显大胆的是约克城（Yorktown），这是费城北部的一个标志性住宅开发项目，将在第4章讨论。在另一项创新举措中，在培根的推动下（Heller 2009，47），费城房屋管理局 ① 于 1958 年提出，征收那些在 1956 年的城市更新计划中指定的"中度衰败"和"可保护"的社区。1967 年，费城获得了联邦政府的资助，用于征收 5000 套住房（Bauman 1987，195）。费城的"二手房"项目具有开创性，因为它不但保留了原有城市结构，还将公共住房的居民分散到城市各处，而不是集中在一起。当然，随着时间的推移，这些城市精心策划的项目将经历全美公共住房管理部门都要面对的维护和管理问题。赫勒曾指出，该计划到 1970 年"注定要失败"（Heller 2009，47）。但截至 2010 年，费城的住房管理局共计拥有 6400 套这样的房产（Philadelphia Housing Authority 2010），这个数字至少证明在征收房屋方面该计划没有失败。

到 20 世纪 70 年代初，底特律的城市更新工作已经完成了部分具有里程碑意义的项目，例如，拉斐特花园、数十英里的高速公路，以及大片清理出来的空地以待房地产开发。费城在市中心社区的建设工程很少，因此那里的城市面貌变化不大。但可以说，费城通过其新颖的社区重建方法取得了极大的成就。费城由政府主导的开发项目既保留了现有的城市景观，又在新建筑的设计中与之呼应。其中在最优秀的地方，包括社会山的部分

---

① 费城房屋管理局：Philadelphia Housing Authority（PHA），是在宾夕法尼亚州费城提供公共住房服务的市政当局。它是美国第四大住房管理局，拥有宾夕法尼亚州最多的住房。——译者注

地区、华盛顿广场附近以及费城北部的约克镇，费城的方法创造了一种新的城市景观，它使新旧建筑和谐地散布在同一个街道网格中，并且对街道网格自身进行了调整，以适应新的空间标准、建筑设计和交通方式。费城的重建项目用实际行动证明了排屋一样可以塑造良好的城市景观。同时它也展现了一种尊重城市历史的设计方法，并表明现代主义可以在尊重过去的同时实现自己的目标。随着现代主义在 20 世纪 70 年代初逐渐消失，费城创造的这种呼应城市历史的现代主义方式开始出现在伦敦等其他城市。

不幸的是，这样优秀的重建项目只存在于培根的任期内，而培根本人于 1970 年卸任费城总规划师（Heller 2009, 49）。第二年，随着前警察局长弗兰克·里佐[①]当选市长，这座城市进入一个新的重建阶段，被戏称为"沉睡中的规划"（Steinberg 2009, 123）。1970 年 11 月，激烈的种族冲突使得该市不得不取消了最大的开发项目（一座沿着斯克尔基尔河 2 英里长，为"建城 200 周年纪念"而修建的巨型建筑），导致尼克松在 1973—1974 年提出的下放城市更新权利的方案在费城几乎无法实施。弗兰克极其反对公共住房项目，因为它疏远了他的核心选民——白种人（Daughen and Binzen 1977, 195-196）。20 世纪 80 年代，里佐的继任者威尔逊·古德[②]对费城北部的贡献要大得多，但他的政府在 1985 年费城西部灾难性的"MOVE 黑人运动组织"[③]事件中陷入瘫痪（Goode 1992, 207-231）。除了各式各样规模不大、分散在各处的住宅开发项目之外，该市最衰败的社区几乎没有得到什么改进（Philadelphia city Planning Commission 1987, 25）。

在 20 世纪七八十年代，像五六十年代费城重建中那样具有开创性的

---

① 弗兰克·里佐：Frank Rizzo（1920—1991 年），是一名美国警官及政治家。1968 年至 1971 年，他担任费城警察局长。1972 年至 1980 年担任费城市长。在 1986 年转投共和党之前，他一直是民主党的一员。——译者注

② 威尔逊·古德：Wilson Goode（生于 1938 年），是费城前市长（1984—1992 年），也是第一位担任该职务的非洲裔美国人。古德还是一名社区活动家，担任州公共事业委员会主席和费城城市董事会总经理。——译者注

③ MOVE 黑人运动组织事件：1985 年，黑人解放组织 MOVE 搬到费城，市长下令驱逐他们，该事件随即演变成一场警察与黑人解放组织之间的枪战，最终警察投下了炸弹，导致 11 人遇难，近百所房屋被夷为平地。——译者注

城市规划和设计有所减少，但并没有完全消失。在里佐执政期间保障性住房的建设量很小，但像多萝西·布朗住宅 ① 这样的项目仍然显示了培根时代对后来建筑的影响（Philadelphia City Planning Commission 1987，113，120–121）。布朗住宅是根据美国住房和城市发展部第 236 条低收入短租项目 ②（Schwartz 2006, 130–131）所建造的 2 层排屋，其上层有着彩色的墙面。这些冗长且外观凄凉的一排排房屋面朝周围的街区，内部还有较短的三排房子面朝停车场。这些住宅既缺乏排屋街道里的那种庄重感，又缺乏外墙爬满植被的老建筑所带有的时代感。该项目虽然进行了适度的尝试，并且试图纠正及迎合费城过往的排屋环境，但因项目规模过小，导致并未受到足够的重视。

在接下来的 10 年里，社会住房的建造标志着费城北部发生了微妙而关键的转变。在 1987 年的北费城规划中，最大的项目之一是由 135 套住房组成的蒙哥马利联排住宅区（Montgomery Townhouses）。它是根据新的 "第 8 条款" 项目 ③ 建造的，并于 1984 年（Philadelphia City Planning Commission 1987，116）在第二十街和蒙哥马利大道交汇处落成（Schwartz 2006，133–134）。蒙哥马利联排别墅在建筑设计上并不出众，仿佛是郊区联排别墅的低配版。它们带有倾斜的屋顶、统一的侧墙和小院子，与那些位于城市边缘的普通住宅十分类似。但这一形象对于它们的目标租户很有吸引力。蒙哥马利住宅在设计上并不出彩，但值得注意的是，它设计上带有的郊区乡土元素在以往的费城北部还未曾出现过。斜屋顶、乙烯基材料的墙板以及其他郊区符号标志着在费城衰落的社区中联排住宅的影响力正在减弱。20 世

---

① 多萝西·布朗住宅（Dorothy Brown Homes）：1973—1975 年间，在第十二街和钻石街交汇处修建的 88 套住房项目。——译者注
② 第 236 条 HUD 低收入短租项目：The Short-Lived Section 236 HUD Low-Income Rental Program，第 236 节 "租金援助计划" 为中低收入租户提供了新的和已修复的出租房屋。该计划与其他住房计划一起于 1968 年创建，旨在增加美国现有的住房供应。它加入联邦住房管理局抵押贷款保险，获得了直接抵押贷款利息补贴、住宅开发的通常税收优惠以及中低收入住房的特殊税收优惠。这种补贴和 40 年的抵押贷款期限相结合，使得租金低于传统融资项目的租金。——译者注
③ "第八条款" 项目：根据美国 1878 年住房和社区发展法案所建立的项目，又称为 "住房券" 项目（Housing Choice Voucher），旨在为中低收入阶层提供廉租房。——译者注

纪 90 年代，随着市长爱德华·伦德尔 ① 的当选和费城北部郊区确立了以设计为导向的发展政策，在这场围绕建筑和城市化政策的辩论中，具有城市属性的联排别墅和空间宽敞的郊区住宅之间的对立达到了极致。第 4 章将详细讨论这场争论。但首先，我们将目光再次回到底特律。在那里，城市设计在社区衰退后是由开发商推动的，而不是政府中的决策者。

---

① 爱德华·伦德尔：Edward Rendell（生于 1944 年），美国律师、检察官、政治家和作家。2003—2011 年，他担任宾夕法尼亚州第 45 任州长与州议会民主党主席，1992—2000 年担任费城市长。——译者注

第3章 "人们想要这些房子"：底特律的郊区化

在底特律的东郊地区，沿着底特律河岸，有一个叫作杰斐逊－查尔默斯（Jefferson–Chalmers）的地区。它与底特律市的其他社区非常相似，包括名字的来源：源自两条周边街道的名称（图3.1）。杰斐逊－查尔默斯地区的街廓形态非常狭长且垂直于底特律河，这种源自18世纪法国殖民者统治下的形态模式又被称为阿邦。[①] 这种形态模式下，土地的所有者都可以快速通往附近的水路，即底特律[②]河。除了街廓形态这个法属路易斯安那时期所留下的遗迹，杰斐逊－查尔默斯地区的建筑看上去比底特律其他地区更新。它的房屋是在20世纪早期底特律市的快速增长期间建造的，这一时期的底特律经历了郊区快速向东扩张。与底特律市的大部分地区一样，杰斐逊－查尔默斯地区的住宅密度约为每平方英亩13户，是二战后莱维敦地区（Levittown）住宅密度的两倍。杰斐逊－查尔默斯地区有着无数的普通独户住宅、草坪和绿树成荫的街道，看上去和底特律市的其他郊区一模一样。

但是，杰斐逊－查尔默斯地区的田园风光并没有使这个社区免受社会和经济问题的困扰。从1970—1990年，这个社区的人口急剧下降，失去了55%的人口和40%以上的住房（表3.1）。和底特律其他不断收缩的

[①] 阿邦（arpent）：17世纪到18世纪，法国殖民者在北美地区建立了多个殖民点，包括美国中部由密西西比河至加拿大边境的很大一部分地区（法属路易斯安那），尽管法国在1803年将这一地区卖给了美国，但是许多社会制度和习俗被保留下来，阿邦是源自法国的一种地块分割单位，在法属路易斯安那地区，一单位阿邦的面积通常约为3400平方米，由此形成的街廓宽度为2至4个阿邦，长度为40个阿邦，因此街廓形态非常狭长。——译者注

[②] 底特律（Detroit）：底特律市由法国殖民者建立，"Detroit"一词源自法语，意为海峡，指底特律河所连接的休伦湖和伊利湖，底特律河因此得名，而底特律市则因靠近底特律河而得名。——译者注

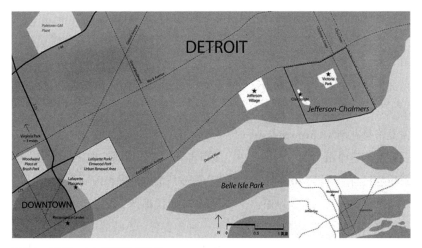

图 3.1 杰斐逊 – 查尔默斯地区的位置。
地图由作者所有，莎拉·斯派塞负责改绘

1950—2000 年，底特律市杰斐逊 – 查尔默斯地区的

人口与族裔变动情况   表 3.1

	1950	1960	1970	1980	1990	2000
总人口	24327	22347	20262	12580	9290	8188
白人人口 / 比重	22303 （91.7%）	17382 （77.8%）	9497 （46.9%）	2578 （20.5%）	1396 （15.0%）	846 （10.3%）
黑人人口 / 比重	1913 （7.9%）	4889 （21.9%）	10630 （52.5%）	9833 （78.2%）	7807 （84.0%）	7070 （86.3%）
其他族裔人口 / 比重	111 （0.5%）	76 （0.3%）	135 （0.7%）	169 （1.3%）	87 （0.9%）	272 （3.3%）[*]

* 在 2000 年，其他族裔中 169 人拥有两个或多个族裔。

社区一样，杰斐逊 – 查尔默斯地区也因为城市更新所带来的拆迁和不断新增的废弃住宅而变得空空荡荡，它那空旷的街区与底特律市其他废弃的街区几乎没有什么不同。目前，杰斐逊 – 查尔默斯地区只有一个新住宅的开发项目，从郊区的小区到水边的封闭式社区。在底特律这片荒凉的土地上，这个新住宅开发项目标志着杰斐逊 – 查尔默斯地区成为城市再开发的焦点。然而，新开发的住宅项目并不令人欣喜，因为这些项目缺乏形态上的想象

力，也缺乏良好的场地规划，以及彻头彻尾的郊区属性。

杰斐逊－查尔默斯地区的新郊区景观是底特律在后城市更新时期社区再开发项目的缩影，正如拉斐特花园在城市更新时期所扮演的角色一样。然而，杰斐逊－查尔默斯地区支离破碎的景观，缺乏以往那些典型新建住宅项目所具有的统一、协调和创新。相反，它带有郊区特性的住宅——就像夏洛特花园（Charlotte Gardens）一样，颇受当地居民的欢迎。这充分说明在美国这个最大的收缩城市中，城市再开发工作所面临的艰难处境。本章将探讨自 20 世纪 70 年代起，城市再开发所面临的种种困境及其结果。

对于美国所有的老城而言，20 世纪 70 年代都是一段极为艰难的岁月，但对底特律来说尤为如此。高失业率、种族更替、衰败的房地产市场，以及林登·约翰逊总统任期内善意的联邦住房政策所带来的意外结果，让这座城市步履蹒跚。就在城市遭受种种打击之时，底特律市历史上第一位非裔美国人市长克尔曼·杨于 1973 年上任。杨市长在底特律任职的 20 年间，见证了城市的急剧衰落，但在他的任期结束之前，底特律市在社区再开发上的努力几乎没有取得任何成功。唯一的例外，是杨市长在离任前，秉承与其他城市再开发项目相同的实用主义精神，重建了底特律的一个社区。

杨市长（1973—1993）以及他的继任者丹尼斯·阿彻市长（Dennis Archer，1993—2002）和夸梅·基尔帕特里克市长（Kwame Kilpatrick，2002—2008）一以贯之地采用 20 世纪 60 年代底特律市总规划师查尔斯·布莱辛的"清空重建"更新政策（Thomas，1997，1989—1997）。在后城市更新时代，底特律的市长们更愿意把主动权交给私人开发商，让他们决定新开发项目的形式、地点和过程。90 年代初，随着底特律房地产市场的复苏，上述策略影响了越来越多的新建项目。在此后的 15 年里，私人开发商在底特律那些最有市场价值的街区上建造了许多郊区风格的住宅。杰斐逊－查尔默斯地区因其优越的地理位置和大量可开发的土地，受到了开发商的特别关注。在杨市长于 1973 年就任之后，底特律的大型住宅项目都没有经过正式的项目审批。相反，底特律的历任市长们倾向于在开发商递交合同之前，不指定任何地块的发展用途，这是典型的"增长机器"

政治体制。[1]

颇具讽刺意味的是，在后城市更新时期，底特律的社区开发与建设几乎是在没有规划的前提下完成的，这在很大程度上受到城市更新时期遗留的荼毒影响。杨市长在臭名昭著的底特律市波尔镇（Poletown）的工业再开发项目中强征土地众所周知，但在杰斐逊 - 查尔默斯这类住宅再开发项目中也依赖于强制征收土地。70 年代以来，底特律的大规模城市清理运动为杰斐逊 - 查尔默斯地区的新开发项目提供了大量场地。1992 年,杰斐逊 - 查尔默斯地区第一个没有政府补贴的开发项目开工，以后延续了长达 15 年的住房开发热潮，直到 2007 年因经济衰退而停止。如果 70 年代的城市更新运动没有将可以开发的土地清理出来，那么底特律的市长们将极有可能采用土地征收的形式为开发商提供土地。最为引人注目的征地案例是在丹尼斯·阿彻市长的执政期间（1993—2002）实施的。当时，阿彻市长在杰斐逊 - 查尔默斯地区以西的 1 英里处为杰斐逊村（Jefferson Village）开发项目征用了 160 栋房屋，这引发了极大的社会争议。

底特律的后城市更新时期的社区再开发项目，展现了衰退后城市设计和城市政策所能达到的最低点。底特律的新住宅大多是由郊区的开发商开发建造的。因此，大部分新建的住宅在外观上都很平庸，或者更坦率地说，甚至是反城市的。如果底特律最大的住宅项目都由这些开发商负责的话，那么这座城市中所有的居住用地将彻底郊区化。这些开发商的出发点并不源自意识形态，而是务实的，正如一位开发商所说："人们想要拥有可以停放两辆车的大车库、弯曲的街道、社区入口街道中间的绿化岛和尽端路。市场证明，人们想要这种住房"（McDonald 2002）。在 20 世纪 90 年代和 21 世纪初的底特律，像赫伯特·格林沃尔德（Herbert Greenwald）这样经验丰富的开发商基本上早已不复存在。20 世纪 50 年代,他把密斯·凡·德·罗和他的同事们请来设计拉斐特花园。

对于底特律所有新郊区风格的再开发项目而言，开发商并不应该受到指责。因为这些新建的社区是在"增长机器"政治影响下形成的。在最好的时候（杨市长执政时期，1973—1993），尚能称它是反政策和反设计的，而在最差的时候（阿彻执政时期，1993—2002），可以说它是腐败的。在阿彻市长的领导下，这台增长机器重现了城市更新中最糟糕的特点——为进行社区更新迫使贫穷的业主搬走，以吸引高收入的业主。这一尝试基本上以失败告终，但是政府却没有给这些出现大规模空置的社区带来任何的政策干预。

在底特律 1970 年后疲软的房地产市场中，私人开发商占据了绝对主导的地位。在杰斐逊 – 查尔默斯的新建项目中，开发商通常向政府索要每户高达 15 万美元的补贴才能推进下去。但是，只有规模较大的新建项目才会得到这样的补贴，许多规模较小的项目几乎得不到政府的任何补贴，而它们的设计质量却往往要高得多。那些受到市长们"政策"关注的项目——以及几乎所有得到媒体正面（或负面）报道的项目——得到了土地、基础设施、场地平整和税收优惠等补助。但是，底特律的纳税人们为此付出了巨大的代价。1991—2004 年，杰斐逊 – 查尔默斯地区最大的两个商品房开发项目一共得到了 5000 万美元左右的政府补贴。这笔费用是非常惊人的，因为截至 2010 年，这些项目只为这个社区新增了 250 栋住宅。同时，在 2002 年，底特律市一共只收到了 5200 万美元的联邦社区发展基金（HUD 2001）。

20 世纪 90 年代后，底特律市政府不惜一切代价，试图在状况日益恶化的社区中新建商品房。杰斐逊 – 查尔默斯 1970 年后的发展道路是底特律的一个缩影。它警示人们，当政策和设计一片空白时，与房地产市场直接接触，所产生的结果不会令人满意。

3.1 杰斐逊 – 查尔默斯地区的衰落

底特律的工业化发展道路为 1940 年以后杰斐逊 – 查尔默斯地区在社会、经济和物质空间环境的变化埋下了种子。这个地区的历史带有典型的底特律烙印：1910 年左右，工业迅猛发展，哈德逊和大陆汽车公司工厂的建设极大地刺激了当地住宅的开发（Ryan and Campo 2010）。二战期间，为了支撑战争的需要，工厂被改造，住宅开发运动进入一个新的高潮（2002，作者采访）。战争带来的巨大的生产力需求，又进一步引发了黑人迁居至此，大量黑人从南方的农村搬到北方的工业城市，以获得相对高薪的工作。因此，城市中的黑人人口数量开始迅速增长。尽管底特律的黑人最初居住在城市东北部的几个小社区，但 1940 年后，随着城市中的就业地点日益分散，他们的居住地也相应扩大了。底特律当时是一个以白人为主的城市，占主导地位的白人阶层强烈反对越来越多的黑人在社区定居（Sugrue 1996，231–258），他们试图用威胁和暴力阻止黑人。这种隔离和冲突为 20 世纪60 年代更大的种族斗争埋下了伏笔。

和底特律的其他社区一样，杰斐逊 – 查尔默斯地区在二战期间开始吸纳黑人居民，此后该地的黑人人口迅速增加。1940 年，该社区的四个人口普查区显示，整个地区仅居住了 400 名黑人（Sugrue 1996，184），但到了 1950 年，该地区已经居住了大约 2600 名黑人，其中 1800 人居住在以克莱尔波因特（Clairpointe）街道、杰斐逊（Jefferson）街道、派普（Piper）街道和埃塞克（Essex）街道为界的一个小区域之中（754 号人口普查区）（图 3.2）。该区域与克莱斯勒工厂相邻，许多在该工厂上班的人都定居在了这片区域之中。到 1970 年，这个工厂边上的区域（Bolger 1979，60–63）成为杰斐逊 – 查尔默斯地区最主要的黑人聚集地，近 9000 名黑人居住在754 号人口普查区，而其他三个普查区（751、752、753）则有 7868 名白人与"仅仅"1713 名黑人（Sugrue 1996，187；Census CD 1970，2001）。尽管《底特律新闻报》（*Detroit News*）在 1970 年称杰斐逊 – 查尔默斯地区是"该市最古老的双种族融合社区之一"，但人口普查数据清楚地表明，杰斐逊 – 查尔默斯地区的种族融合程度远低于其种族隔离程度。这是整个底特律的缩影。黑人在一些社区中不断定居，但他们却被塞进社区里的特定地块居住，与周边的白人相互隔绝。

20 世纪六七十年代，随着大批白人逃离杰斐逊 – 查尔默斯地区，这种"双种族融合"的模式彻底崩溃了。1960 年，杰斐逊 – 查尔默斯地区的白人比例为 78%，1970 年仅为 47%，1975 年进一步缩减为 33%（Census CD

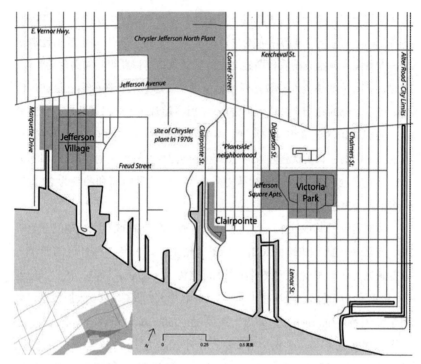

图 3.2 杰斐逊 – 查尔默斯地区的详细地图，显示了本章中绝大多数讨论所涉及的空间。
地图由作者所有，莎拉·斯派塞负责改绘

1970，2001；Bolger 1979，74）。到 1980 年，该地区不断减少的人口中，只有 21％为白人。70 年代杰斐逊 – 查尔默斯地区的人口不稳定与政策和经济领域的不稳定并存。房贷止赎的"丑闻"（稍后详述）似乎将社区问题的核心归结于错误的联邦政策。现实不是那么简单，但不幸的是，政策的失败与建成环境的衰败之间的巧合，使雄心勃勃的政府合法性受到了挑战，似乎表明这些政策无法在一个衰落的城市中取得成功。

正如人类学家和城市规划师罗里·博尔格（Rory Bolger）在 1979 年的研究中所显示的那样，杰斐逊 – 查尔默斯地区的衰落与去工业化息息相关。博尔格解释说,经济所遭受的重创使杰斐逊地区破烂不堪。20 世纪 50 年代,哈德逊汽车公司关闭，随着设备的老化和逐渐失去市场份额，该地区规模巨大的克莱斯勒工厂停止招工。到 1960 年，杰斐逊 – 查尔默斯地区一半的工业岗位消失了（Sugrue 1996，149）。然而，该地区的经济基础还在持续萎缩。1977 年，克莱斯勒扬言要完全关闭杰斐逊 – 查尔默斯工厂，此举将使其余的 4000 名员工失业（Bolger 1979，ii）。80 年代后期，当克莱斯勒再次威胁要关闭该工厂后，底特律市同意提供 2 亿美元重建工厂，从而"挽救"了 3600 个工作岗位（Heron 1986;Ryan and Campo 2010）。底特律的去工业化导致杰斐逊 – 查尔默斯地区遭受了巨大的经济创伤，该地区的失业率在 1977 年上升到了 62%（Bolger 1979，68–69）。与此同时，非裔美国人仍在向底特律移民，而这是灾难性的，既增加了希望获得低技能工作的黑人的就业竞争，又使该市背负着种族替代、高失业率、犯罪率上升以及其他社会问题。二战后，这些问题困扰着美国所有的老城市，但没有哪一个城市的问题比底特律更严重。

20 世纪 70 年代，不但底特律的执政者对毁灭性的去工业化、贫困加剧、犯罪率高升和白人大逃亡无能为力，而且当地的各类政策也极为动荡。在杰斐逊 – 查尔默斯地区，联邦政府不断变化的政策导致这个高度空置的地区形势更加严峻。1951 年，杰斐逊 – 查尔默斯仍然是一个生机勃勃的社区，在那一年的城市总体规划中，它与以拉斐特花园为中心的规划建议再开发区域相距甚远。到 1966 年，随着经济衰退和不断演进的种族替代，杰斐逊 – 查尔默斯地区在底特律市的社区更新报告中被指定为"保护区"（Thomas 1997，92）。这一名号传达了规划师越来越多的担心，尽管杰斐逊 – 查尔默斯地区正在衰退，但是底特律市许多其他地区的问题更为严重，因此，杰斐逊 – 查尔默斯地区被定位为"无辅助"，这意味着联邦资金只能在这一社区内用于支持住房改善贷款和居民咨询服务（Thomas 1997，91–92）。

所有这些在 20 世纪 60 年代后期开始的变化，在相当程度上都与 1968 年的《住房法》脱不开关系。这一法案旨在纠正过去的错误，例如区别对待不同的地区，却产生了适得其反的后果。对杰斐逊 – 查尔默斯地区而言，最具破坏力的是该法案第 235 节，其中提到，低收入家庭只要在住房成本上投入超过家庭总收入的 20%，包括购房、租房等一切形式，政府都将进行兜底。低收入阶层根据 1968 年《住房法》第 235 节购买的房屋，也得到了第 223E 节的法律保障，这意味着在原先购买房屋的人因无力偿还贷款而导致住房被止赎的情况下，美国住房与城市发展部可以接管房屋的所有权并履行偿还贷款的义务（Leven et al. 1976，175-176）。在这一法案通过后的最初四年里，第 235 节资助了 40 万低收入购房者用于购买住房（Schwartz 2006，258），但当住房止赎的数量飙升后（其中许多都在底特律），它于 1973 年被尼克松政府叫停，并于几年后彻底取消。

那么，1968 年《住房法》的第 235 节如何影响了杰斐逊 - 查尔默斯地区？关键在于当地居民的经济状况崩溃。当市场繁荣时，房价不断上涨，售房价格通常比原先的购房价格高，因此人们愿意偿还抵押贷款。此时，住房补贴可以帮助低收入群体以低价购得房屋，使他们获得宝贵的产权和经济上的保障。这种良性循环正是在夏洛特花园发生的，我们在那里可以看到 2010 年的房屋价值远远超过 1985 年购房者所付的价格。

但是，正如 Leven 等人（1976 年）在对圣路易斯的研究中所说的那样，当城市正在经历经济衰退和种族变迁时，房屋价值会迅速下跌。由于在 1968 年《住房法》的第 235 节下，保险涵盖了高达 95% 的房屋价值，因此当房屋价值略有下降，同时低收入购房者不愿偿还房贷时，房产的产权将转置于联邦政府的名下，使政府不得不为不断贬值的住房支付大量的抵押贷款。更糟糕的是，第 235 节可能被投机者滥用，他们可以在房价较低时购买房屋，对房屋进行虚假的"维修"，然后以更高的价格将其转售给联邦房产局所资助的低收入阶层买家（Leven et al. 1976，179）。一旦房主放弃偿还抵押贷款，政府将被迫为这些几乎一文不值的房屋负责。

杰斐逊 - 查尔默斯地区也出现了这种灾难性的情况，即将离开的白人将房屋直接卖给了受第 235 节保障的低收入购房者或贪心的投机者。在这一时期的底特律，投资者极为猖獗：1972 年的一项研究发现，投机者平均持有房屋仅为 142 天，而出售房屋的价格却是他们购买时的两倍（Leven et al. 1976，183）。在杰斐逊 - 查尔默斯地区不断衰败的情况下，第 235 节注定要失败。1976 年，其房屋的平均价值仅为毗邻的格罗斯·普恩特（Grosse Pointe）地区房屋价值的五分之一到二分之一之间（Ostmann 1976）。那些工作不稳定的黑人低收入房主可能为自己的房子支付了太多的费用，导致他们既无法对房屋进行必要的维修，也无法偿还抵押贷款。随着越来越多的房主停止支付抵押贷款，许多人遗弃了房屋，就像 2007 年开始的次贷危机中房主们所做的那样。但是在 70 年代的杰斐逊 - 查尔默斯地区，由于人口减少和贫困加剧，再加上还要承担抵押贷款的债务，没有人会选择再购买这些被遗弃的房屋。于是，房屋所有权和抵押贷款的偿还责任只好全由联邦政府的住房与城市发展部所承担，而此时这些被封上门窗的空置住宅已经摇摇欲坠。

整个底特律都在上演这种恶性循环：抱有希望的购房者抢购房屋，却被投机者利用，最后不得不将之遗弃。灾难始于 1970 年。当时，联邦政府的住房与城市发展部在底特律拥有 900 座住宅，但到 1970 年底，它已经拥有 2300 座房屋，1971 年底拥有 5000 座空置的房屋（Ball 1971）。被废弃的房子开始面临损毁。底特律的消防部门报告称，截至 1971 年 10 月，全年共发生 868 起火灾，其中大部分发生在联邦政府的住房与城市发展部所拥有的废弃房屋中。到 20 世纪 80 年代，针对废弃房屋的纵火案仍是一个大问题，直到大多数空置的房屋彻底消失为止。欺诈也很猖獗。在一个非典型的案例中，一家投资公司于 1968 年以 4000 美元的价格购买了一栋房屋，第二年以 12600 美元将其卖给了一个贫困的人。1969 年夏天，这个穷人开始拖欠贷款，旋即被联邦政府的住房与城市发展部没收了房屋。但是，到 1971 年底，这个房子已经成为一片废墟——为了它，联邦政府花了将近 15000 美元（Ball，1971）。到 1976 年，司法部已对 200 多名投机者、腐败的住房与城市发展部官员和联邦房产局的检查员定罪，他们合谋允许低收入阶层以高价购买市场价值很低的房屋（Krause 1976），住房与城市发展部在所有止赎的住房抵押贷款中损失了 21 亿美元。

在 1968 年《住房法》第 235 节引起的这场灾难中，受灾最严重的城市就是底特律。截至 1976 年，住房与城市发展部在这里拥有 8400 座房屋和

1800 片空地，是纽约或费城的三倍多（Krause 1976）。但是，还有更多的房屋正在等待底特律政府处理。在 1970—1976 年之间，有 25000 座房屋（约占该市所有住房的 5%）在抵押贷款违约后转入住房与城市发展部的名下。学界对这场"住房与城市发展部惨案"带给杰斐逊－查尔默斯地区和底特律的毁灭性影响鲜有研究，但人们不应低估它所造成的破坏。批评家用它嘲笑自由派政府简直一无是处。1979 年，保守主义专栏作家理查德·里夫斯（Richard Reeves）宣称，"住房与城市发展部在底特律的惨败"比"水门事件还要困扰自由主义者——它抢劫了纳税人近 10 亿美元，并且几乎摧毁了整个底特律市"（Reeves 1979）。住房与城市发展部惨案对底特律造成的损害尚未得到充分评估，但是它造成的房屋遗弃现象或许解释了该市 20世纪七八十年代房屋数量的快速下降。

尽管 1968 年《住房法》的各种政策使得去工业化的底特律雪上加霜，但是杰斐逊－查尔默斯地区由于拥有相对较少的废弃的"住房与城市发展部所有的住房"而在一定程度上幸免于难。1976 年，《底特律自由报》列出该地区仅有 455 座由住房与城市发展部所接管的住房，其中三分之一被拆除，另外三分之一被彻底废弃（Ostmann 1976）。而城市更新运动则发挥了更大的作用，1973—1979 年间，在克莱斯勒工厂附近地区的东南角，一个小区域内有约 1000 座房屋被彻底拆除（City of Detroit City Council 1973，1976）。但总的来说，杰斐逊－查尔默斯地区所损失的房屋数量远远超出住房与城市发展部造成的惨案或城市更新运动所造成的损失。1970—1977年，杰斐逊－查尔默斯地区的房屋数量从 7260 套下降到 4559 套，下降了37%。在这一时间段，754 号人口普查区的房屋损失情况是最严重的，该普查位于克莱斯勒工厂附近，在 1970 年有 8000 名黑人在此居住。1970—1977 年，该普查区的住房数量下降了 55%，从 3347 套下降到 1514 套（Bolger 1979，178）（图 3.3）。

尽管 754 号普查区也在一定程度上蒙受了城市更新带来的损失，但减少的 1833 套住房清楚地表明，大多数杰斐逊－查尔默斯地区的住房既不是被城市更新所毁，也不是被住房与城市发展部造成的惨案所毁，而是由于

图 3.3 在 2010 年末，杰斐逊 – 查尔默斯地区仍然散落着大量废弃和破败的房屋。
摄影：德鲁·旁巴（Drew Pompa）

房主无法将其出租或无法出售导致的。住房与城市发展部拥有的房屋的确可能刺激了这种废弃住房的行为。但经济衰退、住房市场崩溃和种族问题都有可能像城市政策一样在 70 年代的杰斐逊 – 查尔默斯地区造成同样的悲剧。然而，在质疑政府的声浪愈加高涨的时代，比起难以引人注目的经济变化、势不可挡的市场力量、白人的偏见或社会的模式，人们总是更倾向于轻易地将错误归咎于政府。1968 年《住房法》第 235 条和第 223E 条引发的惨案很可能激发或引起尼克松总统 1973 年末的城市政策改革。因此，人们可以将 20 世纪 70 年代初的底特律惨案视为 1974—1975 年间集权式城市政策彻底崩溃的主要原因。无论事实如何，它都为投机主义者的成长提供了土壤。

3.2 重建杰斐逊 – 查尔默斯地区：维多利亚花园的崛起

零星的废弃房屋和大面积的城市更新，给收缩城市带来了不同的问题。以前的场地对小型开发商而言很容易进行精确的重建或改造，因为它们规模小且散布在有人居住的房屋之间。但是，由于这些场地还留有残存的住宅，它们不能被大规模重建。城市更新运动所产生的大型分散的地块则对开发商有较强的吸引力，但清理并重建这么大的地块需要相当多的财政资源。到 20 世纪 70 年代后期，城市更新和杰斐逊 – 查尔默斯地区的衰落同时进行，产生了两种不同形式的场地。地方政府渴望看到该地区大面积的场地得到再开发，但与一般的城市更新项目一样，底特律东郊的那些空置地块虽然面积和数量有限，但却没有那么大的开发量可以填满这些地块。在后城市更新时期，杰斐逊 – 查尔默斯地区的再开发项目并不引人注目，部分原因是开发商在七零八落的空置与弃置地上开展城市建设。直到今天，70 年代城市更新运动所清理出来的场地仍未填满。

杰斐逊 – 查尔默斯地区的重建始于 1976 年，一个当地的非营利组织宣布在克莱斯勒厂区西南侧、城市更新运动清理出来的三个空置街区上新建一个拥有 200 户住宅综合体，为居民们提供租住的房屋（图 3.2）。这是一个有政府补贴的项目，其中低收入房客仅支付负担得起的费用。但是该项目的开发商在 70 年代后期退出（Chargot，"Optimism" 1980）。直到 1980 年，政府才找到一个有能力继续开发的建筑商——有官方背景的亨利·哈古德（Henry Hagood）。随后，他在这三个街区为中低收入者建造了 180 户供出租的公寓，并将其命名为杰斐逊广场（Grzech 1976；Walter 1981）。这些公寓仅占该杰斐逊 – 查尔默斯地区可用城市更新土地中的一小部分。除了 70 年代后期新建的一所中学（Pawlowski 1976），其余城市更新场地仍然是空置的。

杰斐逊广场在外观上并不引人注目（图 3.4）。墙体由砖石和乙烯基板制

图 3.4 杰斐逊广场是 1980 年的住房开发项目，具有简约的建筑风格，但其场地平面图展示了大规模住房开发项目的优势，例如公共开放空间和各种建筑物的布局。
摄影：卡伦·盖奇（Karen Gage）

成，屋顶微微倾斜，使该项目的联排住宅与附近那些旧砖木建成的独户和双拼住宅看上去很相似。但是，杰斐逊广场的场地规划标志着该历史街区有了一定的改善，建筑的排布密度更低且更为高效。现在，这三个半历史街区里有 180 户住宅，而以前这些街区里容纳了 302 户住宅（Pawlowski 1976）。另外，该开发项目为大型停车场和开敞的绿地（包括大型的室内草坪活动空间）提供了空间。不过，这个项目的建筑布局却没有充分利用上述设施。其内部空间的封闭性差，如今已经很少使用。但设计确实表明，新的住房设计和设施，例如绿地和充足的停车位，可以改善现有的空间格局。

80 年代，杰斐逊 – 查尔默斯地区几乎没有任何其他的开发项目，那时整个地区的人口下降了 3290，而该市的总人口则骤降了近 20 万（Census CD 1990，2001）。底特律的发展停滞不前：该市在整个 10 年中仅颁发了

11户独户住宅的建筑许可证（Pepper 1991）。尽管克尔曼·杨市长仍在任，但他的政府在杰斐逊 - 查尔默斯地区无所作为，因为市长的工作重点是保留克莱斯勒的工厂和改造市中心。对杰斐逊 - 查尔默斯地区而言，新的开发项目似乎很遥远，但是在90年代初，情况发生了巨大的变化，开发商再次回到了这个地区。

克尔曼·杨市长是个精明的政治家，但在城市发展方面，他却缺乏远见。1986年，在杨市长庆祝获得5000万美元的联邦资金重建克莱斯勒工厂时，《底特律自由报》对他进行了访谈（Edmonds 1986；Heron 1986）。尽管5000万美元只是最终4.36亿美元花费中的一小部分，但人们还是会记住这一辉煌时刻。当记者问杨市长对其他的城市内"重建"社区的看法时（Edmonds 1986），市长令人惊讶地表示，"很长时间以来，我们就计划将东面的开发范围扩展到埃利奥特山公墓之外……我认为，下一个"新城"开发理应是在该地区……这是非常合乎逻辑的。"这种新城发展模式的表达方式，似乎既过时又脱离实际。

杨的"新城"愿景，既不是官方的政策，也从未实施，可能反映了他将拉斐特花园和艾姆伍德公园这样的城市更新区继续向东扩展的意愿。但是，市长缺乏远见的评论，还显示出他几乎没有思考过城市规划，因此仍然想以城市更新时期的方式组织再开发工作。在杨市长的领导下，底特律政府确实再开发了一些社区，但是他对于底特律市的愿景既缺少敏感性，又不细致：波兰镇和克莱斯勒工厂这两个项目都夷平了数百座房屋。杨市长将永远不会在东边看到"新城"，但在任期末，他会看到一个精简了许多的版本：从杰斐逊 - 查尔默斯地区开始，一个名为维多利亚花园的独户住宅开发项目正在推进。

在过去20年中，杰斐逊 - 查尔默斯地区失去了一半以上的人口和40%以上的住房，但到1990年，它却迎来了重建的黄金时代。在20世纪80年代，住宅数量的减少有所放缓，开发商看到了数量众多的市属城市更新土地上蕴含着巨大的潜力。正如前城市规划师罗恩·弗利斯（Ron Flies）所说的那样，这是"重建城市的好机会"（Flies 2002，作者访谈）。当时，杰斐逊–查尔默斯地区可能已经非常衰败,但保留了许多值得进一步开发的亮点。借助杰斐逊大道(Jefferson Avenue),人们可以方便地前往市区和富裕的格罗斯(Grosse Pointe)郊区,而底特律河的滨水区仍没有得到开发。甚至杰斐逊广场的公寓也是建设新住房的好场所(Carley 2002,作者访谈),附近还有两所学校和养老公寓。在杰斐逊 – 查尔默斯地区的北部,造价高昂的克莱斯勒的新装配厂即将竣工,给整个地区添加了一片新建的西侧区域。开发商还在带有社区门禁的格雷海文岛(Greyhaven Island)上建成了新的租赁式公寓(Jackson 1989 年),表明该地区具有较大的市场潜力。

长期以来,底特律河上的游乐项目一直是当地富人们喜爱的活动。在1990 年夏天的一次游乐中,格雷海文岛的开发商查尔斯·布朗(Charles Brown)向密歇根州标准联邦银行(Standard Federal Bank)副行长加里·卡利(Garry Carley)和密歇根州东南地区建筑承包商协会的总裁查尔斯·博纳迪奥(Charles Bonadeo)展示了公司的新住宅项目(Markiewicz 1992)。卡利看着格雷海文岛,认为底特律河东部缺少开发的河滨将是"建造独户住宅的绝佳地点"。卡利的银行以住房贷款为导向,尽力招揽抵押贷款。因此,他是鼓励住房开发的既得利益者。卡利向朋友安东尼·亚当斯(Anthony Adams)提到了他的想法。亚当斯是一位开发商与律师,也是克尔曼·杨市长的两名行政助理之一。在卡利提出标准联邦银行要在杰斐逊 – 查尔默斯地区新建房屋的建议后,亚当斯向杨市长汇报了这个想法。第二天,亚当斯就告诉卡利,"市长很高兴有一位银行家对这座城市感兴趣",而且市政府"拥有他们看得上的土地"(Carley and Adams 2002,作者访谈)。底特律市规划部门的开发组组长罗恩·弗利斯(Ron Flies)为开发商指出了杰斐逊村(Jefferson Village)以东的城市更新清理的大片场地。

在 1990 年秋季,格雷海文岛的开发团队查尔斯·布朗和约瑟夫·斯拉维克开始领导维多利亚花园项目的开发工作(Barkholz 1990)。但到了早春,领导权有了变更。此后,卡利成为开发工作的主要负责人,尽管他自己未曾从事过住宅开发工作。从一开始,卡利就设想建设一个与底特律郊区完全相同的居住区(图 3.5)。卡利认为,买得起房的中产阶级黑人与所有人

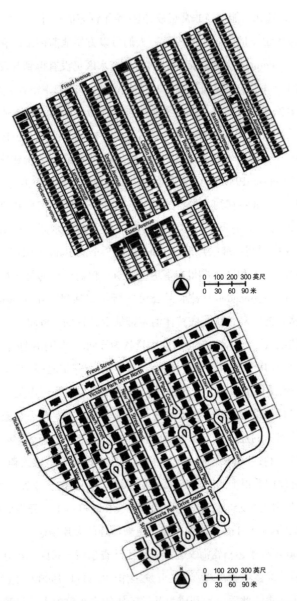

图3.5 维多利亚花园1950年（上图）和2000年（下图）的结构。城市更新时期的场地清理和零零散散的住房废弃，摧毁了原有的社区结构，直到20世纪90年代初开发商才将其建设成一片郊区的模式。数据来自桑博（Sanborn）地图公司。

插图由作者和乔弗里·摩恩（Geoffrey Moen）绘制

一样。他们买的房不一定地处郊区，但必须具有"郊区功能"，例如将"大房间、宽敞的浴室等元素融入一个别具一格的房地产项目"。"我们并没有在这里复刻一个维多利亚花园式的房地产项目，因为我们想要打造郊区的住宅模式。"卡利继续说，"我们只是想把这个概念（郊区模式）带到这里，一旦我们这么做了，人们就会想住在这里，毕竟这是自杜鲁门政府以来在底特律新建的第一个独户住宅区"。

卡利正确地领会到，杰斐逊－查尔默斯地区的现有城市景观无法与郊区竞争。因为这里只有二战前建造的小房子和散布着的废弃的房屋。正如他所说，"在布卢姆菲尔德希尔斯（一片繁荣的郊区，Bloomfield Hills），如果您以 50 年前的方式建造房屋，人们根本不会买账；房屋按照现在的样子来修建，是因为人们希望它们可以长成这样。"卡利认为杰斐逊－查尔默斯地区现有的房屋无法满足当今的需求。他说："我永远不会赞同在城市中建一个不带车库的住宅，郊区的房子都建有车库，为什么你们不给底特律市里的房子建车库？"不仅如此，杰斐逊－查尔默斯地区的建成环境也已过时。人们不想要杰斐逊－查尔默斯地区只有 35 英尺面宽的土地，因为他们不想在自己的房子后面停放车辆。我们不想建造旧的街道网格，而维多利亚花园更大的地块反映了这一点。卡利还认为，该社区的正交街道网格也已过时。"我们不再使用这种路网结构"，他解释道，"因为现在每排有整整 100 栋房子，这种结构没有人会喜欢"。此外，也有安全上的考量，他说，"人们不会在较短的街道上开快车"。亚当斯补充说，开发商希望"把较长的街道拆成两段，以避免街道成为开快车的跑道"，因为底特律的长街道对儿童特别危险。

怀着对杰斐逊－查尔默斯地区成为郊区化住宅区的愿景，卡利和亚当斯掌握了底特律住宅市场的基本面。虽然 1990 年时住在郊区的白人将底特律视为危险的贫民窟，但对许多已经在此居住的中产阶级黑人来说，这座城市对他们的威胁较小。这个新兴的黑人中产阶级与其他所有人一样，向往着同样的生活方式，但底特律愈加恶化的二战前所建造的住房库存难以满足他们的这一愿望。这部分人最想要的，其实只是住在杰斐逊地区，但却可以过着传统的中产阶级生活，而郊区的住宅区正好可以满足这一需求。他们有这样的愿望是很正常的，但这座城市逐渐恶化的城市风貌却极不正常。对于底特律的中产阶级黑人来说，维多利亚花园标志着一个新时代的到来。

得知杰斐逊地区内部将新建一片郊区飞地，维多利亚花园的建筑师斯蒂芬·沃格尔（Stephen Vogel）成了唯一的反对者。斯蒂芬·沃格尔后来成为底特律梅西大学建筑学院的院长，以及该校"协同设计中心"的创始人。沃格尔的维多利亚花园场地规划最初在联排别墅的设计中添加了独户住宅。现有的杰斐逊 – 查尔默斯地区的街道网格在新的设计中得以保留。房屋紧邻街道，其建筑密度为历史上的三分之二：每英亩约八户住房（Vogel 2002，作者访谈）。沃格尔原本的计划中并没有真正重建清理的房屋，设计中沿用了这些住宅的模式，并保留了与相邻房屋的空间联系。沃格尔向卡利展示了这种设计，却被告知为该场地做"郊区房屋"设计，使用"弯曲的街道"和密度更低的房屋平面形式：每英亩约四户住房。沃格尔对由此产生的项目效果并不满意，他称其为"我所参与过的最糟糕的项目"（Vogel 2002）。但与此同时，他也承认，对于衰落的城市，社区设计没有其他既定的理想模式。"底特律肯定不是乡村，不是郊区，但它也不是真正的城市——那么，它是什么？"2002年，沃格尔如此发问："这种场地里的建筑类型是什么？我也不知道。"

这种理论上的考虑在维多利亚花园的设计中只起了很小的作用。该开发项目的最终设计在1992—1995年之间分两个阶段进行，规模宏大且雄心勃勃。157户独立式住宅占据了10个新设计的城市街区（图3.5 ~图3.7）。就住房数量而言，维多利亚花园是20世纪90年代底特律规模最大的新建住宅项目之一（表3.2）。它也是迄今为止底特律市最大的独户住宅开发项目。在16个老街区的基础上，维多利亚花园的开发商建造了一个超级街区，可通过一条无人看守的小道进入。这个超大的街区通过金属栅栏和绿荫葱葱的护坡与周边环境完全隔离。在这个项目的内部，一条环形的道路通往各个带有尽端路的房屋，从而使得原先开放的街区对外彻底封闭。这些独户

图 3.6 维多利亚花园的住房具有明显的郊区特征。开发商使它们看起来完全是郊区住宅，而这恰恰是开发商和市政府所希望看到的。
摄影：德鲁·旁巴

别墅带有复兴主义或其他较模糊的历史主义的风格，并建有 20 世纪 90 年代本地郊区住房典型的前山墙。在维多利亚花园内部，这种郊区的风格是完整的：开发商在底特律市的内部建造了一个传统郊区风格的居住区，但其与城市的联系非常少。这种"郊区感"和与城市隔绝的感觉，正是维多利亚花园的开发商和潜在的购买者想要的。

对于卡利、亚当斯和杨市长的政府而言，维多利亚花园的主要困境不是要建造什么。在 1990 年，郊区模式已经非常成熟，市场反响良好。底特律前规划师罗恩·弗莱斯（Ron Flies）表示："维多利亚花园的场地规划当然使用了郊区模式，人们想要独户住房，想要保证良好的质量，而只有郊区住宅能满足这种需要"。对他来说，杰斐逊 – 查尔默斯就是一个郊区模式的社区。难题在于如何建设维多利亚花园，这将是一个巨大的挑战。维多

图 3.7 维多利亚花园有一个带岗亭但无人值守的入口，是社区与周边环境的分界线。
摄影：德鲁·旁巴

利亚花园的建设用地已经清理完毕并归城市所有，但有许多方面尚未得到改善：街道和地下基础设施老旧，土地上堆满了之前拆除建筑的地基所产生的瓦砾。不仅如此，该场地位于底特律、一座对郊区的开发商而言非常陌生的城市。卡利、亚当斯和市政府致力于为中产阶级建设属于他们的社区和公共服务设施。这种非正式的政府和社会资本合作（PPP）关系将如何建设维多利亚花园呢？

　　建造维多利亚花园将面临两大挑战。第一，市场反响未知：正如开发商卡利所说，"建筑商担心底特律没有新房的市场，没有人会买，也没有人能买得起新房"。鉴于这种不确定性，卡利在城市管理委员会成员亚当斯的协助下，着手说服该城市补贴早期的建设成本，并说服郊区的建筑商预支资金建造住房。如规划师罗恩·弗莱斯所言，卡利提出的策略是"住房博览会"，这是每年一度的密歇根州房屋博览会，由密歇根州东南建筑商协会赞助（今天这一活动被称为"住房游行"）。博览会使多个开发商与建筑商共同承担建造房屋的风险，并与其他建筑商所建造的房屋竞争销售额。因为用于开发的资金筹集不由一家开发商负责，博览会将开发的风险分摊给不同的建筑商。同时，密歇根州房屋博览会所具有的较高知名度也使购房者受益，因为他们可以参观不同的"样板房"，如果看中了就可以购买。作为抵押银行的副总裁，卡利致力于为早期的购买者提供抵押贷款，以此为维多利亚花园和"住房博览会"的初期建设阶段融资。卡利和亚当斯说服建筑商协会在维多利亚花园举办 1992 年的博览会活动，但条件是底特律市政府可以适当补贴场地成本。渴望实现社区重建的杨市长当然表示同意，并于 1991 年 4 月宣布维多利亚花园将主办 1992 年的"住房博览会"，会上至少有 12 个样板房向潜在的买家开放（"Detroit to host" 1991）。

第二，就像许多政治承诺一样，杨市长对维多利亚花园的资金支持承诺没有得到兑现。市政府同意以 1 美元的价格将土地出售给开发商，但正如卡利所说，土地仍须被"修复"，以清除堆积的建筑垃圾。为了支付这些场地筹备费用，市长办公室必须说服市议会（罗恩·弗莱斯称之为"社会主义议会"）将公共资金用于中产阶级的住宅项目。但是，这具有极大的难度。尽管底特律市议会已为维多利亚花园批准了 1870 万美元的社区发展补助金（Ilka 1991），但是一些议员对此颇有微词。正如底特律的规划师弗莱斯所言，"为什么要把公共资金投给有钱的人呢？"维多利亚花园主要面向的是中产阶级的房产市场，加上相对高昂的场地平整成本，意味着如果这个项目投入公共资金，那么支持低收入者住房项目的公共资金就不得不削减。1991 年 6 月，市议会将第一笔拨给维多利亚花园的 940 万美元专项基金中的 230 万美元转拨给社区团体，导致市长公开警告维多利亚花园项目正"受到严重的威胁"（Toy 1991）。底特律市最终决定通过发行债券补全差额，但一些市议会议员仍对该项目持怀疑态度。有人说："私人开发商必须准备投入更多的自有资金"。另一个人说,维多利亚花园"非常美丽","但这并不适于全体底特律居民"（Markiewicz 1992）。

1990—2001 年底特律的住房发展　　　　表 3.2

项目名	时间	地址	类型	住宅套数
大学庄园（College Park Manor）	2001	清教徒大街和德克斯特大街交汇处	出租式公寓	30
纽伯里家园（Newberry Homes）	2001	第 31 圣和杰克逊大街交汇处	独户住宅	120
三百年纪念村（Tri-Centennial Village，人类栖息地保障性住宅*）	2001	第 25 街和艾什街交汇处	独户住宅	60
克谢瓦尔广场（Kercheval Place）	2001	贝尔维德尔大街和克谢瓦尔街交汇处	出租式公寓	24
普奥广场（Puao Plaza）	2001	美特街和第二大道交汇处	出租式公寓	38
创世纪庄园（Genesis Villa）	2000	哈珀大街 106 号	出租式公寓	72
布拉德比联排住宅一期（Bradby Townhomes Ⅰ）	2000	罗伯特·布拉德比大道 1800 号	联排住宅	27
伍德沃德广场公园（Woodward Place at Brush Park）	2000	伍德沃德大街 2500 号	联排住宅	206
巴格利之家二期（Bagley Houses Ⅱ）	2000	第 16 街和波特街交汇处	独户住宅	23
圣安妮合作社公寓（St Anne's Cooerative Apartments）	2000	第 18 街和霍华德街交汇处	出租式公寓	65
佩托斯基广场（Petoskey Place）	2000	佩托斯基大街和科林斯伍德街交汇处	出租式公寓	96
布拉什公园老人之家（Brush Park Senior Housing）	2000	布拉什街道和阿尔弗雷德街道交汇处	出租式公寓	113
城外联排小区（Uptown Row）	1999	洛思罗普路 870 号	联排住宅	47
英格兰村（English Village）	1999	圣保罗街和谢里登街交汇处	联排住宅	95
巴格利街公寓（Bagley Street Condominiums）	1999	巴格利街 1365 号	出售式公寓	20
友谊芳草地三期（Friendship Meadows Ⅲ）	1999	利兰街 965-1001 号	出租式公寓	100
米尔德里德·史密斯庄园二期（Mildred Smith Manor Ⅱ）	1999	西森林大街 1301 号	出租式公寓	24

续表

项目名	时间	地址	类型	住宅套数
布莱特摩尔家园 （Brightmoor Homes）	1998	布拉利街 14438 号	独户住宅	50
溪畔人居（Creekside Housing，人类栖息地 保障性住宅）	1998	康纳街 440 号	独户住宅	25
岛景房 （Islandview Housing）	1999	汤森街 1044 号	独户住宅	20
沃巴什家园	1998	沃巴什街 1746 号	独户住宅	20
克莱尔波恩特的维多利 亚公园（Clairpointe of Victoria Park）	1998	克莱尔波恩特街 620 号	独户住宅	42
巴勃罗·戴维斯长者之 家（Pablo Davis Elder Living Center）	1998	西佛农高速路 9200 号	出租式公寓	80
朝圣者村 （Pilgrim Village）	1998	清教徒大街和佩托斯基大街 交汇处	出租式公寓	24
晨兴广场（Morningside Commons）	1998	韦伯恩街 4267 号	独户住宅	40
巴格利之家一期 （Bagley House Ⅰ）	1998	第 18 街和波特街交汇处	独户住宅	22
米尔德里德·史密斯庄 园一期（Mildred Smith Manor Ⅰ）	1998	西森林大街 1303 号	出租式公寓	28
艾伯塔·金村（Alberta W. King Village）	1998	瓦巴什街和默特尔街交汇处	出租式公寓	120
艾丽尔广场 （Ariel Square）	1998	西欧几里得街 109 号	出售式公寓	28
格雷海文的肖邦普安特 村（Shore Pointe Village at Grayhaven）	1998	科尔森大道 152 号	联排住宅	51
海港城迎风苑 （Windward Court at Harbortown）	1997	东杰斐逊大街 3400 号	出售式公寓	22
莱克伍德庄园 （Lakewood Manor）	1997	莱克伍德街和克切瓦尔街交汇处	出租式公寓	30
伯大尼长老会村 （Bethany Presbyterian Village）	1996	第 14 街 8737 号	出租式公寓	50

续表

项目名	时间	地址	类型	住宅套数
贝瑞社区 （Berry Subdivision）	1996	杰斐逊大街和园景大道交汇处	独户住宅	20
伊甸庄园 （Eden Manor）	1996	柯伊尔街 18040 号	出租式公寓	65
菲尔德街一期 （Field Street Ⅰ）	1996	菲尔德街 1458 号	双拼住宅	49
埃尔姆伍德公园的坎帕庄园（Campau Farms in Elmwood Park）	1996	普林斯霍尔大道 2198 号	联排住宅	180
格雷海文（Grayhaven）	1995	基尔森大道 51 号	独户住宅	301
弗吉尼亚公园庄园 （Virginia Park Estates）	1995	苏厄德街 1701 号	独户住宅	45
布莱特摩尔家园 （Brightmoor Homes，人类栖息地保障性住宅）	1995	奥本街 14322 号	独户住宅	35
艾达青年花园 （Ida Young Gardens）	1995	东佛农高速公路 2250 号	出租式公寓	56
市场庭院 （Marketplace Court）	1995	利兰德街 940–1003 号	出租式公寓	120
海伦·奥迪安·巴特勒公寓（Helen Odean Butler Apartments，又名埃尔姆伍德愿景三期，Elmwood VISION Ⅲ）	1994	东佛农高速公路 3100 号	出租式公寓	97
友谊芳草地二期 （Friendship Meadows Ⅱ）	1994	利兰德街 940–1003 号	出租式公寓	53
信仰庄园 （Faith Manor）	1994	阿克代尔街 15321 号	出租式公寓	52
麦吉尼·贝瑟恩公寓 （McGirney–Bethune）	1994	怀俄明街 16850 号	出租式公寓	80
埃利斯庄园 （Ellis Manor）	1993	施瓦斯路 19200 号	出租式公寓	89
维多利亚公园 （Victoria Park）	1991	埃塞克斯大街和莱诺克斯街交汇处	独户住宅	157
圆环大道公园 （Circle Drive Commons）	1991	罗伯特·布拉德比大道 1450 号	出租式公寓	128
滨河塔楼 （Riverfront Towers）	1990	西杰斐逊街与第 3 街交汇处	出租式公寓	270

资料来源：由作者收集的各种来源的数据。

整个 1991 年，市政府都在十分积极地为维多利亚花园清理场地，以便建筑商可以在 1992 年 6 月的"住房博览会"开幕之前及时建造房屋。但是，正如开发商卡利所说，郊区的建筑商仍然持怀疑态度，即使他们已经"拿到了土地"。卡利继续说道："市政府几乎清空、整治了所有土地，并清除了不良土壤，但建筑商仍不满足"。他们要求市政府为每栋房屋额外提供 5000 美元的现金补贴，以支付初期建设的成本。市政府拒绝此项要求，但同意提供"允许范围内的场地改善"，包括地基和地下室的建设。底特律市最终为维多利亚花园项目投入了 1940 万美元，折合为每栋房屋 12.5 万美元（Markiewicz 1992）。考虑到该资金甚至不包括大部分的场地清理成本，这简直是个天文数字 [请回想一下，1980 年地方政府已经花费了 2200 万美元用于获取和清理杰斐逊 – 查尔默斯地区的土地，包括维多利亚花园项目的场地（Chargot，"A nice neighborhood"1980）]。"底特律市为这个项目花了这么多钱"，卡利指出，但杨市长的维多利亚花园补贴模式几乎不可复制，尤其因为这些房屋的消费者是中产阶级人士，他们已经有能力负担购买一般商品房了。

维多利亚花园可以而且应该被视为像夏洛特花园一样的典范项目：为了吸引市场注意力并展示社区和城市的活力。但是，鉴于 20 世纪 90 年代初期公众普遍对底特律产生的负面印象，扭转这种认知将十分艰难。比如，记者泽夫·查菲茨（Ze'ev Chafets）将底特律称为"令人恐惧的地方"，"社区像是被一轮残暴的空袭洗劫过"（Chafets 1991，23–24）。在这种情况下，维多利亚花园所得到的政府高额补贴，以及对设计和规划的关注不足，是可以理解的。像夏洛特花园项目一样，维多利亚花园项目反映了底特律市无比渴望重新获得有产阶级的关注，并受到一直以来持怀疑态度的郊区居民的重视。而为了达到这一点，最好的办法是向他们展示市政府有能力进行正常的住房开发工作。

市场对维多利亚花园的反应表明，在杰斐逊 – 查尔默斯地区建设中产阶级社区的想法是正确的。一位建筑商说"这个项目令人难以置信"（Wowk 1993）。另一位建筑商说："人们想要这些房子"（Phillips 2002，作者访谈）。

1991 年 11 月，房屋尚未动工，购房者们已经开始签署购房合同（Pepper 1991）。1991 年 3 月，在维多利亚花园第一期建造的 86 栋房屋中，71 栋有了认购意象。买家甚至还在要求购买更大的房子，它们的价格比建筑商原本设想的高不少。正如一位建筑商所说："买家一般为夫妻双方都有收入的家庭，他们一般想要更大的房子，同时他们的收入也负担得起，房价正在不断上涨，这就是市场发挥作用的地方"（Goodin 1992）。规划师罗恩·弗莱斯在同一篇文章中指出，卡利和他的团队曾将维多利亚花园设想为一个价格相对适中的居住区。在这里，1000 ~ 1500 平方英尺的房屋售价约为 65000 ~ 120000 美元。但许多购房者希望居住在面积为 1800 ~ 1900 平方英尺的房屋中，他们愿意为更大面积的住房支付高达 145000 美元。尽管如此，这些房子还是很便宜的：《底特律新闻》估计，同等条件的郊区房屋会比它们贵 50000 美元（Markiewicz 1992）。到 1993 年 5 月，第一期的 86 栋房屋尽数售罄，而第二期的 70 栋房屋也售出了一半（Wowk 1993）。到 1998 年，维多利亚花园完全建成（Colborn 1998）。底特律城市规划师罗伯特·达文波特（Robert Davenport）说，"大约 98%"的居民是黑人（Davenport 2002，作者访谈）。

21 世纪初，房地产市场颇为景气，维多利亚花园重现了夏洛特花园在房价上的狂飙突进。到 2002 年的年中，安东尼·亚当斯（Anthony Adams）估计维多利亚花园的房屋市值已达到 250000 ~ 300000 美元，而原售价仅为 150000 美元以下。这为第一批购房者带来了可观的利润。但是，底特律不是纽约，它不像纽约一样有着弹性良好的房地产市场。在底特律地区 2007 年以后经济崩溃的影响下，到 2010 年底，维多利亚花园的房屋售价已跌至 80000 ~ 120000 美元之间。这与 15 ~ 20 年前购房者所支付的价格大致相同。在底特律迅速崩溃的房地产市场泡沫中，即使是得到大量政府补贴的郊区风格住房，也无法保证房价的稳定。

维多利亚花园成为 1992 年之后底特律开发商仿效的对象。它争取到了大量的政府补贴，用于土地的征收和房屋的建设。它成功吸引了中产阶级的购房者，因为位于市区内，地理位置理想且方便，又为居民们提供了郊区居住的感受。虽然地方财政投入很大、市场反响可观，但地方政府几乎未曾介入具体的开发过程。对开发商来说，所有这些都是宝贵的经验。所以，在 20 世纪 90 年代，他们迅速采取了行动，以求获得类似维多利亚花园的成功。

3.3　向维多利亚花园学习

在维多利亚花园尚未建成之时，它便获得了很多赞誉。在 1991 年年末，即使只卖出了几套住房，《底特律新闻》就宣称，它是"自文艺复兴中心以来底特律最重要的建筑"（Pepper 1991）。同月，杨市长在项目动工典礼上宣布，维多利亚花园"是底特律仍然充满生机的铁证"（Belanger 1991）。维多利亚花园项目的施工结束后，赞美之声却并没有停止。在 2002 年的一次采访中，维多利亚花园的建筑师史蒂夫·沃格尔称，尽管他对项目的设计质量表示怀疑，但仍相信该项目将为底特律带来房地产热潮。沃格尔进一步指出，维多利亚花园既启发了其他新住房项目，又提升了周边住房的价值，使得其他房主更容易为改善他们的住房获得银行的贷款。沃格尔还指出，尽管开发商卡利花了"两年时间"说服郊区的建筑商建造维多利亚花园，但一旦该项目开始出售，许多其他开发商便渴望在底特律市区开展类似的项目（Vogel 2002）。

尽管沃格尔对时间的判断并不太准确（1990 年夏季开发商与政府官员乘船游览后不到一年，杨市长便正式宣布举办"住房博览会"），但他对维多利亚花园项目促使私人开发商建设住房项目的判断是非常准确的。在 1990 至 2000 年之间，包括维多利亚花园，私人开发商在底特律共开发了 14 个商品房项目。而在 2001—2005 年之间，他们又开发了整整 26 个项目。这段时间内，底特律一共新增了 43 个开发项目（除了私人开发商新建的 40 个项目外，还有 3 个是保障性住房项目），而之前的 10 年中市区内几乎没有任何新建的住宅项目（Thomas 1997，157–161；Ryan 2006）（表 3.2）。在维多利亚花园之后建成的项目中，有 22 个是完全新建的项目：其中约一半采用了类似维多利亚花园项目的郊区风格；另一半则采用新传统主义的设计手法重建了底特律社区的肌理。其余的住宅项目是基于现有建筑物的修缮工作，比如更新办公楼或工业建筑，其中绝大多数位于市中心，或位于伍德沃德（Woodward）和杰斐逊（Jefferson）大街沿线的街区中。

无论维多利亚花园是否成为底特律房地产市场繁荣的"诱因"，还是时机恰到好处，20世纪90年代和21世纪00年代初期的底特律确实涌现了大量的房地产开发项目。尽管很少有新的商品房项目有维多利亚花园那样的规模，但这些项目为之后的再开发项目树立了榜样。今天，这些经验尤为重要，因为新市长戴夫·宾（Dave Bing）正在筹备一项新的城市再开发计划（"底特律大开发"），以解决底特律长期存在的问题，例如街区的衰败、大量空置的住房，以及城市未来支离破碎的空间形态可能带来的挑战。

维多利亚花园所建立的第一个也是最重要的榜样，是政府对新开发项目提供资金援助。在后城市更新时代的底特律，就像许多其他陷入困境的城市一样，开发商不仅带来了项目方案，还要求政府投入大量资金实现这些项目。对于寻求政府补贴的开发商来说，底特律是个卖方市场。尤其是，克尔曼·杨并不是唯一想要购买他们产品（商品房）的市长。在维多利亚花园之后，相较于建设球场、挽留工厂而言，几乎每一位底特律市长在社区再开发这一议题上，都非常关注商品房的建设。尽管底特律的建设主要是低成本的非营利性住房，但在整个后城市更新时期，这些住房仍然很分散且知名度较低。在克尔曼·杨市长及其继任者领导的底特律，私人企业是稀缺品。市政府愿意投入大量资金，以吸引开发商和中产阶级居民重返底特律。

克尔曼·杨的继任者是前密歇根州最高法院法官丹尼斯·阿彻（Dennis Archer），他于1993年就职底特律市长。维多利亚花园成功地树立了底特律对郊区式住宅和私人资本的友好态度，而新市长阿彻则延续了这种友好的态度。在阿彻市长的领导下，底特律市中心城区的发展成效显著，包括建造了两个新的体育场以及大公司肯微科技（Compuware）的新办公总部。底特律甚至赢得了2006年超级碗的冠军。但是，这些成就都没有改变底特律住宅重建的基本面。在看到维多利亚花园的成功后，开发商只有在获得城市补贴后才乐意开发新项目。即使在 2005—2006 年房地产市场的鼎盛时代，底特律每个住房项目的开发商都或多或少地利用了某种形式的政府补贴（Ryan 2006）。鉴于底特律没有任何住宅项目完全由私人开发商出资建设，私人开发商"推动"，或完全由市场定价——对于这些开发商所推动的项目而言，或许是一个更准确的描述方式。

底特律对于不同住房开发项目的政府补贴在规模上差异很大。一方面，许多措施是保守的：在 20 世纪 90 年代末到 21 世纪 00 年代初，最受欢迎的是一个名为"邻里企业区"（Neighborhood Enterprise Zone）的密歇根州项目。该项目免除了新购房者在 10 年内所应缴纳的房产税，类似于将在第 4 章描述的费城税收减免政策。这样的激励措施不会使底特律政府付出任何代价，而同时又刺激了住宅项目的开发。另一方面，很少有项目能像维多利亚花园一样获得如此巨大的政府补贴。但不是所有补贴都能够激励开发商在底特律的任何地区建造商品房，尤其是当房地产市场过于疲软，或周边环境过于恶化时。几乎所有在底特律新开发的商品房项目都位于伍德沃德和杰斐逊大街沿线的狭窄区域，以及市中心及周边地区。只有非营利组织会在其余地区新建住房（图 3.8）。

维多利亚花园是一个大型开发项目。它的规模如此之大，甚至可以改变周遭的环境和市场的状况。有鉴于底特律市还有许多社区的空置率很高，这些社区都需要维多利亚花园那样具有变革性的住宅项目。但是从某种意义上说，维多利亚花园是一个自相矛盾的项目。它规模庞大且具有变革性，证明了大规模住宅开发项目的优越性：这样的项目可以彻底根除，或者至少可以减轻来自周边那些有着大量空置的衰败社区对其可能产生的负面影响。这种住宅开发模式显然对郊区的开发商有着较强的吸引力，因为他们都明白一块完整、独立的居住用地可能带来的好处。维多利亚花园所带来的转变对政客们很有吸引力，这样他们就有理由声称不仅建造了新房，还"改造"了整个社区。正如第 4 章将探讨的，其他收缩城市的政策制定者们也会被这种模式所吸引。于是，克尔曼·杨市长斥巨资资助了维

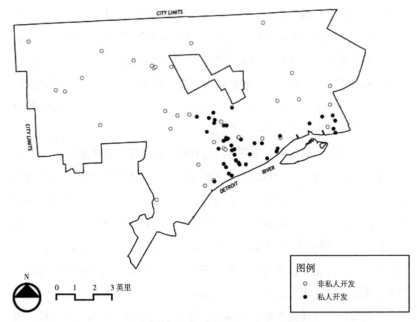

图 3.8 底特律住宅开发项目的分布示意图。在 20 世纪 90 年代到 21 世纪 00 年代初期，私人开发商所开发的项目一直位于房价较高的地区。只有非营利性的住房组织会在城市的其他地区建造住房。地图由乔弗里·摩恩（Geoffrey Moen）绘制

多利亚花园的大型开发项目，正如他的继任者阿彻市长在维多利亚花园以西仅 1 英里处的一个规模更大的住宅项目中投入了更多的政府资金。由此可见，对于 20 世纪 90 年代和 21 世纪 00 年代的底特律政府而言，大规模"清空重建式"的开发项目就像 20 世纪 60 年代"增长机器驱动式"的城市更新项目一样，对执政者们有着巨大的吸引力。

但是，大型的住宅开发项目有一个巨大的问题：它们的成本非常高昂。以维多利亚花园的规模和标准重建底特律衰败的建成环境，需要在基础设施和场地清理上花费巨资，这是开发商所不愿承担的。即使在 20 世纪 90 年代后期房地产市场极为火爆的情况下，开发商也会在类似维多利亚花园的开发项目中要求阿彻政府提供类似的资金支持。政府补贴极大地降低了开发商的开发成本。而在没有政府补贴的情况下，额外的成本会反映在房

价中。在后维多利亚花园时代，位于杰斐逊 – 查尔默斯地区的克莱尔波因特 – 维多利亚花园住宅区每栋房屋的价格高达 30 万美元。而在另一个更豪华的滨水住宅区，每栋房屋价格可达 50 万~ 60 万美元。但是，这两个开发项目都占据了滨水地带优越的地段，开发商认为购房者愿意为此支付高昂的房价。

底特律的大多数社区都没有这么好的地段和设施。因此，私人开发商在这些地区的项目需要大量的政府资金支持，除非场地平整和购买土地的成本可以适当减少。较小的开发项目上述成本较低，但它们更容易受到周边社区的影响。因此，小型开发项目需要在环境较好的地区才能发展。这就是维多利亚花园的悖论：大型开发项目成本很高，但它们受场地影响较少；小型开发项目成本较低，但高度依赖场地条件。因此，大型开发项目有可能重新激活衰败的社区，但是它们的成本太高，以至于只能建造少数几个。在底特律以市场为基础、由增长机器驱动的社区再开发模式下，除了得到补贴的小型开发项目外，绝大多数社区本质上无法通过私人资本得以改造。在 1970 年之后的后城市更新时代里，除了局部的填充式开发，底特律绝大多数地区的再开发项目缺少一种固定且理想的模式。所以，大多数底特律的居民区在房价低迷之时，正逐渐衰败、消失，就像今天我们在底特律所看到的一样。

3.4 杰斐逊村的惨败

除了资金，在底特律建设大规模住房开发项目的另一个非常重要的考虑因素是：有无可以利用的场地。城市更新运动创造了许多这样的场地，但是一旦这些场地用完了，会发生什么呢？如前文所述，如果没有 20 年前城市更新运动所清理出来的场地，维多利亚花园项目就不可能成功。城市更新运动的目的之一，就是留出大量清理好的、完整的场地，从而刺激房地产市场的需求。维多利亚花园和附近的后续开发项目表明，在适当的条件下，追求营利的开发商可以在 20 世纪 90 年代底特律城市更新中清理出来的场地上进行建设并获得成功，就像 60 年代的拉斐特花园等开发项目一样。

尽管在当代，城市更新广遭谴责，但底特律的规划师仍然在 70 年代决定拆除并重建杰斐逊－查尔默斯地区，这对 20 世纪 70 年代和 20 年后的 90 年代来说，都是一项明智的决定。在 70 年代，受不断下行的房地产市场的影响，许多房主急于逃离这些迅速贬值的住房。政府为了城市更新而开展的土地征收，恰好为这些准备逃离的房主们提供了出路。政府提供的征收价格，很可能比房主们在市场上出售的价格更高。具有讽刺意味的是，底特律的开发商在 1977 年提出了对城市更新的反对意见，他们声称政府的征用行为人为地抬高了土地价格，因为房主们坚持房屋的征收价格必须超过市场价值，所以其他地区的土地价格变得更高了（Neubacher and Grzech 1977）。在 70 年代的杰斐逊－查尔默斯地区，由于存在着大量空置的住宅，少数房东在政府征收上存在投机行为，但并没有引发太大的问题。显然，那些居住在城市更新区以外的房主很清楚地意识到，他们的房产不会被征收，但同样坚持希望离开底特律。[2]

底特律在 20 世纪 70 年代所经历的城市更新运动，与 50 年代在波士顿西区（West End）等地发生的典型的城市更新灾难极为不同。波士顿此时正处于经济复苏中，其西区是一片同质化程度较高且较为稳定的地区。这使得城市更新运动对于该地区的清理如同一场不必要的灾难（即使不清理，波士顿的新兴房地产市场无疑也会通过资本注入重焕生机）。70 年代的杰斐逊－查尔默斯地区与波士顿西区完全不同：它位于一座经济衰退的城市，而且社会状态高度不稳定。该地区正经历着种族变迁，拥有越来越多的贫困人口，而且房价正迅速贬值。有鉴于此，相较于波士顿西区，城市更新给杰斐逊－查尔默斯地区所带来的灾难要小得多。但颇有争议的是，在 70 年代，底特律急需更多的城市更新干预措施（以及较少的第 235 节式的干预措施）。

杰斐逊－查尔默斯地区中规模相对较小的城市更新，使维多利亚花园以及后续的开发项目在 90 年代再次受益。这些场地的面积比靠近市中心

图 3.9 克莱尔波因特－维多利亚花园。仿照维多利亚花园而建，该项目得到的城市补贴更少，因此房价更高。由于房价高、公共设施相对有限，房屋销售非常缓慢。
摄影：德鲁·旁巴

的旧城更新场地要小得多（比较图 3.1 与图 3.2 可知），但对于那些在维多利亚花园建成后寻找土地的开发商而言，这些场地的面积已经足够大了。1993 年之后，开发商开始在杰斐逊－查尔默斯地区空置的场地上进行建设。其中一些场地非常狭窄（面宽只有大约 100 英尺），紧挨着与其比邻的废弃住宅。但这些场地都已被清理干净，可供开发，并毗邻河流或杰斐逊大街。

开发商在杰斐逊地区的城市更新场地上建造的住房项目包括：克莱尔波因特－维多利亚花园（Clairpointe of Victoria Park），是维多利亚花园的开发商温德姆在 1998—2001 年之间建造的独户住宅项目（图 3.9）；典藏联排（Heritage Townhouses），是一个独立产权式公寓的开发项目，基本于2005—2007 年间建成；勒诺克斯滨水花园（Lenox Waterfront Estates），一个门禁式的独户住宅开发项目，但在 2007 年的次贷危机后被搁置（Bolger 1979；Henderson and Ankeny 2006）（表 3.2）。这些后续开发的项目比维多利亚花园的占地更小。90 年代后期，开发商还在底特律其他由当年城市更新运动清理出来的场地上开发了一大批住宅项目，尤其是艾姆伍德城市更新区。在那里，90 年代后期开发的三个联排别墅项目（布拉德比联排别墅、圆环大道公园、坎帕庄园）占用了 60 年代清理出来的场地。

在城市更新运动清理出来的场地上建造房屋，解决了开发商整合土地以及获得产权清晰的土地问题。但正如维多利亚花园所证明的那样，即使是清理过的场地，也需要额外的政府补贴才能建成。如果市政府没有承担维多利亚花园的街道重建和场地平整费用，那么开发商必须为每栋住宅开发所投入的成本将高达 125000 美元。这将使维多利亚花园内住宅的开发成本翻一番，并且很有可能影响其在市场上的表现。克莱尔波因特 - 维多利亚花园每套住房的开发成本高达 30 万美元，这是因为开发商温德姆从底特律市购买了一块用地，然后为了打造郊区风格的居住区，承担了场地平整的费用。温德姆策略中唯一且致命的弱点在于，他试图封闭房子后方一条废弃的小巷，从而为这些住宅提供更大、更安全的后院。然而，封闭这条小巷花了整整两年。这是由于在维多利亚花园项目之后，咄咄逼人的市议会对封闭房屋后面街道的行为"感到厌烦"（Carley 2002，作者访谈），从而造成了额外的项目成本和工期的延误。

由于市议会的拖延，克莱尔波因特 - 维多利亚花园的住宅标价很高，它们的销售也要慢得多。维多利亚花园在短短几个月内就以 15 万美元一栋的价格售罄，但克莱尔波因特 - 维多利亚花园用了近五年的时间才以两倍的价格售罄（Phillips 2002，作者访谈）。尽管开发商比尔·菲利普斯（Bill Phillips）似乎并不这么认为，但该项目后侧那些价值低且逐渐衰败的房屋可能拖累了销售的进度。毫无疑问，克莱尔波因特 - 维多利亚花园说明了在底特律为中产阶级开发住宅的两大弊端：一方面，补贴有限；另一方面，场地狭小，无法将新住宅与周围糟糕的环境隔离开来。

在维多利亚花园项目之后，开发商意识到，杰斐逊 – 查尔默斯地区存在着其他广阔的、易于开发的、隶属于政府的且地理位置优越的地块。马赫拉斯公园（Maheras Park）就是这样一块尚未开发且为市政府所有的地块。它被政府指定为底特律河沿岸的公园绿地，但实际上仅有部分用作绿地。这个场地有着无与伦比的景色和充足的水源。1995 年，在维多利亚花园项目取得成功后不久，开发商卡利和亚当斯提议开发这片绿地。但是，它不仅未得到开发，而且其中部分土地已被规划为郊区尺度的独栋住宅区，名为"维多利亚森林"（Victoria Woods）。"这将是维多利亚花园的最后一期，" 1996 年，卡利在宣传这个潜在的开发项目时声明（Goodin 1996）。

从开发商的角度来看，一方面，维多利亚森林是一块极好的开发用地：土地未开发，地理位置优越，而且价格无疑低于同等郊区地块；另一方面，一些社区居民对这一提议的看法不同：他们认为开发商正在攫取公共空间，并对此表示抗议。面对可能的合法性质疑，开发商卡利和他的团队退缩了。后来，市政府将这块土地的一部分建设为休闲场所。几年后，卡利仍然坚信该项目对附近地区有好处，他再次表示"这真是一块一等的场地，它会把人们带回这个地区。但是不管怎样，我很高兴看到这里建设为公园"。

开发商愿意在杰斐逊 – 查尔默斯地区较小的被城市更新清理出的场地上进行建设，甚至有的开发商愿意在零星空置的土地上填充式开发（Phillips，2002），这表明开发商也知道，条件良好的由城市更新清理出的土地很少并且需要等待很长时间。取而代之的是，私人开发商不得不将现有的闲置住宅用地作为开发场地，就像非营利组织 20 世纪 90 年代在零碎的用地上开发项目那样（Ryan 2002，145–146）。虽然杰斐逊 – 查尔默斯地区有着充足的零碎居住空地，但其结构与城市更新清理出的大片空置场地存在很大差异。零碎的居住用地上往往还有一些空置住房，而且产权非常混乱，有些空置住房归市政府所有，但很多都不是。在底特律和其他收缩城市中，那些高度分散、"零星"的废弃用地可能看起来和城市更新清理出的场地一样容易重建，但事实远非如此。

杰斐逊村试图连续地开发零散的废弃地，但这带来了显而易见的危险。

图 3.10　杰斐逊村。在阿彻执政时期，房地产商对它进行了广泛宣传，但却饱受房产征收争议的困扰，因而花了七年时间才开始对外出售。2007 年后，杰斐逊村的建设被搁置了。

摄影：德鲁·旁巴

它是一个 1997 年以后的开发项目，用安东尼·亚当斯的话说，就是"阿彻市长版本的维多利亚花园"（图 3.10）。自 1995 年开始，郊区开发商普尔特房屋公司[①] 在杰斐逊大道正南方向、维多利亚花园以西约半英里处的一片空置率为 75% 的区域中购买土地，这显然是受到了维多利亚花园成功经验的启发。鉴于市政府已经拥有超过 50% 的土地（"Graimark Realty Advisors" 1997），开发商一定觉得在这里复刻一个维多利亚花园非常容易。1997 年，普尔特及其合作伙伴格雷马克集团（Graimark Associates）信心十足地宣布了一项计划：他们将于 1998 年夏天出售 425 套价位中等（约 14 万美元）的独户住宅（"Graimark Realty Advisors" 1997）。阿彻市长毫不犹

---

① 普尔特房产公司（Pulte Homes），创立于 1956 年，与霍顿（D.R. Horton）、桑达克斯（Centex）、莱纳（Lennar）并称为美国四大房地产企业。——译者注

豫地支持这项提议，就像当初杨市长支持维多利亚花园一样。但是普尔特公司计划开发的土地并不是当初城市更新运动清理出来的空地，而且市政府和开发商都不拥有所有土地的产权。

在开发商的要求下，市政府于 1998 年开始征地，进行杰斐逊村项目的场地准备工作，并支付了相关的费用。1998 年，这些费用合计为 3220 万美元（Michigan Chronicle March 11，1998），到 2001 年政府完成工作时，相关的支出又大幅提高了（Ankeny 2001）。然而，杰斐逊村项目的进度一拖再拖。2002 年，在开发商开始购买土地后的第七年，以及公布杰斐逊村开发计划的第五年之际，安东尼·亚当斯挖苦地说，这个开发项目让市政府损失了"4000 万美元，但开发商连一栋房子都没盖成"。

对杰斐逊村的建设场地来说，碎片化是个严重的问题。在开发商拥有100% 土地所有权的情况下，他们所设想的郊区风格的居住区才能实现。但是，即使是市政府所有的地块也存在着产权问题。2000 年，一份咨询报告指出，在 443 片市政府所有的地块中，有 195 片地块的所有权尚不清晰（Ankeny 2000）。而受影响的居民不会安静地离开。即使是住在开发商所有的土地上的租户，也抗议开发商给出的搬迁费不足。而许多在杰斐逊村的建设场地上拥有房产的业主则拒绝出售他们的房产。2005 年，凯洛诉新伦敦市 ① 征用丑闻在康涅狄格州的新伦敦市爆发（Talley 2006）。与之相似的是，杰斐逊村的业主强烈反对那些试图使他们搬离家园的增长机器联盟——地方政府和开发商。一位居民说，"这种赔偿方式早就过时了，他们就是想把我的土地白白交给开发商"。另一位自 1929 年以来一直居住在此的居民说，"他们想偷走我的土地（Puls 2001）"。第三个人颇有先见之明地评论道："我可以理解政府为了修建公路或医院征收土地，但这个杰斐逊村显然不是为了公共利益"（PR Newswire January 2，2001）。

最终，底特律市政府还是成功地征收了杰斐逊村的 160 户住宅（Pristin，

---

① Kelo v. City of New London，凯洛诉新伦敦市案是美国联邦最高法院判决的一起关于政府是否能以经济发展为理由征用私有财产并转移到另一个私有经济体的案件，虽然最高法院判决征地的执行者新伦敦市获胜，但它引发了全美各地反对政府征地的浪潮。——译者注

2006）。然而，征收持续了太久，以至于在 2002 年，原来的开发团队对这个仍未建成的项目失去了兴趣。于是，当阿彻市长离任时，这个耗资巨大的社区再开发项目还没有完成。然而，底特律的新市长夸梅·基尔帕特里克（Kwame Kilpatrick）选择重启该项目，一个新的开发商"侧风社区"（Crosswinds Communities）很快加入了进来。2004 年，在阿彻市长卸任近两年后，杰斐逊村的第一批住宅终于开始对外销售了。但他们时运不济；2007 年，在该项目的大部分开发工作尚未完成之前，底特律的房地产市场开始急剧萎缩。于是，开发商只能停止建设，当初设想开发的 425 所房屋中，只有不到 100 所得以建成。如今，这片场地的其余部分显得安静而空旷，因为 10 年前，开发商以巨额成本和巨大的社会创伤清走了所有居民。与此同时，该楼盘的房价整体跳水。开发商"侧风社区"的网站列出的房价从204990 美元到 289990 美元不等（Crosswinds 2010），但网上挂牌转售的住宅仅售 7 万美元。杰斐逊村显然不会很快建成，而且如果没有额外的政府补贴，它可能永远也不会建成。

尽管维多利亚花园在设计上并不出众，但在社区再开发的政策设计上还是有许多可取之处。相比之下，杰斐逊村在政策和设计上简直就是双重惨案。杰斐逊具有郊区模式的房子，尽管在底特律看上去很新奇，但是这种住宅形式在其他地方却早已过时。然而，更糟糕的是，这个项目的实施过程代表了繁琐的城市更新、增长机器主导下的政治和内幕交易带来的糟糕结果。《密歇根公民报》[①]撰写了多篇揭露该丑闻的文章，并在其中明确地揭露了许多与杰斐逊村项目开发有关的可疑之处。当底特律其余的媒体均对杰斐逊村保持沉默或表示支持时，《密歇根公民报》则在 1997 年至2000 年的三年时间里，反复强调该开发项目的种种内幕：开发杰斐逊村实际上是丹尼斯·阿彻市长的主意，开发商只不过是执行者罢了；市政府未曾征求其他投标人，便直接指定格雷马克公司为该场地的开发商；阿彻市

---

① 《密歇根公民报》（*The Michigan Citizen*）：一家左翼报纸，与该市的非裔美国人团体关系紧密。——译者注

长的儿子其实是该公司的业务发展总监；市长的嫂子曾是格雷马克公司的律师，后任底特律经济增长公司（Detroit Economic Growth Corporation）① 的总负责人（Siegel，"Dun Combe" 1998）。

然而，这些曝光的内容都没有阻止底特律市议会在 1998 年 4 月批准这一项目。"我们可能不喜欢这个项目启动的方式，但我们已经没有退路了"，一位市议员说。另一位甚至更露骨地指出："杰斐逊村的开发过程给当地的社区留下了不好的印象……从长远来看，我们可能得不偿失"（Siegel，"Council Members" 1998）。这种说法可能并不完全恰当，但这位议员的第一个论点是正确的：杰斐逊村在开发过程中存在的内幕交易、裙带关系、垄断性开发、强拆和规划缺位，都是在公私合作的模式下所存在的致命问题。而这正是杨市长上任以来底特律在城市开发和建设上的特点。这个项目并没有预示着底特律大规模改造社区的良好前景，恰恰相反，底特律几乎把一切都搞砸了。此外，在最高法院对于凯洛诉新伦敦案作出裁决后，密歇根州的选民们在 2006 年投票通过了一条州宪法修订条款，该法禁止以经济发展为由的土地征收（Pristin 2006）。不过，对于那些已经被强拆所驱逐的房主来说，无论是杰斐逊村一直未建成，还是后来法律上禁止类似杰斐逊村式的强拆，都无法给他们带来太多的安慰。

对于城市设计师来说，杰斐逊村的惨败强调了重建底特律社区时获得所有土地开发权的重要性。这个项目清楚地证明，即使有充分的政治支持和大部分空置的场地，要想收购所有的土地以供开发，也是极其困难且成本高昂的。尽管 20 世纪 90 年代和 21 世纪初蓬勃发展的房地产市场允许开发商在场地准备上花费大量的时间，但在市场疲软时，长周期的土地收储和开发流程却是他们所不能承受的。如今，底特律的房地产市场正处于低谷，任何大规模的社区开发项目都可能不得不接受如下的事实：开发的场地中留有一些无法征收的钉子户。

---

① 底特律经济增长公司是一家公私合营的机构，负责为底特律市政府在杰斐逊村征收土地。——译者注

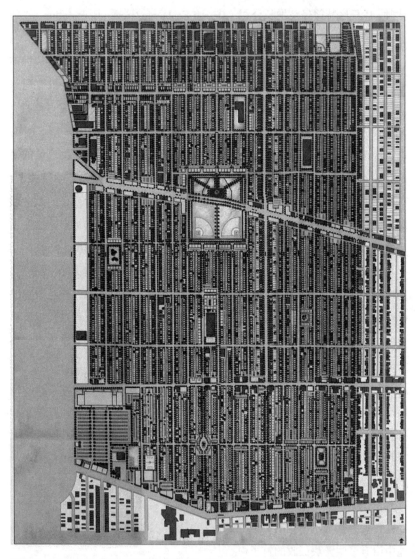

图 3.11 2004 年向底特律规划和发展部提出的"东郊规划"。对于底特律疲软的房地产市场来说，该计划显得过于雄心勃勃，最后只有一小部分方案得到实施。

插图由底特律文档设计事务所（Archive Design Studio）提供

在后维多利亚花园时期，底特律的确涌现了一些大规模填充式开发的案例。2003 年，RAS 开发公司宣布建设"北杰斐逊村"。该项目位于杰斐逊村以北的几个街区，计划建设 106 户独户住宅（"Detroit Developers Set to Break Ground" 2003）。然而，在 2006—2007 年房地产市场崩盘之前，这个项目仅建成了两套住宅。此外，底特律市于 2000 年极为高调地宣布了"东郊规划"，该规划用地位于杰斐逊 – 查尔默斯地区以北，总占地面积达到 2 平方英里（Puls 2000）（图 3.11）。尽管这一新都市主义规划雄心勃勃（Pierce 2004），其中包括建造 1000 ~ 1200 户住宅（Elrick 2003），但"东郊规划"从未得以实施。2011 年，《底特律新闻》称该地区为"鬼城"，指责不负责任的开发商和房地产市场的崩盘造成了该项目的彻底失败（Macdonald 2011）。如果底特律的房价能恢复到 2003 年的水平，那么私人开发商可能会重新考虑在这座城市的工业遗迹中建造豪华的新房。但是，如果房价无法恢复，那么底特律将不得不制定其他策略，以重新激活这些地区。

3.5 后城市更新时期的底特律城市设计

在后更新时期，底特律的城市发展在决策者、开发商和居民眼中显得既可悲又讽刺。20 世纪 70 年代，作为城市再开发工具的城市更新在一片谴责声中被彻底废弃。但是，人们后来发现，城市更新是一种为商品房的开发提供建设用地的最好方法。事实证明，就像 60 年代所引发的争议一样，城市更新在底特律后更新时期也是有缺陷的，并引发了众人争议。几乎整个底特律的城市空间都在继续恶化，但即使是看起来最空旷、政府拥有绝大多数土地的社区，也不欢迎大规模的再开发项目。开发商只能在相对较好的社区进行填充式开发，但在这种开发模式被证明有效之前，房地产市场就彻底崩溃了。所有的一切似乎都与大规模的重建计划背道而驰，而大规模的重建计划原本可以重新激活底特律的城市景观。

在后更新时期的底特律，任何关于城市设计的讨论都有失偏颇。因为除了文艺复兴中心（Renaissance Center）或福特球场（Ford Field stadium）等少数几个拥有城市规模的大型项目外，像拉斐特花园这样具有创新的城市设计则凤毛麟角。然而，作为一个收缩城市，无论政府所制定的政策和城市设计是否带有明确的空间意图，无论城市是否还在开展各类建设，城市的形态都不可避免地发生着变化。底特律的"城市设计"大多缺乏明确的意图，导致它们并不能让城市变得更好。

在建筑设计上，底特律新建的住宅项目很少能引起人们的注意。几乎所有新建的住宅，例如布鲁什公园（Brush Park）的伍德沃德广场（Woodward Place），都采用了含蓄的后现代建筑风格，并加入了古典风格的装饰元素，例如前山墙、帕拉第奥式的窗户和柱廊。底特律住宅的折中主义类似于密歇根州和美国其他地方的现代郊区式风格，并且在更大的时间尺度上，这种后现代的折中主义也类似于二战前底特律社区所呈示的折中主义。显而易见的是，底特律在后更新时期的城市开发与建设，只是传统上的在地化设计的延续。在底特律的鼎盛时期，阿尔伯特·康[①]和其他设计师的作品才是当地传统的建筑形式。这样看来，像拉斐特花园这样具有抽象主义的20世纪中期的现代主义建筑在底特律是绝对的另类，与当地的传统建筑以及城市的历史发展格格不入。

底特律市保守的建筑设计中唯一的例外，来自对老旧的工商业建筑的改造。这些建筑通常形式新颖，位于非居住区，为禁锢于居住区设计的建筑师提供了很大的自由空间。与其他城市的开发商一样，底特律的开发商也利用了"都市一族"（通常是中上阶层群体）对 Loft 公寓[②]的青睐。伍德沃德大街（Woodward Avenue）沿线的坎菲尔德 Loft 公寓（Canfield Lofts）等项目是后城市更新时期底特律当代住宅建筑设计的最佳范例，但是这些建筑的更新设计大部分位于室内，而且项目数量很少。除了以上改造之外，

---

① 阿尔伯特·康（Albert Kahn）：在底特律设计了一大批工业、商业和居住建筑，被誉为底特律的总设计师。——译者注

② Loft 公寓，指的是层高较高（往往总层高 5 米以上），局部设置二层的住宅形式，一般一层通常为客厅、餐厅、厨房；二层通常为卧室、书房等。——译者注

只有 20 世纪 70 年代末之前建造的底特律住宅具有"当代"住宅设计风格。

1990 年以后，底特律的发展反映了汽车的绝对主导地位。零售业几乎总是以汽车为导向，而在底特律的住宅开发中更为明显：几乎所有的独栋住宅都配有前门入口处的车库。这反映了加里·卡利（Garry Carley）的理念："在这座城市，开发商永远不应该建一个不带车库的住宅……郊区的住宅都会配车库，那为什么不在底特律市里的住宅配建车库呢？"在一些人口更密集的新住宅区，如伍德沃德广场，每户住宅的后院都会有 1 ~ 2 个车库。这样的汽车导向与底特律曾经的城市肌理颇有关联：无论是在城市更新之前还是之后，底特律都以独立建筑为主，包括独户、两户住宅及公寓。1970 年以后，城市里的空地越来越多，这带来了愈加富余的停车空间。对设计师们来说，在这个宽敞的城市里，没有任何理由不为汽车的发展提供空间。

汽车导向的发展模式，也反映了一个高度去中心化的大都市的交通规划思路。在这里，任何有能力购买汽车的人都会拥有一辆汽车，而且职住分离情况极为明显。正因如此，2008 年，底特律市曾计划拨款新建一条轻轨线路，幻想通过公共交通降低城市对机动车的依赖。其实，早在 20 世纪 30 年代，底特律市就曾考虑过修建地铁，但最终被投票否决。20 世纪七八十年代，底特律市政府再次提出了修建公共交通的规划：在杨市长的提议下，政府建造了一条老式的电车线和旅客捷运系统，该系统每年要消耗底特律市政府 830 万美元的财政收入（Henion 2006）。当城市迅速收缩时，修建公共交通系统显然毫无意义。然而，底特律地区商会会长等乐观推动者们仍声称，近期修建的轻轨铁路线是该市重建的关键（Gray 2010）。

考虑到 20 世纪 70 年代后底特律地区工厂数量的大幅下降，人们很难指望底特律会像新兴城市那样着手开发传统的公共空间。然而，人们小看了这座城市。2000—2010 年，与其他美国城市一样，底特律在市中心开发了许多新的开放空间项目，比如在商业中心区重建的康普斯马堤斯公园（Campus Martius Park），市中心滨河步道的一期项目，以及沿铁轨修建的、被称为"戴昆德通道"（Dequindre Cut）的自行车道。这些公共空间极具吸引力，利用率高，受到了广泛好评。

然而，在这些常规的开发项目之外，底特律在社区和城市尺度上的设计都不同寻常。随着城市肌理逐渐消失，传统的城市设计方法（比如修缮公共空间、修建功能复合的建筑和集合住宅）已不再有效。实际上，在后更新时期，底特律最激进、规模最大的城市设计在于激进地拆除，以及大范围铺开的郊区风格住宅。随着 21 世纪第一个 10 年过去，经济危机的爆发将底特律衰败的城市景观推向历史前台——它甚至成为美国经济困境的象征。无论是权威人士、批评者，抑或是仰慕者，都愈加视这座城市的景象为美国城市的未来（例如：Okrent 2009）。在后城市更新时期，即便是缺少争议的历史保护政策，在迅速衰落的底特律也起不到什么作用。底特律在这一时期陆续拆除了城市中的一些大型建筑，包括曾经的凯迪拉克工厂（1988 年）、哈德逊百货公司（1998 年）和斯塔勒酒店（2006 年）。2009 年，底特律市议会甚至投票（到目前为止尚未成功），拆除长期空置的布扎风格的火车站（密歇根中央火车站）。

在后城市更新时期，底特律各类项目的设计主要有两个趋势：开发项目的密度降低和全市范围内新建项目在空间上趋于集中。但这两个趋势又相互矛盾：新开发项目的密度几乎总是低于这块土地之前建设的项目，同时这些项目的空间分布也极其受限。这是因为底特律的房地产市场不振，使得政府不得不使用激励政策促进项目的开发。以激励为主的公共政策、市场偏好和疲软的市场共同造就了底特律在后城市更新时期的城市形态。

底特律的开发商几乎都喜欢建造郊区风格的住宅。无论是否为了盈利，开发商基本不受传统城市设计理念的束缚。坦率地说，底特律后更新时期的郊区风格住宅和商业建筑反映了一个合乎逻辑的、由市场驱动的结论：底特律人非常喜欢住在郊区风格的住宅里，以及在街边的购物中心购物。大量证据表明，这是事实。由此可见，超低密度的拉斐特花园是有预见性的。虽然抽象的、密斯式的建筑风格与底特律传统的建筑风格相距甚远，但其低密度的居住区、郊区风格的购物场所和广阔的开放空间取代了密集、形式参差的建筑群，代表了底特律未来的发展方向。到 1990 年，拉斐特花园周边未被城市更新清理的社区逐渐恶化，这使得拉斐特花园成为被众多高度空置的城市空间所包围的低密度居住区。它成为"一个被真实的无人区所包围的隐喻性无人区 ①"，就像密斯设计的同样抽象的伊利诺伊理工学院一样（Koolhaas 2001，724）。

维多利亚花园和后续开发的项目在设计上并不复杂，它们也并不代表更先进的规划或再开发政策。但是，从拉斐特花园等城市更新项目开始，像杰斐逊村、维多利亚花园、克莱尔波因特等许多项目的确进一步降低了底特律的密度。就连靠近市中心的新传统主义项目伍德沃德广场（图 5.4），每英亩也只有 8 户住宅。这一密度略高于位于郊区的莱维敦社区（Levittown），且仅为杰斐逊 – 查尔默斯地区在 1970 年前所建设区域的 60%。1990 年后的郊区开发商可能没有意识到他们的项目产生的影响和作用。但有趣的是，无论是城市更新时期或是后更新时期，更新类项目的设计目标却恰好不谋而合。最终，除了伍德沃德大道等少数地区外，底特律的开发商以郊区化的模式（只能通过汽车交通串联的住宅区、工业区和商业区）彻底推翻并重建了二战前的城市空间（正交的城市道路网络、高密度的住宅以及有轨电车导向下的商业开发模式）。

对底特律进行空间重构的压力既来自房地产市场，又来自毫不作为的公共部门。在后城市更新时期，底特律政府并未制定一个切实可行的城市总体规划，而且即使有的话，市长也不一定会遵循规划的指引。当政府计划缺失时，开发商的偏好便通常占据上风。期间也有一些插曲，例如，1993—1997 年的规划总监格洛力亚·罗宾逊（Gloria Robinson）强硬地拒绝维多利亚花园三期的设计，除非它符合新城市主义的标准。还有市议会，他们不懂城市设计，但声明不支持尽端式街道之类的设计。对一座收缩城市而言，降低城市的密度对大多数利益方（包括城市居民）似乎都是最好的方案，因此它必然发生。维多利亚花园的发展历程表明，郊区风格的居

---

① 尽管拉斐特花园与其周边的社区状况不同，但都具有超低密度的特点，只不过拉斐特花园是设计师有意为之，而周边地区原为高密度住区，由于不断恶化，才使其高度空置。——译者注

住区至少体现了市场对底特律仍有兴趣。

在全市尺度上，与城市更新时期相比，底特律的城市空间经历显著的变化。城市更新时代的规划者已经指定、征用并清理了大片相邻的土地，其中大部分集中在市中心附近（Thomas 1997，77 and 92）；但后更新时代的再开发规模较小，而且地点不固定。即使杰斐逊 - 查尔默斯项目集中了如此多的资本，也是由许多分散的开发项目拼接而成，就像一片新兴的郊区。从这个角度来看，底特律所有的城市（和社区）设计都是"未经计划的"：没有人在不同的开发工作之间进行协调。在城市更新以及清空场地的过程中，政府就像幽灵一般，丝毫看不到它的身影。

虽然在后更新时期底特律缺乏强有力的规划或设计，但有许多政策支持商品房和低收入人群住房的发展。其中一些手段（如社区发展基金）与空间没有直接的关系，而另一些手段（如邻里企业区）则与空间有着直接的关系，但是它们只适用于某些地区。考虑到底特律的政策支持商品房的发展，开发项目都集中在市场强劲的小部分地区。因此，在后更新时期，这座城市的大部分地区或多或少地处于孤立无援的状态。这些地区共同的变化是住房存量正不断地减少。

底特律城市形态的变化展现了政府宏观干预不足的负面影响。正如前面所提到的，底特律的城市更新残酷而麻木，但最具讽刺意味的是，这座城市在本该采取更新的时候，开展了大规模的拆除。而当城市逐渐衰落，终于需要重建之时，城市更新又恰好消失了。自简·雅各布斯 1961 年反对城市大规模清除的论战以来，规划者们就一直把城市的衰落归咎于城市更新，而这种观点在底特律是完全错误的。对城市更新的指责忽略了去工业化和公共政策所产生的影响，也忽略了大规模重建可能对一个被摧毁的城市所发挥的积极作用。事实证明，如今在底特律，经过城市更新与重建的地区往往比其余地区发展更好。

很难想象如果没有城市更新的话，底特律的情况会有什么不同。毫无疑问，这座城市在 1970 年后经历了比美国任何地方都严重的经济危机。然而，这些非常现实而广泛的问题不应阻止我们重新考虑城市的实际条件，以及提出未来的愿景。当然，如今一些规划师（例如：Talen 2010）所推崇的恢复性城市设计策略与底特律的近况并无关联。然而，在过去 20 年间，不断加剧的郊区化和零碎的弃废弃建筑物虽然成为底特律的城市特色，但外人似乎无法接受这种无为而治。2011 年，底特律迎来了一位能干的新市长，他积极正视城市的困境，为底特律探索一个崭新而清晰可见的未来。但是，在开始"精简瘦身"之前，底特律将不得不面对后更新时代阻碍城市重建的政策现实和客观限制。这些限制条件影响了城市制定新的愿景，也影响了城市从收缩中复苏过来的严峻现实。曾经有一座城市以这样的方式实践并获得了成功，这座城市就是费城，现在让我们将视角转向费城的更新实践。

第 4 章 "规划中的另一种传统"：北费城的郊区化

4.1 费城的复兴

　　1992 年 1 月 6 日，费城历史上第一位非裔市长 W. 威尔逊·古德（W. Wilson Goode）任期已满，正式下台。对费城来说，过去的 20 年颇为艰难，因此很少有人会认为古德的执政是成功的。施政风格迥异的两任市长——弗兰克·里佐（Frank Rizzo）和古德都目睹了费城的一系列危机：经济衰退、人口流失、白人群飞，以及 1985 年 MOVE 爆炸事件①等政治丑闻（Goode 1992，207–231）。虽然与克尔曼·杨市长任期内的底特律相比，费城的人口流失程度不算严重，但与仅相距一个半小时车程的纽约市相比，费城的情况十分糟糕。20 世纪 90 年代中期，《纽约时报》指出，"费城正在困境中挣扎，随着城市不断收缩，贫困程度加剧，问题正变得越来越严重"（Hinds，"After Renaissance" 1990）。几个月后，濒临破产的费城登上了《纽约时报》的首页。这篇报道痛心而尖锐地指出："费城的问题在全美范围内绝无仅有；实质上，这是一个披着经济外皮的政治问题"（Hinds，"After Renaissance" 1990）。就古德市长的政治生涯而言，没有比这更严厉的控诉了。

　　北费城是整个费城市域范围内衰退最严重的地区，现状并没有比 20 世纪 80 年代的情况好到哪里去。1990 年，《纽约时报》将北费城描述为一个"正为复兴而挣扎"的地方。报道指出，费城政府于 1987 年发布了《北费城规划》，但实际上按规划进行的建设量很少。据天普大学的一位教授所述，

---

① 1985 年 5 月 13 日，费城警察在拆除黑人激进组织 "MOVE" 占据的违建房屋时，使用了爆炸物，引发的大火造成 11 人死亡。——译者注

政府"需要更多地协调各方，而不只是让各方进行意义不大的公众参与"（Scism 1990）。而另一个可能的原因是这项规划并没有提出什么建设性的方案。20 世纪七八十年代的费城正陷于严重衰败的困境中，诸如"预防邻里衰落"之类不痛不痒的提议显然无法激励人们的信心，而"继续开展住房建设项目"这类表述同样收效甚微（Philadelphia City Planning Commission 1987，109）。该规划文件甚至在同一段中承认，相关项目"几乎并未开始实施"。

然而，在北费城地区也有一个例外，规划对一个街区提出了清晰有力的建议。规划十分明确地提出，摩尔大街（Cecil B. Moore Avenue）这条萧条的商业街应"选择性利用土地征用权，以此获得新的开发用地"。这样做的原因很明显：一些街区通过拆除空置的建筑获得了大量空置的土地。如果现存的房屋被空置土地包围，那么仅翻新旧房无法为居住在这里的居民创造良好的居住环境。在这种情况下，搬迁并重新安置居民可以最大限度地满足他们的需求，同时清空整个街区，使其得以重新开发（Philadelphia City Planning Commission 1987，119）。当规划师决定在拆除后立刻进行施工建设时，他们或许想起了费城前总规划师埃德·培根（Ed Bacon）在1956 年对北费城"开放空间计划"的忠告：空置的土地将是"新住宅或商业开发的理想选择……但是最关键的问题在于，如果没有大量的补贴，中低收入家庭不可能买得起在那里新建的住房"（Philadelphia City Planning Commission 1987，119）。有趣的是，该计划并未对除摩尔大街以外的北费城其他地区提出同样有力的建议。例如拉德洛（Ludlow）社区，它是北费城地区公认的"住房条件最差、社会问题最严重的社区"（Philadelphia City Planning Commission 1987，138）。在这里，《北费城规划》建议仅采取小规模行动，例如清理空地，向房主提供小块的空置土地，并与各个社区组织发展合作关系。鉴于《北费城规划》总体上并不激进，它对摩尔大街提出的改造建议不免令人惊讶，这不仅因为 20 世纪 60 年代清除北费城地区的城市更新力量仍然存在，还因为规划师在几十年之后依然期盼着大规模的城市更新。80 年代，万事俱备，只差资金。到了 90 年代，规划师决定在这个 10 年中彻底改变摩尔大街和北费城的其他区域。

在 20 世纪 90 年代，费城的面貌焕然一新。与 80 年代古德政府的丑闻频出相反，90 年代的费城在伦德尔市长（Edward Rendell，前费城地区检察官）魅力超凡的领导艺术下，受到了广泛好评。伦德尔市长充满朝气与智慧，并且善于同媒体打交道。他的政府不仅解决了古德政府留下的财政危机，还开展了各种政策实践。在他 2001 年卸任之后，这些努力收获了巨大的成效。据费城房管局局长约翰·克罗默（John Kromer）所述，作为一位实干家，伦德尔市长并不相信规划，但他仍旧为规划师们提供支持。在他的任期内，活跃但发展缓慢的中心商业区和北费城地区得以再开发。

伦德尔市长的确很有能力，但他的成功离不开运气。在他 1992 年上任后不久，各种已有的市区开发计划便逐一落地建成了。1993 年，在一片荒废的火车站身后，雷丁铁路公司（Reading Railroad）从 80 年代初便开始筹划的宾夕法尼亚州会议中心正式开业（Stevenson 1985；Adams et al.1991，112）。会议中心为中心城区带来了 15 家新的酒店（Midgette 1999）和成千上万的与会者。同年，得益于伦德尔市长的大力支持，费城中央发展公司（Central Philadelphia Development Corporation）1977 年筹划的艺术大道计划终于正式注册成为非营利组织。艺术大道计划很快开展资助另一个停滞不前的艺术项目——为费城交响乐团建造一个新音乐厅，这个项目自 1986 年以来一直停滞不前（Midgette 1999）。最终，金梅尔中心（Kimmell Center）于 2001 年开业并受到广泛好评。

对伦德尔市长来说，还有更加幸运的事情。自 80 年代中期起，通过私人资本的介入，费城的中心城区（Center City District）启动建设。在 1991 年，才华横溢、思维敏捷的保罗·利维（Paul Levy）被聘为费城中心城区的主管（Kromer 2010，56）。整个 90 年代，利维致力于稳步扩大中心城区的规模、提高服务能力，使该地区从提供最基础的安全和卫生服务，一跃至开展各种复杂研究，市场营销甚至房地产开发。到 2007 年，费城的中心城区发展情况总结如下：自 90 年代初以来，市中心的严重犯罪率下降了 50%，并为该区的建筑翻修投入了 4500 多万美元（Center City District 2007，6）。

同时，伦德尔市长还在敏锐地寻找着其他机遇。90 年代，随着地方预算的增多和全国经济状况的改善，费城准备充分利用其现有优势进一步发展经济：数量庞大且富裕的市区居民、靠近纽约市的区位优势、健全且不断壮大的各类科研机构（包括大学和医疗中心）。在这种情况下，费城万事俱备，只缺良好的发展氛围。在伦德尔市长的两个任期内（1992—1999 年），市中心地区并未有新的写字楼和商品房项目落成。

但是伦德尔政府妥善解决了这一问题。1997 年，市政府提议在全市范围内减免不动产税，以此鼓励将闲置的商业设施转换为住宅。这不是一个新点子——早在 1994 年底，纽约曼哈顿下城地区就曾提出过这样的政策（Lueck 1994），并于 1995 年正式实施。但不得不说，伦德尔市长的运气出奇的好。90 年代后期，房地产热潮席卷全美。费城于此时实行的减税政策，正是开发商一直以来所期盼的经济杠杆。于是，在 1997—2010 年间，减税措施的范围不断扩大，程度不断加深。最终，该政策覆盖了所有新开发的住宅项目，为中心城市带来了数量惊人的 12385 个新的住房单元（Center City District 2010）。2005—2006 年，这波建设浪潮达到了顶峰。在费城中心城区如火如荼的建设面前，《费城问讯报》（*Philadelphia Inquirer*）兴奋地宣告："这是费城的复兴！"（Slobodzian 2005）。该报将中心城区的重生归因于"伦德尔政府的不懈努力，1991 年创立的中心城区组织，以及其主管保罗·利维不屈不挠、乐观向上的精神"。即使不提对个人努力的赞誉，公认的事实是，自 1990 年以来，费城市中心的发展的确走上了正确的轨道。尽管仍然存在着一系列问题，例如会议中心亏损严重，仅 2005 年就向地方政府索要了 1500 万美元的补贴以填补亏空（"The Little Firehouse" 2008）；金梅尔中心的音响效果太差，以至于才开业 7 年就需要改造翻新 —— 但不可否认的是，费城的中心城区的确已然复兴。

虽然都是收缩城市，伦德尔执掌的费城与同时期阿彻（Archer）执掌的底特律却迥然不同，这其中的原因有很多。1990 年，这两座城市都逐渐走出了持续 20 余年的政治和经济阴霾。但是底特律死气沉沉，而费城的许多地区却已然焕发生机。可能有以下几个原因造成了这一不同。首先，在区位上，底特律与其他发展良好的城市相距甚远，而费城位于纽约 – 华盛顿大都市带。其次，虽然费城和底特律都曾面临严重的住房与社区发展问题，它们的本质并不相同。底特律的大部分房屋都"消失"了，但优势在于剩下的房屋整体上比费城要新得多。因为底特律的建筑密度一向偏低，该市的住房及社区样貌势必更接近郊区风格。相比之下，费城的联排式住宅不仅年代久远，而且缺少（美国的）现代生活所必需的元素，尤其是空间感、私密性和停车位。在更为贫穷的社区，情况尤其糟糕——那里通常户均人口更多，但居住面积更小。

在 20 世纪 90 年代至 21 世纪初期，由于制定了截然不同的更新重建政策，底特律和费城的差距进一步拉大。在杨和阿彻的领导下，底特律将城市重建的政策大部分瞄准于市区之外；而伦德尔则聚焦北费城地区，将其视为费城重建政策的重中之重。在那里，费城将显示出它与底特律"增长机器驱动"式重建最显著的不同，以及底特律城最不幸的相似之处。

4.2　房管局的再开发政策：缺少设计的介入

长期以来，北费城南部地区（Lower North Philadelphia）都是费城衰退最严重的地区。自从 1992 年上任后，伦德尔政府便对其十分重视，试图使该地区重新焕发生机（图 4.1）。在费城房管局局长克罗默的领导下，费城依据规划全面重建北费城南部地区的部分社区。这一行动有着非比寻常的意义，因为自前总规划师培根时代之后（Adams et al. 1991，107–110），费城从未尝试过系统性地实施城市规划。北费城南部地区重建工作的重中之重是白杨家园（Poplar Nehemiah Houses），这是北费城地区除约克镇（Yorktown）外规模最大的住房开发项目，共包含 176 户住宅。它有力地提醒人们：地方政府的介入的确能够全面改善衰败的社区。费城房管局选择与一些有能力的社会组织（如马尔卡波多黎各协会、卢德洛发展公司）合作。在白杨家园之外，他们继续建造各种公共服务性和非营利性住房。在伦德

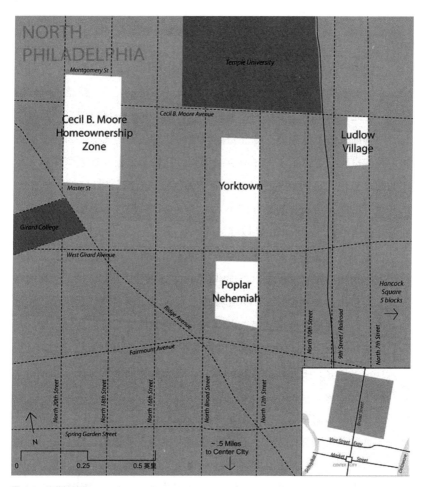

图 4.1 北费城概览。
版权由作者所有，莎拉·斯派塞负责改绘

尔任期的后期，费城房屋管理局（Philadelphia Housing Authority）也加入重建工作，利用克林顿政府希望六号项目的资金① 重建北费城内最衰败的部分公共房屋。正如克罗默所述，在以费城房管局为首的重建联盟的努力

---

① 克林顿执政时期，希望六号计划用于改造部分公共住房。该计划由政府和私人资金共同注资改造公共住房，并实现城市风貌的提升。——译者注

下，即使是费城最贫穷的社区也"变得不再那么衰败，而更具吸引力"（Kromer 2010，9）。

费城房管局积极性高涨，与之相比，底特律的相关部门形成了鲜明的反差。但不幸的是，两个城市中新社区的设计却相差无几。伦德尔时代的开发商在北费城重建了一系列住宅，它们看起来几乎一模一样，并且与二战后的郊区风格十分相似。在北费城衰败的联排住宅街区中，以费城房管局为首的重建联盟打造了一批有着斜屋顶、乙烯基壁板、独立车库和大草坪的独栋住宅。这些元素都带有显著的郊区特色。或许唯一的例外在于，几乎所有的联排房屋都与相邻的单元共用一堵墙。但这不影响我们看出这种设计的明确意图：费城正在以郊区的风格重建最衰败的街区。

费城房管局决定对北费城住宅采用郊区化设计的政策形成过程也与底特律大不相同。如前文所述，底特律在 20 世纪 90 年代到 21 世纪初期的再开发工作多由开发商主导：私人企业或非营利性组织主笔，起草设计和计划，此后政府再给予资金扶持。与此同时，费城地方政府的房管局则从一开始就对何时何地、以何种形式在北费城投资给出了明确的观点。如果说，底特律的郊区化住宅是因为市场的偏好，那么费城的郊区化住宅则是出于公共政策的直接导向。

像纽约南布朗克斯区一样，北费城的郊区化始于忧患之中。在 90 年代初期，无论是北费城的复兴，抑或是整个费城的再度繁荣，都像是一种遥不可及的妄想。费城的私人资本对于城市复兴的态度特别消极：整个伦德尔市长任期内，直到 2003 年，都没有私人开发商在费城新建住房。在这种情况下，费城房管局明智地决定，通过政府补贴支持北费城的再开发项目。但是，在纽约南布朗克斯的复兴最终让住区设计从夏洛特花园的郊区模式转向密度更大的集合住宅的同时，费城在改革郊区化住宅的道路上却没有加快脚步。即使当地的住房市场早已转向开发密度更大的住房，直到 2000 年初，北费城的重建联盟仍旧推崇郊区风格的住宅。

费城对衰败社区的再开发所采用的郊区化设计策略始于忧患之中，但在危机缓解之后，地方政府并未调整这种设计策略。即使郊区风格被证明行之有效，新住宅受到居民的喜爱，但住房市场上几乎已经没有任何对于郊区风格住宅的新需求。到了 20 世纪 90 年代，无论从政策还是城市设计角度来看，北费城再继续郊区化已经毫无意义。更重要的是，早在 60 年代，费城就已经建立了一套高质量的城市设计标准，使得低收入居民能享受到与郊区相仿的公共设施。

1990 年以后的费城发展两极分化。一方面，这座城市的市中心建设极其成功，全美知名：既拥有历史悠久的建筑，又拥有中心城区这样进步的社会组织，服务于急需帮助的萧条社区。另一方面，北费城地区正在持续郊区化，这或许是费城在后更新时代最严重的规划失误。这种失误是如何发生的？

4.3 现代主义的遗产：北费城的重建（1940—1990 年）

在 20 世纪 90 年代重建之前，北费城地区曾有一套持续 50 多年的、惨败连连的重建计划。在该计划下建造的住宅无论在设计，还是在居住体验上都很差。因此，当费城房管局再次试图重建这个陷入困境的社区时，它不想再看到这样的事情出现（就像联邦政府实施希望六号计划时一样，尽管那是一个规模大得多的项目）。这一深刻的历史教训为我们带来了两个重要问题：第一，如果过去的项目如此失败，那么费城房管局应该作出哪些改变，以提振重建的效果？第二，费城房管局应该去哪里借鉴成功的案例？

在重建的同时，北费城正在经历种族的置换，社区居民从以白人为主逐渐过渡至以黑人为主（图 4.1）。19 世纪 20 年代起，黑人开始在北费城南部地区大规模定居。到了 1950 年，有色人种几乎占到北费城南部人口总数的一半。1980 年，种族置换已经完成：北费城南部 90% 的人口都是有色人种。与底特律的情况相似，新来的黑人居民普遍比白人居民贫穷。于是，房屋废弃和人口流失的情况愈演愈烈，逐渐取代了最初的人满为患。据统计，在 1950—1980 年之间，该地区的人口锐减了 55%。值得一提的是，尽管北费城的有色人种居民大多数是黑人，但是其东侧地区却被地方政府视为另一个区域，这里是波多黎各人的聚居地。

早在 20 世纪 30 年代，北费城地区的状况就很糟糕，以至于比费城的中心城区提前 10 年就开始着手重建工作。在 30 年代末期，市政府决定在钻石街和第 22 街的交汇处开发格伦伍德项目（Glenwood），在白杨街和第 11 街的交汇处开发艾伦家园项目（Richard Allen Homes）（Bauman 1987，48）。以上工程皆于 1941 年完工。政府规定两处住宅区只能由黑人租住，这反映了当时的种族隔离政策，以及周围社区中黑人居民日益增长的事实。

正如其他作者（Vale 2000；Bauman 1987）所描述的那样，公屋是一个新的政策概念，因此政策制定者希望它能够体现最新的设计理念。在这方面，费城与纽约没有什么不同。在 1938 年的纽约，包豪斯派设计师威廉·莱斯卡兹（William Lescaze）以现代主义风格设计了该市第一处成熟的公共住房——威廉斯堡住宅（Williamsburg Houses）。格伦伍德和艾伦家园的设计灵感都来自德国包豪斯学派的"带型住宅理论"[1]（Bauman 1987，25）（图 4.2）。该理论认为，城市中的大多数街道都是多余的，可以用建筑物之间的人行道取而代之。为了扩大开放空间，将房屋置于超级街区的外围，将中间的部分用作开放空间。设计师希望这种设计能让居民留在街区内活动，而不是在肮脏嘈杂、车来车往的城市街道上。

1949 年《联邦住房法》（*Federal Housing Act of 1949*）通过后，费城公共住房管理局在 1950—1952 年间在春园（Spring Garden）和第六街交汇处又开发了一个新项目——春园住区（Spring Garden Homes）。春园住区和旁边的中等收入者住宅区——宾夕法尼亚州小镇公寓都采用了带型住宅的设计。项目封闭了除主干道以外的所有街道，在人行步道旁布局公寓楼，并为社区聚会活动设计了开放空间（Bauman 1987，113）。

现代主义最显著的特征之一，是对现有城市结构的全盘否定。勒·柯布西耶的邻里规划（Plan Voisin）也许是其中最极端的表达，但是它并非

---

[1] 带型住宅在德语中为 Zeilenbau。——译者注

图 4.2 带型住宅（Zeilenbau）在德语中意为"成排的建筑物"。在形容公共住房时，这个术语无疑是恰当的，例如位于芝加哥的这处开发项目。

唯一：密斯和休·费里斯（Hugh Ferriss）所作的 20 世纪 20 年代效果图宣告，在新时代建筑的光辉照耀下，原有的城市变得极为糟糕。至于北费城的新住房项目，它们并不是现代主义建筑的典型案例。但是，与之相比，城市中原有的联排住宅街区似乎没有什么价值。这一论断理由充分：北费城原有的住房非常拥挤，私人花园很小，公共户外空间更是严重不足。而"带型住宅"的超级街区则拥有花园式公寓、绿地和人行道，为居民们带来了从未享有过的美丽、安静、私密性和独立停车位。

相比二战以来高歌猛进的郊区化，"带型住宅"在城市设计和建筑设计上与之截然不同。虽然"带型住宅"保留了社区中的花园景观，但在现代主义的理性驱使下，蜿蜒的小路、浪漫主义的建筑风格和田园牧歌式的乡间别墅不复存在。"带型住宅"设计理念围绕着以下几个重点：便于汽车的通行、开放空间和社区的公共活动。实质上，这些概念与郊区住宅区十分相似，尤其是那些在 20 世纪四五十年代规划的郊区住宅区，如伊利诺伊州的森林公园（Park Forest）和加利福尼亚州的鲍德文山庄（Baldwin Hills Village）。它们既有"带型住宅"的建筑风貌，又融合了浪漫的、田园牧歌式的景观。

20 世纪五六十年代，开发商曾在费城郊外地区建造密度较低的联排住宅，与"带型住宅"颇有几分相仿（图 4.3）。在费城，这种住宅起源于 19 世纪。到了 20 世纪中叶，从巴尔的摩到费城，联排住宅都带有浓厚的当地建筑特色。它们深受白人工薪阶层的欢迎，尤其是费城最南端的派克花园（Packer Park）、东北端的莫雷尔花园（Morrell Park）等住宅区。联排住宅也很受开发商欢迎，因为它们密度较高：每英亩有 20 ~ 30 户。这种住宅开发规模不一，少至 2 排，多至 10 排，以 6 ~ 8 排最为常见。为了贴近郊区标准，开发商为住宅建造了私人后院、地面车库、屋前停车位，以及并非为停车所用的前院空间。尽管费城市规划委员会并不同意这么做，但是开发商坚持在费城东北地区将新建的住房布局于短的尽端路两侧（Heller 2009，40）。排屋的面宽为 20 ~ 25 英尺（7 米左右），相比 19 世纪的排屋有了很大的改进。对于底特律人，或者那些本地没有联排住宅的居民来说，联排住宅似乎不算什么。然而，对那些曾深陷于法兰克福（Frankford）或

图 4.3 20 世纪中期的联排住宅，例如费城东北部的莫雷尔花园。无论是开发商，还是以工薪阶层为主的居民，都对它十分满意。虽然这种排屋距离田园风格的别墅还相差不少，但已经比费城其他人口稠密、环境破败的地区好了很多。

摄影：丹尼尔·坎波

南费城的拥挤、破败社区中的人们而言，联排住宅就像当地的莱维敦一样，让他们看到了居住品质的飞跃。

相对于"带型住宅"而言，20 世纪中期的联排住宅在许多方面都进行了重大的设计改进：密度与"带型住宅"一样高，并将大部分开放空间私有化，变成了居民的前后院。于是，大家就认真维护这些空间。每户住宅都能直接面向街道，街边的小巷中有安全方便的停车点。唯一的不足，可能是它不像"带型住宅"社区那般有充足的、供公共使用的开放空间。尤其是，费城东北部的一些住宅项目紧靠绿道，但缺乏步行所及的公共空间。然而，对于居民们来说，这些排屋仍旧是不错的选择，因为它满足了人们对美好住宅的期望。排屋甚至已经成为这座城市当地建筑文化的一部分。对于费城"老、破、小"社区的居民，尤其是对于通常聚居在这里的黑人来说，排屋简直是他们梦寐以求的住房模式。

当城市更新运动将这种建筑形式移植到北费城南部时，20 世纪中期排屋的所有优势都得到了进一步体现。1962—1972 年间，费城规划委员会与郊区开发商诺曼·丹尼（Norman Denny）、浸信会教堂的格雷牧师（William H. Grey）合作，建造了一个拥有 635 户的住宅区——约克镇。[①] 约克镇位于北费城南部破败的中心地带（图 4.1、图 4.4），这里曾经全部是老旧的排屋。规划师正式宣布这块地将被拆除，依照 1949 年《住房法案》第一章的规定，联邦政府承担了后续三分之二的土地征用和拆迁费用，总计 550 万美元。1958 年，市政府拆除了破旧的排屋，并交由丹尼在接下来的 15 年间建造新的住宅。格雷牧师希望为北费城的工薪阶层提供住房，因而约克镇的住房售价较低，每户仅为 10500 ~ 14000 美元，新房一经推出便被哄抢，其中购房的主力是黑人。20 世纪 70 年代初，最后一批居民正式入住（OHCD，1996）。

几乎没有迹象表明，费城规划委员会为开发商丹尼直接提供了任何设计上的指导；约克镇的房子、尽端路和整体外观，都与上文所述的本地传统排屋设计完全一致。但在北费城，比起原先的带型住宅或光辉城市理念下的塔楼住宅，约克镇的确是革命性的。在社会意义上，它为低收入的黑人提供了新的住房选择，同时在北费城地区，它独特的设计风格与其他重建的项目截然不同。约克镇的主要设计创新在于，将 20 世纪中叶的排屋和社区模式应用到北费城的街区结构之中。约克镇以 4 ~ 6 户的排屋群为基础，同时这些排屋被成对的尽端路围绕，并由小型的公共空间相连（图 4.5、图 4.6）。约克镇拆除了支路、小巷在内的原有街区结构，但保留了主要的街道。约克镇的住宅有 20 英尺宽，同时拥有 2 层和 3 层这两种形式。3 层的住房户型中，有一个位于一层的车库，而 2 层的户型只有一个露天停车场。在保留北费城历史特色的同时，约克镇的设计将住宅密度降低了三分之二：

[①] 约克镇（Yorktown）：诺曼·丹尼是个独立战争历史爱好者，他以美法联军取得决定性胜利的"约克镇大捷"命名了自己的开发项目。——译者注

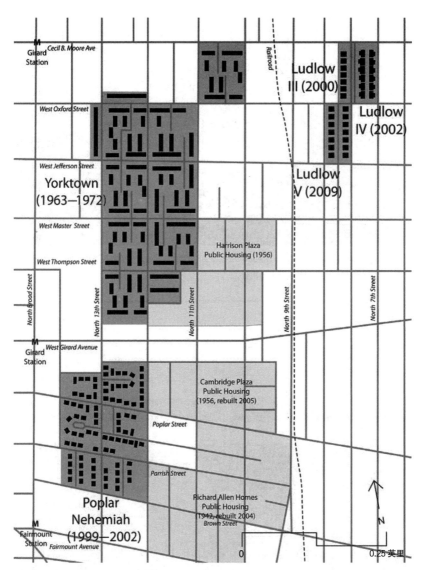

图 4.4 北费城南部的详细地图，显示了本章所研究的住房与社区情况。
版权由作者所有，莎拉·斯派塞负责改绘

图 4.5 约克镇是 20 世纪 60 年代北费城的一个开发项目，目标群体以中等收入者为主。它略带抽象的设计和城市满足了居民对美好住宅的愿景。

摄影：艾利·布朗（Ellie Brown）

图 4.6 约克镇的住宅有附属的车库、私人的院子，以及宽敞的室内空间，这些特性都更接近于郊区，而不是 19 世纪的费城传统住宅。

摄影：艾利·布朗

从 19 世纪的每英亩 60 户（Ryan 2002，362–271）下降到现在的每英亩不超过 18 户。

与"带型住宅"不同，约克镇没有体现最新的建筑或城市设计思想。它的设计表明，费城规划委员会默许了将郊区风格作为新住宅开发的标准（Heller 2009，39–42），而非采用社会山（Society Hill）等项目的现代主义风格。然而，当我们回溯历史，会发现真正推动城市再开发理念革命的是约克镇，而非附近的"带型住宅"项目。在拥挤的城市中，该项目满足了人们对公共住房的一切期许。唯一缺少的是功能上的混合利用，但这也可以在附近的购物中心得到满足。约克镇的设计是一个大综合体，结合了多种私人空间（尽端路、后院、附近的公园）、可达性（附近的主路、通往其他尽端路的人行道）、宽敞度（大面积的房屋、前后院、车库或停车场）、城市性（与相邻房屋、社区街道和相邻街区的连接，与历史悠久的排屋保持形式一致）。

此外，约克镇的城市设计具有较强的秩序性，这使它不仅成为住宅设计的典范，也成为城市规划的典范。"带型住宅"和具有费城本地特色的排屋与周边环境完美地融合在一起：建筑、开放空间和街道之间有着较好的组合关系。费城历史悠久的棋盘式街道网格与排屋的组合同样具有较好的组合关系，延续了城市百余年来形成的棋盘式道路系统与城市肌理（Ryan 1998）。但是，排屋和带型住宅本身并不是完美无缺的。约克镇城市设计的精妙之处在于，在建筑物、开放空间和街道的组合关系上创造了一种新的模式：在这里，每个街区内有两条尽端路，以及六组 5～11 户不等的排屋（图 4.4）。像其他的城市设计一样，约克镇的街区和建筑模式可以被另一个建筑师，施工队或开发商复制。在费城，创造一种城市设计的模式，然后将其四处进行复制的历史，可以追溯到 19 世纪。而约克镇的设计，无疑又将成为一种被后人模仿的典范。约克镇的设计，是在融合了具有费城特色的 19 世纪排屋以及现代主义设计的基础上进行的一次改良，而不是像带型的公共住宅和勒·柯布西耶的光辉城市那样，完全颠覆了历史与传统。

尽管约克镇设计优良，但在 1970—1990 年的费城"规划空档期"期间，它并不引人瞩目。在此期间，费城没有再建造任何与约克镇规模相

仿的公共住房，这一时期所建造的其他公共住房也不像约克镇那样具有
创新性。转折点出现在 1992 年，伦德尔市长 ① 任命了约翰·克罗默（John
Kromer）——一位致力于大规模建造公共住房，并且积极主张由政府介入
城市发展和建设的官员。早在《北费城规划》中，类似的建议就已出现，
但一直被搁置。克罗默上任后，立即启动相关程序，明确评估《北费城规划》
的目标、成就和失误，再根据调查结果，制定再开发的策略。虽然这听上
去不是很激进，但只要将其与底特律在同一时期（1992—2000 年）的城市
再开发进行比较，就能看出克罗默的想法有多么不同寻常。

1993—1996 年，费城房管局对克罗默的政策进行了研究，并得出了两
份结论一致的报告：未来，北费城由政府补贴的大规模再开发项目应该有
更低的居住密度，并遵循周边地区的设计模式。然而，费城房管局选择的
不是 20 世纪中期的排屋模式，而是在北费城南部地区从未出现过的单户住
宅，即双拼式的独立住宅。费城房管局指出，双拼式住宅主要分布于费城
郊区的高档社区中，如艾里山庄（Mount Airy）和栗山庄（Chestnut Hill）。
同 20 世纪中叶的联排别墅一样，双拼住宅提供了良好的隐私和街边停车位，
而且更加宽敞。克罗默后来写道：双拼住宅"是另一种传统的设计……在
费城市近郊区的新社区中可能很受欢迎"（Kromer 2000，95）。

1993 年，费城房管局出版了名为《北费城住宅》（*Home in North
Philadelphia*）的短篇研究报告，分析了现有的再开发政策，并提出了实质
性的建议。该报告得出以下两个结论：第一，自城市更新运动结束以来（以
约克镇为标志），北费城的再开发工作是"碎片化"的，是纯粹的"重复劳
动"，几乎没有任何"连贯性"（OHCD 1993，8-9）；第二，碎片化的再开
发工作使得"一些社区获得了过多资金，而大多数社区资金不足"（OHCD
1993，12-13）。这一审慎而温和的表述却标志着，费城房管局将明确推翻
去中心化的再开发方针。自 1974 年联邦政府在《美好的社区法案》（*the
Better Neighborhoods Act*）中对各地方提出该要求起，费城已依其执行了将

---

① 伦德尔市长（Ed Rendell），于 1992 年至 2000 年担任费城市长。——译者注

近 20 年。《北费城住宅》既呼吁进行自上而下的社会变革，又呼吁社会的公平和正义：如果开发密度降低，北费城人就更有可能搬进家附近的新房。

《北费城住宅》的低密度政策看似自相矛盾。费城房管局计划将资源和人力主要投入单个项目，使得"（北费城的）其他部分"不再需要"挣扎着用远远少于所需的资金……投入长期修缮"（OHCD 1993, 13）。但与此同时，费城房管局又想扩大再开发的对象，提出"不仅要振兴一个街区，更要振兴整个地区"，"为整个地区创收"，"对更广阔的区域施加影响力"（OHCD 1993）。费城房管局很直白地表示，以前的去中心化住房方式既过于分散，不足以产生连锁反应；又过于密集，新建了大量不怎么受居民欢迎的排屋。《北费城住宅》反对在北费城继续以如此高的密度建房，并主张未来应以每英亩 10 户的低密度进行建设。

费城房管局之所以提出这样的低密度住房政策，是因为他们考虑到北费城的主要住房问题——条件差、价值低、设施少。随着北费城地区 19 世纪建造的老住房不断被遗弃，费城房管局认为，连排式住宅已经被房地产市场彻底抛弃，因为它们缺乏低收入者向往的生活元素，如更多的空间感、隐私性、安全性、高质量和社区归属感。费城房管局认为，在新开发项目中加入这些元素是"实用和可取的"（OHCD 1993, 27）。与此同时，低密度住宅正好能满足居民的这些期许。费城房管局认为，低密度住宅将更具市场价值，同时业主更愿意长期居住并维护它们。因此，将总量并不充足的公共补贴投入这种低密度住宅项目的建设是值得的。费城房管局甚至坚信，在北费城，低密度住房是新的公共补贴住房项目的唯一可行模式。

1996 年，费城房管局出版了第二本研究报告——《向约克镇学习》（*Learning from Yorktown*），提到早年建设的约克镇是可供新项目参考的典范。正是约克镇的低密度设计使其更具吸引力和稳定性。研究报告展现了对约克镇现有居民的调查结果。调查强调，约克镇的居民尤其赞赏"郊区风格"的场地规划和建筑设计，称赞其为"都市内的宁静郊区"。他们还喜欢约克镇有"更少的车流量（即安静的街道）、大院子和游乐区"，这些特征是北费城其他地方所不具备的。另外，居民们对社区内未开设吸引流浪汉的商店（如沃尔玛）感到满意。考虑到北费城零售选择不多，大多数约克镇居民拥有汽车，超过 75% 的受访者开车购物，这一数据并不令人惊讶。

约克镇将居民与周围的恶劣环境区分开来，这使他们非常满意。他们认为，约克镇的"郊区风格"使其拥有了北费城其他地方所缺少的"社区归属感"。一位居民强调她住在"约克镇，而不是北费城"。另一些人说，"在约克镇，邻居们甚至会帮你照顾孩子"，这让他们感到了"精神上的凝聚力"和"家庭与社区带来的温暖"，正是这些使人们留在了约克镇。费城房管局还指出，北费城的整体房价下跌之时，约克镇的房价一直逆势上涨。1991 年，一户住宅的平均售价为 54000 美元。到 1997 年，约克镇的房价涨至 6 万~7 万美元（Making Housing Affordable 1997）。虽然约克镇的房价仍旧不如郊区，但这个售价远远高于附近的老排屋。

约克镇以其私人庭院、安静的尽端路、车库、社区归属感和"郊区住宅"的形象，成功留住了那些原本可能离开北费城南部的房主们。它的成功充分说明，设计可以拯救一个衰退的社区。同时，费城房管局对约克镇欣赏有加。和一些特立独行的现代主义住房项目一样，约克镇与周围环境差别很大，但不同的是，这里的居民们很喜欢这种独特性。当地居民认为，约克镇各种独特的元素是他们的骄傲，而不是耻辱。因为约克镇具备了费城工薪阶层向往的所有居住元素。在这个破败的、排屋遍布的地区，约克镇的特立独行大大提升了它的价值，并成为一种身份的象征。费城的工薪阶层和一些杰出人士纷纷搬来，如市议会主席（后来的市长）约翰·司竹特（John Street）。

费城房管局很清楚居民们对约克镇喜爱有加，否则，他们也不会发布《向约克镇学习》。但是，费城房管局并未意识到约克镇的特殊设计，使它完全不同于传统的排屋和郊区的独户住宅。约克镇的人口密度与排屋地区相仿，但它具备许多郊区才有的元素，如停车场、隐私空间、庭院和宽敞的住房。不过，约克镇也有许多城市地区住宅的特质，如住宅之间相互连接、较高的密度、较高的贴线率、融入周边的建成环境和完善的人行道系统。约克镇的设计巧妙地平衡了城市和郊区两种不同的风格。居民们也明白这一点，因为他们看到了二战后北费城的其他开发项目并没有实现这种平衡。

但是费城房管局并没有意识到约克城所取得的平衡。随着费城房管局着手在北费城南部开展低密度住宅的试验，这种无意识将产生明显的后果。

4.4　白杨家园：重访郊区

作为费城房管局低密度住房政策的示范项目，尼希米白杨家园（简称白杨家园，Poplar Houses）于 1997 年开工建设，2001 年完工，是 20 世纪 90 年代北费城地区最大的住宅开发项目。白杨家园位于市中心以北仅 12 个街区处，地处布罗德街（Broad Street）东侧，地块呈四边形，内含 12 个街区，共 176 户住宅（图 4.4）。政府在白杨家园项目上投入了巨额的公共财政与极大的政治支持，它比其他任何项目都更能体现伦德尔政府对费城收缩社区的未来愿景。正如 1993 年《北费城住宅》研报中所承诺的那样，白杨家园的设计师利用郊区住宅设计手法，将该社区与周边破败的环境中明确地区分开来。

白杨家园地区曾是北费城人口最密集，同时也是最破败的地区之一。在 20 世纪中叶，该地区的各个街廓都密布着排屋，密度最大处可达每英亩 50 多户。白杨家园地区的每个街区都有几十栋排屋，房屋之间穿插着小巷，形成了一套老旧的道路交通系统。50 年代，该地区绝大多数的住房都被工业和商业建筑所取代。到了 90 年代，这些建筑已经彻底衰败了。

与 15 年前夏洛特花园落成时的惊艳一样，在破败的北费城南部地区，白杨家园的建成也一样令人惊艳（图 4.7、图 4.8）。该项目共有 176 栋住宅，每英亩有 14 栋住宅，同时原有的商业和工业功能被彻底移除。白杨家园采用了双拼式的户型，由两个单户住宅组成，共用一面墙，两侧有露天停车位。住宅的入口均为带有三角形山墙的门廊（图 4.8）。房屋的正立面由砖砌成，不起承重作用，侧面则由乙烯基墙板筑成。房屋的三个侧面都有院子，面积较大。坡顶以及社区的尽端路，使整体的建筑风格愈发偏向于田园牧歌式的郊区模式。

实际上，早在费城房管局为北费城制定低密度住宅政策的两年前，白杨家园项目就已经提出了。1991 年，一个名为"白杨地区发展公司（Poplar

图 4.7 白杨家园是 20 世纪 90 年代建设的中产阶级住房项目，沿袭了约克镇的低密度开发模式，但忽视了约克镇项目中其他的城市设计和建筑设计经验。
摄影：艾利·布朗

图 4.8 白杨家园采用了双拼式的住宅设计，两侧有停车位和前后院。这些设施不算多，在北费城的住宅项目中非常稀有。但是，白杨家园无法像约克镇那样提供足够的隐私和安全性。
摄影：艾利·布朗

Enterprise Development Corporation，PEDC）"的社区组织开始为该地区设计
住宅方案，但由于缺乏持续推动该项目的资源，不得不先行搁置。1992—
1993 年，伦德尔政府与"白杨地区发展公司"论证了该项目的可行性，并
随即于 1993 年的年中决定为该项目拨款。此时，《北费城住宅》的设计
政策已经开始生效。1994 年，费城房管局和一个项目开发小组（project
development team，PDT）进一步在几个月的时间里讨论了设计问题。该项
目最终于 1997 年开始建设，并于 2001 年建成。

　　1987 年，美国住房和城市发展部创立了"尼希米补助计划"（Nehemiah
Grant program），以帮助当地的非营利组织为大众提供购买住房的机会
（Cummings et al.，2002，333）。1991 年，"白杨地区发展公司"向美国
住房与城市发展部提交的总价为 307.5 万美元的"尼希米住房机会补助
金"申请得到批准后，白杨家园项目正式提上日程。该补助金为潜在的购
房者提供最高达 15000 美元的无息住房贷款。然而，这一金额与 60 年代
末"第 235 节"①所提供的补助金相比，简直微不足道。可想而知，这显然
是美国住房与城市发展部为了降低发生违约后所应承担的责任。和约克镇
一样，"尼希米补助计划"是为"值得救助的穷人"[1]服务的，就像白杨项目
目在 80 年代的前辈——位于纽约东部布鲁克林的尼希米项目一样（Plunz
1990，330-334）。1993 年中期，费城房管局承诺在联邦政府的社区发展
补助计划（Community Development Block Grant，CDBG）中为白杨家园项
目提供 870 万美元的资金，以配合最终从联邦政府获得的 260 万美元"尼
希米住房机会补助金"。最终，在白杨家园项目中，政府共承担了 1820 万
美元的成本，除了上述所提到的，其余部分均来自"第 108 节"②提供的贷

①　1968 年，美国通过了新一版的《住房与城市发展法》（*Housing and Urban Development Act of 1968*），其中 235 条款第一次为美国的中下阶层提供了购买住房的补助，该条款在联邦住房局（Federal Housing Administration）的担保下，允许银行以 1% 的利息为购房者贷款，并采取了一系列金融优惠措施。——译者注
②　1974 年，美国通过了《住房和社区发展法》（Housing and Community Development Act of 1974），其中 108 条款创立了美国的"社区发展基金"（Community Development Block Grants，CDBG），为美国各地的社区组织提供保障性住房与扶贫方面的基金，并且可以由各地组织较为自由地决定这些款项的使用方式。——译者注

款（Section 108 loans），这笔贷款是从未来的社区发展补助计划拨款中借来的（HUD，2011）。每套住房的总开发成本为 163407 美元，其中政府补贴承担了 103500 美元（Cummings et al. 2002，334-335）。每套住房的房价为 5.7 万~6.3 万美元，可见购房者的付款仅占总开发成本的 37.5% 左右。按照规定，购房者每年的收入必须在 18900~30650 美元之间（Northrup 1992）。最终，白杨家园的售价由费城房管局和"白杨地区发展公司"共同商定，目的是让年收入 2.25 万美元左右的家庭买得起这里的房子（Kromer 1992），这完全符合当地潜在购房者的年收入范围。

"白杨社区开发公司"（Poplar Community Development Corporation）和"费城社区基金会"[①] 仅用时两年就拿到了补助款项。虽然这笔补助的金额不大，但同年，时任市长的威尔逊·古德（Wilson Goode）决定为白杨家园项目投入超过 800 万美元的政府资金，以配合联邦政府的"尼希米住房机会补助金"共同支持该项目。后来，房建局局长克罗默指出，这一承诺并不成熟，因为市长"支持的背后缺乏社区规划的研判，也缺少城市规划部门的审议，而且未曾得到市议会的授权"（Kromer 1993）。1992 年 1 月，"白杨地区发展公司"终于意识到它需要地方政府的补助资金才能完成该项目，于是正式向费城房管局请求资金援助，用于开发含有 205 户住宅的保障性住房项目。

"尼希米住房机会补助金"规定，白杨家园项目内的土地性质将全部为住宅，而不能用作零售或其他，住房的形式包括"独立住宅，联排别墅或最多不超过四户的公寓"。该规定允许"排屋（row houses）"被理解为"联排别墅（townhouses）"（Ryan 2002，244），可见其默许了与排屋风格的住宅设计。"白杨地区发展公司"的设计初稿（1991 年）与该社区的原有住房颇为相似：含有六户住宅的排屋、屋后停车位和几条新的小巷。在住宅区的中心，有一块长方形的中央绿地，作为公共开放空间（图 4.9、图 4.10）。费城房管局从来没有认真考虑过"白杨地区发展公司"的初稿，因为它觉

---

① 费城社区基金会（Philadelphia Neighborhood Enterprise，PNE）：美国保障性住房基金会驻费城地方办事处。——译者注

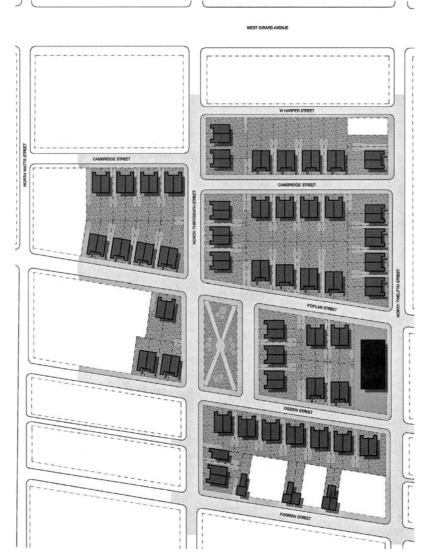

图 4.9 1994 年 4 月版, 白杨家园项目的第一阶段设计。由面向街道的双拼住宅和一块公共绿地组成。
图片由 KSK Architects Planners Historians, Inc 提供

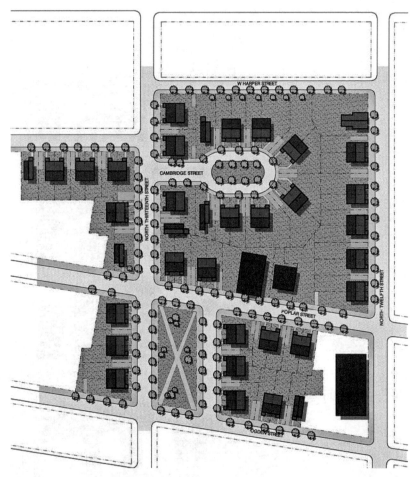

图4.10 1995年2月版，白杨家园的设计终稿。它与第一阶段设计大致相似，除了一条次要街道被改造成了尽端路。

图片由 KSK Architects Planners Historians，Inc 提供

得这种模式与历史上该地的住宅模式过于相似，将使得这些排屋不受市场的欢迎，其他类型的住宅可能会在这里发挥更大的作用和价值。克罗默在此基础上决定推迟该项目的进展（Kromer 1993）。但是，虽然建筑设计的理念转变了，原先设计方案中的中央绿地却始终得以保留，直至终稿。

1993 年 7 月，在费城房管局批准白杨家园的补助金后，《北费城住宅》便发表了。但该报告的建议早在 1993 年 4 月初就被披露出来：克罗默指出，费城房管局的目标是"在第一阶段专注于开发较小的、低密度的房型，以测试白杨社区住宅销售的市场潜力"（Kromer 1993）。1993 年 9 月，费城社区基金会同意采取低密度开发，理由是他们希望与《北费城住宅》保持一致。到 1994 年，大家开始认真进行设计稿的讨论时，白杨家园的低密度设计理念早已得到认可。建成后，白杨家园的住宅密度将为每英亩 15 户——高于《北费城住宅》中建议的每英亩 10 户，但低于"白杨地区发展公司"最初设计稿中的每英亩 22 户。

《北费城住宅》特别指出，新建的开发项目应该尽可能占据多个街区。虽然白杨地区的面积符合这一标准，但其中一部分场地仍被破旧的排屋和工厂所占据。为了建设白杨家园，必须强制征收和拆除这些建筑。按照费城房管局的要求，费城重建局申请让白杨地区接受"衰败鉴定"（blight designation），如果通过鉴定，剩余的房屋将被征收，进而拆除清空。1993年 9 月，费城重建局向城市规划委员会报告，该社区是"衰败区"，并指出，该地区的建筑"不安全、不卫生、居住条件过度拥挤，难以满足人们的需要"，"街道布局混乱"且"不匹配经济、社会的需要"（PCPC 1993）。其实，这些衡量衰败的标准都来自城市更新时期，它们在 20 世纪 90 年代已不完全适用。比如，90 年代的规划师认为，"街道布局、城市功能混乱"不再是衰败地区的标准。同时，因为该地区已经荒废大半，"过度拥挤"也不再是问题。于是，重建局重新调整了措辞，将该地区的废弃地块和建筑物描述为"不安全、不受欢迎的"，并将该地区的街道网络鉴定为"有缺陷的"。

1994 年 2 月，经费城房管局指定，KFS 建筑公司（Kise，Franks，and Straw）着手进行白杨地区的规划设计。该公司还被指定为项目开发小组的主席。项目开发小组集合了所有该区域的利益相关方，由城市和社区的代表组成，其成员包括费城重建局、费城房管局、费城规划委员会、宾夕法尼亚州园艺协会（Pennsylvania Horticultural Society）、企业社会投资公司（Enterprise Social Investment Corporation）和白杨地区发展公司。项目开发小组于 1994 年 3 ~ 10 月举行了多次会议，旨在解决白杨家园的规划设计问题。1995 年 2 月，KFS 建筑公司提交了最终定稿的白杨家园规划设计。随后，自 1997 年开始，项目开始施工，直至 2001 年完工。

4.5 白杨地区的郊区化：城市设计的决策制定

在底特律，维多利亚花园项目的开发主要由开发商负责推进。白杨家园的开发与其截然相反——费城房管局对该项目的规划和设计过程是完全公开、包容的，也非常鼓励各方协商。虽然开发小组的职权范围不算很大，但在费城房管局确立"低密度政策"的主旋律、制定初步的场地设计后，其余所有的设计决策均来自开发小组于 1994 年 3 ~ 10 月间的讨论。

从大尺度的场地规划到小尺度的室内设计，开发小组的决策范围包罗万象（表 4.1）。从场地设计初稿开始，开发小组就着手对他们的设计理念进行沟通和确认。在 1992 年初的方案中，白杨地区发展公司和企业社会投资公司就计划为白杨地区设计一片公共的开放空间——位于第 12 街的"小镇绿地"（图 4.9）。出于安全方面的考虑，最后 KFS 建筑设计公司的设计中没有座位 [1]，也没有高大的树木，只有低矮的灌木丛。费城公园管理局不愿出资维护，只能由非营利性组织"费城绿地小组"（Philadelphia Green）对绿地进行维护。但令人欣喜的是，KFS 建筑设计公司在历版方案中保留了这片绿地，直到项目落成。

同年 4 月，开发小组又进行了几项规划决策。白杨地区的街区从排屋时代就有小巷子。为此，开发小组讨论并审核了三种街道形式，以使这种

---

[1] 在美国，城市公园中的座椅往往是流浪汉们过夜的首选。——译者注

传统的街道模式与新项目保持一致。首先，开发小组以安全和卫生问题为由，取缔了小巷子。于是，KFS 建筑设计公司在最初设计方案中去掉了这些小巷子。在随后的一次会议上，开发小组将两条横贯整个街区的街道改为尽端路，并指出这将更好地保障居民们的"安全和隐私"（OHCD 1994）。后来，费城房管局局长克罗默表示，正是这些尽端路，使得白杨家园与外界环境相对隔绝，免受破败的保障性住房和喧嚣的车流影响（Kromer 2010，85）。

白杨家园项目开发小组的设计决策过程　　表 4.1

设计主题	设计决策	决策讨论日期
街道和街区设计	消除小巷	4 月 19 日
	沿主要街道停车	8 月 3 日
	提供尽端路	4 月 19 日、4 月 28 日、5 月 12 日、5 月 25 日、6 月 9 日、7 月 8 日
住宅类型	双拼别墅	4 月 19 日、4 月 28 日、5 月 4 日
住宅入口	临街正门	4 月 19 日、5 月 12 日、5 月 18 日、7 月 8 日、8 月 19 日、9 月 21 日、9 月 22 日、9 月 29 日、10 月 6 日
汽车入口	独立车道	4 月 19 日、5 月 4 日、8 月 19 日、9 月 21 日、9 月 22 日
住宅与街道的距离	5~10 英尺	4 月 19 日
建筑形象	三角形山墙、斜屋顶	4 月 19 日、5 月 18 日、10 月 6 日
房屋材料	砖和灰泥外墙	4 月 19 日、5 月 18 日
场地内部规划	房间、设施的数量和位置	5 月 18 日
社区的开放空间	开放空间的形式和位置，与相邻房屋的关系	4 月 19 日、4 月 28 日、5 月 4 日、5 月 12 日、8 月 16 日

开发小组认识到，由于取缔了房屋后面的小巷，他们必须为居民设计出合适的停车空间。他们考虑了多种停车空间，包括前院停车位、可从面街处驶入的后院停车位和侧院停车位。开发小组选择了在私家住宅的侧院设计停车位，并将前后院设计为草坪。但是，注意到在侧院修建停车位需要凿去大量的路缘石，费城规划委员会对这一决定提出了质疑。基于此，开发小组设计了新方案：双拼别墅中相邻的两户人家可以共享车道。这一

方案减少了对路缘石的削减。然而，如果选择在侧院停车，开发小组还面临另一个问题：在白杨家园，住宅的正门是面向进入院子的小车道，还是大街？这让他们颇费脑筋。

在《北费城住宅》研报中所倡导的每英亩 10 户的住宅密度下，排屋显然不可能成为白杨家园的住房形式。但是，在决定其最终的住房形式时，开发小组还是考虑了许多模式：排屋、独户别墅等。在遍览了费城各个社区的照片后，开发小组挑中了远离市中心、密度极低的艾里山庄社区（Mount Airy）。在此基础上，开发小组很早就达成共识：双拼别墅将是白杨家园唯一的住房形式，这种形式很好地平衡了费城房管局所期望的低密度社区与高成本的独栋别墅区之间的矛盾。其实，费城房管局希望能够进一步降低住区的密度，于是要求 KFS 建筑设计公司评估独栋别墅的成本效益。但是 KFS 公司发现，尽管没有明确数据的支持，但是建设独栋别墅将显著增加每户住宅的基础设施成本。

北费城地区的排屋通常直接面向街道。在设计白杨家园时，开发小组决定，设计适当的退线，使房屋距人行道 5 ~ 10 英尺。此前，约克镇已经采取了这种设计，它可以使每座房屋都有一个小前院。但是在北费城的其他地区，这样的设计却很少见。开发小组提出，设计退线的目的，是增强住户的隐私和安全性，同时为后院保留足够的空间。

开发小组还讨论了房屋的外观和形象。在第二次会议上，他们宣布白杨家园的建筑"不应看起来像公共房屋。"显然，开发小组拒绝像附近的艾伦家园公共住房一样，采用"带型建筑"的平屋顶和砖砌立面设计。值得注意的是，在希望六号计划（HOPE VI）[①] 资金的支持下，艾伦家园也在重建，

---

① 希望六号公共住房计划项目（HOPE VI）：1990 年，美国颁布了《全国保障性住房法》（*Cranston-Gonzalez National Affordable Housing Act*），并依次设立了一系列保障性住房项目，这些项目统称为"为所有人提供住房和机会"（Homeownership and Opportunity for People Everywhere，HOPE）。根据该项目的英文首字母，国内住房领域的学者将其翻译为"希望计划"。希望计划最初共有五大子项目，即希望一号到希望五号。1992 年，美国国会通过了"城市复兴示范计划"（Urban Revitalization Demonstration Program）提案，即"希望六号公共住房计划"，该计划于 1993 年正式启动，主要目的是振兴严重衰败的公共住房社区。——译者注

并以坡顶取代其原来的平屋顶。因此，白杨家园应该采用坡顶的设计。在这个重要的决定中，开发小组正式去除了一项"排屋特色设计"——平屋顶自 18 世纪初一直沿用到约克镇项目之前。

同年 5 月，开发小组要求 KFS 建筑设计公司将房屋的正立面设计得更加"多样化"，并建议从前廊入手。之前的排屋社区则与开发小组的意见相反，它们的设计更在乎统一性，而非多样性。随后，开发小组考虑了多种正立面的材质，包括红砖、灰泥，甚至仿木板。设计小组中的居民代表首选红砖和灰泥，而 KFS 公司则建议砖立面和灰泥立面交错，相邻的两栋房子正立面材质不一，以展现社区的"多样性"。最终，开发小组选择了成本较低的方案：所有房子都采用砖砌正立面，侧面则采用乙烯基壁板。

4.6　城市还是郊区？ 有关房屋前门的争论

在开发小组接受费城房管局的低密度政策建议后，白杨家园在设计进程中几乎没有出现任何争议。但是，一个看似微不足道的问题打破了这片和谐：房屋的前门将面向何处，大街还是进入院子的小车道？ 对于小组中的社区居民代表而言，面向小车道的前门颇有郊区气息，将增强白杨家园设计中一贯的郊区风格。但是对于其他小组成员，尤其是市政府代表来说，前门的朝向是一个极其重要的问题。由此产生的争议打破了设计讨论中一直以来的和谐，并几乎推后了整个开发过程。

在早期的开发小组会议中，唯一引起各方代表争议的便是前门的位置。对此，社区和市政府代表的立场差异很大。 市政府代表首先表示，若前门面向小车道，房屋与街道、社区的连接将不再紧密；而社区代表则反驳说，面向小车道的前门更能提供隐私和安全性。看起来达成共识仍任重道远，于是开发小组便暂时搁置了这个争议性问题，将讨论重点放在更容易解决的问题上。1994 年 5 月，费城房管局建议给房屋再修一个入口，面向小车道，以"便利日常杂货的装卸"。KFS 建筑设计公司并没有接受这个提议，因为房屋的设计只能容纳一个入口。

　　同年夏天，KFS 公司完成了房屋内部装修的详细计划。此时，来自费城社区基金会的小组代表试图妥协，再次提出把门建在房屋侧面，以满足费城房管局的愿望。企业社会投资公司（ESIC）则指出，修建侧门将迫使侧院面积减小，或者需要增大房屋间的距离，从而进一步降低建筑密度。因此，他们建议仅在"非常必要"的房屋中修建侧入口。同时，社区代表对修建侧门的提议表示支持。于是，企业社会投资公司于夏末批准了这种户型设计，其中所有房屋的入口均设于屋侧。

　　之所以很快通过侧门的提议，可能是因为在白杨家园和带型建筑项目中，房屋的入口都没有面对街道。这使得开发小组中的市政府代表更愿意努力促成此事。不过，费城规划委员会的代表表示强烈反对，指出侧入口会侵占侧院的空间。他们进一步指出，白杨家园本就不多的郊区特征将被侧院入口侵蚀殆尽。但社区居民代表好像并不在意这些，于是企业社会投资公司不准备改变他们的设计。但是，在 1994 年初秋，规划委员会再次对侧入口的提议表示反对（Leonardo，1994）。

　　对于为什么将入口设在正面是更好的选择，费城规划委员会列举了两大原因：其一，引用了防御性空间理论（Newman 1972），这是一种反现代主义的观念，倡导房屋入口应面向公共空间，以促进公共空间的活跃性、警觉性和安全性；其二，规划委员会还表示，入口设于侧面会迫使汽车进一步驶入房屋的前院，从而使"汽车过分突出"（Leonardo 1994）。开发小组的其他成员参与了讨论，园艺协会的代表也反对侧入口的提议，因为一方面侧入口会使侧院面积减小；另一方面，基于防御性空间理论，居民无法在到家时第一眼看到美丽宜人的"小镇绿地"，降低了整个社区的安全性（Mishler 1994）。

　　面对这些反对意见，白杨地区发展公司强调了社区居民代表对侧门的支持。在 1994 年 9 月下旬，白杨地区发展公司向开发小组发送了一封公开信，明确指出社区居民对侧入口的偏好。居民们表示，如果从侧面进入房屋，房屋会"显得更大"，并且如果入口在侧面，居民们就可以采用像郊区的单层牧场房那样的错层设计。白杨地区发展公司又称，将门设于屋侧更能与周围环境相契合：居民们表示"在正面设置入口不是这个地区流行的要素……侧门将使项目保有白杨地区的特色"（PEDC 1994）。白杨地区发展公司为侧入口提供了更多的理由，包括更强的隐私性，以及如果正门被拆除，可以在原位安装装饰性凸窗。最后，白杨地区发展公司指出，市政府举出的防御性空间理论是错误的，因为白杨地区周边几乎都很破败，既不安全又很嘈杂，比如当时（1994 年）大量空置的艾伦家园公共住房。在这之后的一次小组会议上，白杨地区发展公司试图以费城警察局的证词驳斥防御性空间的论点。当地警区的一名代表作证，侧入口"不会带来任何安全问题"（OHCD 1994）。这名警官表示，室外照明、传感器和窗户上的铁栅栏足以解决安全问题。

社区代表们的坚持并没有使开发小组的市政府代表动摇。他们坚定地表示，白杨家园的屋门一定要面对街道。1994 年 10 月，开发小组召开了最后一次设计会议，而房屋入口的问题成了唯一的议题。在这次会议上，费城房管局，规划委员会和重建局的代表们表示"从普通员工到总监，所有人都强烈反对侧院入口的规划"。紧接着，他们宣称市政府"将仅支持与前一稿类似的、采用入口设在住宅正面的设计方案"（OHCD 1994）。他们的宣言极其强硬且丝毫不加掩饰，就差明说"钱袋子握在我们手里"了。于是，他们赢了。一周后，白杨地区发展公司的董事会赶紧通过了一版入口设在正面的规划方案。

在审阅设计稿时，各地的评审委员会通常会为一些微不足道的问题讨论很久。同理，围绕白杨家园住宅入口设计的争论是其他更重要、更形而上的问题的一个缩影。一方面，白杨家园是"都市的"：它具有较强的社区联系，良好的邻里关系，沿袭了部分费城特色的住房设计传统。但另一方面，它也是"郊区的"：双拼别墅，设计颇具田园风与私密感，也方便汽车停靠。那么，白杨家园的风格究竟更接近"都市"，还是"郊区"呢？具有讽刺意味的是，市政府并非因为担心更强的都市风貌，才对其住宅入口的设计提出异议。白杨家园的建筑密度为每英亩 15 户，与约克镇和 1950 年时的杰斐逊－查尔默斯相当。白杨家园有人行道、街道和面向街道的住宅，但是它们与周边的社区没有任何类型学上的联系。几乎可以说，双拼别墅与北费城地区的"传统特色"无关（Rowe 1993，281）。

白杨家园的住宅之间没有任何有意义的联系。住宅的设计仅保留了极少的本地风格。此外，白杨地区的场地形状非常不规则，几乎每个街区的大小和形状都不一样——这意味着几乎每个街区都有一些住宅形秩与其他住宅不同。由于设计的密度较低，导致白杨家园在绿化植被长成之前给人一种人烟稀少、极为荒凉的感觉。白杨家园的社区面积不大，各栋房屋的位置分布也不规律，无法像约克镇一样，以规则统一的街区模式赋予居民温暖的社区归属感。当然，约克镇的场地非常规则，白杨家园场地的不规则性也不是设计师的错，但白杨家园的建筑密度和房屋布局并没有减轻场地的不规则感所带来的负面影响。房屋布局多少有些随意，它们有些面向南北向的街道，有些面向东西向的街道，还有些面向尽端路或主轴线。这进一步加剧了不规则感。在费城，从未有如此规划设计的住宅。此前，在为高密集的排屋设计时，总是优先考虑将排屋的正立面朝向城市的主街，形成了整齐划一的城市街道景观。[2]

白杨家园试图展现其与大环境的相似之处，但这种相似是肤浅、浮于表面的，无法掩盖房屋的郊区风格。正如开发小组中的居民代表所指出的，在北费城的各个住宅项目中，从未有哪个使用过前门廊和前山墙，更别提乙烯壁板、尽端路，以及前院、侧院与后院。即使是砖砌的正立面，也无力掩盖其更深层的反本土主义。主张入口设在屋侧的居民已经意识到了这一问题：那些以"文脉主义"为由建设的临街主入口，其实与文脉主义毫无关系。

不幸的是，白杨家园的完工并没有使社区更加完整统一。从大规模弃置房产开始，北费城南部的城市景观就开始变得破碎，而白杨家园的建成甚至加剧了这一进程，使得人们对费城的城市景观有了新的见解（甚至带型住宅项目都没有这么大的影响力）。此前，人们认为城市由一系列带有明确边界的空间构成，有连续的城市外立面。现在，这种城市景观已不复存在。建筑物零零散散地漂浮在广袤的空间中，周围环绕着不断变化的绿地、公共空间和活动空间。讽刺的是，从这个层面来讲，除了一些公共住房性质的塔楼外，白杨家园"保守"的设计反而比北费城此前任何的建筑都更具现代主义色彩。像约克镇一样，白杨家园平凡的设计掩盖了背后地方政府的积极干预。不久之后，便会有同样保守又激进的开发项目出现。

包括费城房管局局长克罗默在内，所有人都不认为白杨家园的设计十分出彩，克罗默曾在他的著作中批评道：该项目密度太低，缺少对"精明增长"理念的尊重，项目也缺乏土地的混合利用（Kromer 2010，86–87）。诚然，白杨家园是在困难时期产生的低预算项目，但其他城市（如底特律）甚至还没有费城这样的政策条件。在开发白杨家园的过程中，费城房管局的政策从构想到执行几乎都堪称典范。这样的政策带来了不错的结果：起码项目建成了。而如今，在白杨家园建成 10 余年后，其房屋不仅养护良好，价格也上涨迅速：2010 年，一栋房屋报价 25 万美元。这个标价可能过高了，因为房屋没有卖出，并很快就以每月 1700 美元的标价出租。[3] 房价的上涨显示，白杨家园在市场上很受欢迎，没有什么可批评的。毕竟，白杨家园已经是困难时期可能产生的最好结果，就像纽约的夏洛特花园和底特律的维多利亚花园一样。

但是，与维多利亚花园一样，白杨家园树立了一个并不算太好的榜样。市政府的政策、联邦资金和掌管再开发的几股力量，他们的权力都凝结在白杨家园的 176 栋房屋中 ——我们可以看到，白杨家园相当有力地实施了费城房管局新制定的再开发政策。因为白杨家园的标志性地位，北费城南部此后的保障性住房项目在很大程度上都受其影响。因此，白杨家园远非 20 世纪 90 年代北费城南部唯一的"郊区式"项目。其余的开发项目中，规模最大的是摩尔家园（Cecil B. Moore）和卢德洛小镇（Ludlow Homes）。它们展示了白杨家园的低密度建筑如何进一步影响了北费城地区的郊区化。

4.7 郊区化的延续：摩尔家园和卢德洛小镇

1991 年，当白杨家园社区发展公司为了修建白杨家园而申请尼希米补助金（Nehemiah grant）时，另一家邻近的社区开发公司也在做着类似的事情，它就是天普社区发展公司，地处摩尔大街，位于白杨家园的西北方。这家社区发展公司也想通过尼希米补助金振兴社区，但费城市政府认为它存在组织与管理上的问题，不具备管理拨款的能力。于是，费城市政府将其申请搁置了四年。到1995年，美国联邦住建部从尼希米计划中撤出了资金，但是费城房管局承诺，一旦有新的拨款，它将通过任何可能的方式为天普社区发展公司提供资金。1997年4月，新的联邦拨款出现了：费城房管局获得了美国住房与城市发展部"经济发展计划"（EDI）的552万美元拨款。经济发展计划（EDI）是克林顿政府的政策，旨在为满足特定经济和物质困难标准的"居者有其屋地区"[①]内的住房提供资金（OHCD 1996；HUD 1996）。经济发展计划希望，这些新的房屋能为破败的社区带来中产阶级房主的投资。此前，白杨家园的目标客群是中低收入者，年入20000美元左右。与之相对的，比该城市家庭收入中位数（2008年为37090美元）高20%的家庭才是美国住房与城市发展部为"居者有其屋地区"打造的目标客群。它将使这片破败的社区拥有更为多样化的收入结构。1997年，费城房管局拨款并正式创建了"摩尔大街居者有其屋地区"，在该区域内建造的新房屋也将沿用这个名字。

借助经济发展计划项目以及"第108条款"[②]拨给的1800万美元贷款，费城房管局提议在布维耶（Bouvier）街、第二十街、马斯特（Master）街、蒙哥马利（Montgomery）大道、韦森（Wesson）街和马什（Marsh）街所包围的地区新建214栋房屋，并修复82栋房屋（共296栋）（Johnson 1998，3A）（图4.1）。 费城房管局及其合作伙伴——费城住房开发集团（一个非营利组织）分几期开发了摩尔家园。第一期于1999年开始建设，2002年完成，

---

① 居者有其屋地区（Homeownership Zone）：在1996年，美国住房与城市发展部为其"经济发展计划"募集到3000万美元的经费，随后又于1997年通过尼米希计划募集到2000万美元，并为全美11个城市（费城、巴尔的摩、布法罗等）设立居者有其屋地区提供补助，用于重建或者更新该地区的住房。——译者注

② 即"社区发展基金"。——译者注

共有 71 户，总成本为 1130 万美元，即每户 155000 美元。第二期于 2001 年开始建设，2004 年完成，共有 51 户，总成本为 1120 万美元，即每户 220000 美元（PHDC 2010；OHCD 2011）。在前两期建设中，摩尔家园遇到了不少财务上的麻烦：由于地下土质的问题，支出超过预期（Wilds 2002，个人通信），使得该项目一直停滞不前。直到 2004 年，新的开发商 OKKS 公司接管了该项目。在前两期建设中，开发商以街区为单位逐块填充与建设；但之后，OKKS 公司沿用了白杨家园式的"总体规划"，并开发更大、更集中连片的场地。2004—2007 年的三年中，开发商都致力于把费城房管局及私人所有的其他土地整合起来（Caulfield 2009）。到 2010 年开发项目收尾时，"房屋所有权地区"已耗资 3400 万美元，几乎是最初预计的两倍。新投入的公共资金来自邻区改造计划（该计划是伦德尔市长卸任之后的一项空置空间应对计划，将在第 5 章中讨论）以及其他联邦、州和城市基金（OHCD 2011）。

摩尔家园项目的一期建设确定了，房屋所有权地区也将采用白杨家园的郊区风格设计。虽然摩尔家园比白杨家园的建筑密度更大，又有许多现有的大型排屋，但摩尔家园的许多早期设计特征与白杨家园非常相似。在预算较低的摩尔家园三期，这种相似性更加显著（图 4.11、图 4.12）。类似于白杨家园，摩尔家园一期的密度较低：每英亩仅 15 户，建筑密度仅为 21%，而这里每英亩曾承载过 70 户住宅（Ryan 2002，370–371）。和白杨家园一样，摩尔家园的 214 栋新房，都是带临街车库的独栋双拼别墅。由于地质条件较差，二期建设中住宅不带有附属车库（Wilds 2002，私人交流），但在三期时又建了车库。

摩尔家园的前两期由 KFS 公司和 Cassway Albert 公司设计。由于它们主要面向中等收入客群，摩尔家园一、二期的建筑设计质量明显优于白杨家园。与北费城不同，摩尔家园的住宅设计融合了人字形屋顶、临街山墙和彩砖等形式和材料，这使得它们带有更多维多利亚时代"铁路郊区"的特色。前门廊上采用了小三角形山墙，抬头便可看到屋顶上形态类似的巨大山墙。临街的立面以砖覆盖，山墙和侧墙上则覆有乙烯基墙板。亮蓝色

图 4.11 摩尔家园一期住宅。这个位于北费城的中产阶级项目（第一期）试图模仿维多利亚时代的郊区乡土住宅风格，比如艾里山庄（Mount Airy）等。
摄影：艾莉·布朗

图 4.12 摩尔家园三期。前两期的成本超支导致三期工程的设计更简单、更郊区化。
摄影：艾莉·布朗

的前门和廊内的石柱更为房屋前部增添了许多色彩。这一切设计都使摩尔家园的住宅典雅大方。可以看出，设计师们正努力贴近维多利亚时代的住宅设计。就其本身而言，摩尔家园的一、二期已经比一般的填充式开发的住房 [如艾里山庄或日耳曼小镇（Germantown）] 好上许多。这里的建筑细节也不比市里任何地方的填充开发房差，甚至比一些位于高收入社区的项目还要好。在摩尔家园前二期的设计上，KFS 公司无疑成功彰显了其居民的中产阶级地位，但也因此招致了一些批评。一些城市官员认为，这里的设计未免有些过于精美了。

摩尔家园前两期的设计十分"花哨"（Pope 1997），导致成本超支。第三期工程则不再由 KFS 公司经手，而由经济适用房开发商掌控。摩尔家园三期的外观没有那么吸引人，住房模式也更传统，几乎没有什么装饰。开发商对严重困扰前两期工程、耗尽住房与城市发展部资金的问题进行了反思，决定将第三期住宅设计为简单的板式建筑。同时，他们决定不再使用前两期工程中标志性的房屋装饰，转向一种开销较少的郊区风格：正立面的施工尽量不用砖，并为房屋装上百叶窗。不需要建筑设计师：从第三期工程的设计中可以看出，OKKS 公司十分善于控制成本。更令人欣喜的是，第三期的经济效益也很好：所有尚未完工的 151 户在三年内迅速完工，每个住房单元售价 11 万美元。很快，它们被一抢而空。OKKS 公司表示，该项目"很快售罄，并取得了巨大的成功"（OKKS 2011）。

第三期采用了成本较少的郊区风格，这反映出开发商对按时完成项目、减少成本超支的期望。但是，与白杨家园的设计模式类似，摩尔家园的各期工程采用的郊区风设计都是由一个项目开发小组制定的。1995 年，尽管摩尔家园尚未获批建设经费，费城房管局就已经循着白杨家园的先例召集了摩尔家园开发小组，并召开了长达数月的设计政策讨论会议。摩尔家园开发小组的人员构成与白杨家园类似，包括几名社区居民。摩尔家园开发小组为其会议做了会议纪要，并于 1996 年 2 月将其建议发表在《塞西尔 .B. 摩尔地区的社区住房策略》中（RDA 1996）。

对于开发小组来说，摩尔家园与白杨家园的条件大不相同。相比而言，摩尔家园的地块分散得多，甚至在场地的中间矗立着几栋排屋。这些排屋高约4层，建筑质量较好。因此，拆除整片场地是不可能的。起初，开发小组认为，白杨家园的社区结构可能无法在摩尔家园重现；而且一些新建的住宅可能和现存的那几栋排屋毗邻。后来，尽管社区环境不同，摩尔家园开发小组的设计决策与白杨家园仍然非常相似。在总结报告中，摩尔家园设计小组提出了以下设计建议：

·摩尔家园应采用低密度设计，以双拼别墅为主。双拼别墅的建造成本相对较低，同时有空间修建"现代设施，如院子和路旁停车位"。

·尽可能地改变该社区的城市设计。在有足够土地的地方，"拆除并重新设计街道，以便有更大的场地建造新房、减少社区整体密度"。

·房屋设计不必与周围社区保持一致。该社区及其建筑设计将"与该地区老旧的住宅形成鲜明对比，展现社区新风貌"。

·新建的住宅将尽可能在街道的退线之后，并设有屋侧停车位、门廊和后院。屋顶要建成人字形，以便"与现有住宅形态形成对比"。

·在一些情况下，可保留原本的社区环境。比如有"重大建筑价值"或"占据整个街廓"的现存排屋（RDA 1996，12，23）。

以上建议反映了摩尔家园开发小组对低密度社区的共同愿望。他们的决定既遵循了费城房管局的《北费城住宅建设指导意见》中对北费城南部地区的低密度建设的要求，也满足了社区居民的愿望——希望摩尔家园项目能够"展现社区的新风貌"。大家心中理想的社区形象是：拥有大面积的独栋住宅和私家院子，可以路边停车，更少的小巷子：这与北费城现有的破败排屋截然不同。从这些建议中，我们可以明确地看出其郊区化倾向。在"居者有其屋地区"中，最张扬的设计（摩尔一期）和最朴素的设计（摩尔三期）同时出现。从费城城市面貌来看，摩尔家园三期与杰斐逊村和底特律的一些郊区风开发项目颇有相似之处，这多少令人遗憾。但从房主的角度来看，这两个城市近郊居住区的相似之处（郊区风格）又是令他们向往的（图 3.6、图 4.12）。

20 世纪 90 年代，市政府的北费城地区再开发思路逐渐产生了变化，其中的一个代表是卢德洛小镇。它于 1997—2008 年间建造，由一系列小型开发项目组成（前三期 23 个住宅单元，第四期 25 个住宅单元，第五期 22 个住宅单元）（图 4.4）。与摩尔家园类似，卢德洛小镇的后两期设计比前三期更加"郊区风"。但与白杨家园和摩尔家园不同的是，在规模方面，卢德洛小镇没有太大的野心。负责开发该项目的是卢德洛社区发展公司，它致力于在北费城最破败的资金匮乏地区为居民们开发新房。卢德洛发展公司与其合作伙伴费城住房开发公司（Philadelphia Housing Development corporation，PHDC）都认为卢德洛的三期至五期应面向中低收入买家，其收入低于费城市区收入中位数的 80%。从房屋定价中，我们也能看出这种意图：1998 年，卢德洛小镇三期售价仅为 42000 美元，买家每月只需支付 291 美元的抵押贷款；2003 年，卢德洛小镇四期售价为 45000 美元，买件每月需支付 440 美元的抵押贷款（PHDC 1998，2001）。

尽管规模小，但卢德洛四、五期的场地规划和建筑设计都采用了非常明显的郊区风格。卢德洛四期的建筑密度比白杨家园和摩尔家园都高，为每英亩 25 户。然而，卢德洛四期的设计使它显得非常宽敞，这是其他"郊区风"的再开发项目所欠缺的（图 4.13、图 4.14）。社区中最具特色的建筑是一栋有着屋顶绿化的购物中心，它位于卢德洛四期的最西端、富兰克林大街（Franklin Street）的中心地区。这个购物中心为卢德洛小镇建筑群提供了象征性的"城镇绿地"。

卢德洛四期和五期的住宅外观并不出众。但是，它同摩尔家园和白杨家园一样，与周围老旧的排屋，甚至与卢德洛三期工程都形成了强烈对比。卢德洛四期的房屋共 2 层，有着人字形屋顶、前山墙，以及弧形的前、侧门廊。卢德洛五期则与摩尔家园三期非常相似，两个项目的住宅都是 2 层

图 4.13　卢德洛小镇三期。这个位于北费城东部的低收入阶层住房项目，在其早期阶段试图模仿排屋，同时为业主们提供仅由他们使用的开放空间。
摄影：丹尼尔·坎波

高的双拼别墅，有着朴素的砖石贴面和一个小前廊。与摩尔家园不同的是，卢德洛五期有一些新传统主义的倾向：半数住宅建有可以从屋后小巷进入的停车位，而另一半则类似白杨家园，其停车位设在屋前。

与白杨家园和摩尔家园不同，卢德洛小镇的"郊区风"并非由开发小组推动。比如卢德洛四期，它的设计由建筑商布埃尔·克拉泽·鲍威尔公司（Buell Kratzer Powell，BKP）主导。当被问及为何卢德洛四期采用郊区风格设计时，BKP 公司提供了两个原因。首先，卢德洛社区的居民和发展公司都想要一个比前几期住宅"更郊区"的形象。此外，卢德洛发展公司主席马文·路易斯的个人设计偏好也是重要因素。这促使卢德洛社区从低密度的类排屋模式向低密度的郊区模式转变。在卢德洛五期工程建设上，

图 4.14　卢德洛小镇四期。卢德洛系列住宅的四、五期配有人字形屋顶和乙烯基壁板，整体风格明显更简约，郊区味更浓。从 20 世纪 90 年代到 21 世纪的头 10 年间，北费城的公屋和非营利性住宅都选择不在设计中包含可能吸引高收入居民迁入的社区规划和建筑特征。
摄影：丹尼尔·坎波

尽管社区发展公司对 BKP 公司的指示是，要让五期比四期设计看起来"更像以前的社区结构"（Wilds 2002，私人交流）。但是，卢德洛五期的房子实际上比前几期还像郊区。

4.8　现代主义的回归：危机中的北费城南部

2010 年底，在"规划费城"网站的一次采访中（Kerkstra 2010），马尔卡波多黎各协会（马波协会，是卢德洛开发公司的姊妹公司）的主管向记者坦述了北费城南部所面临的设计选择。"环顾四周，你可能会说，这里的设计在形式上并不统一"。马波协会在这里曾经开发了一些带有郊区风格的住宅，但是最近开发的住宅又具有绿色与低碳建筑的前卫设计理念。这位主管继续说道："风格不统一没有关系，只要社区居民喜欢就好了，这是他们对美好住家园的向往，他们当中有的人喜欢郊区风格的房子，也有人喜欢更加前卫现代的房子。"

马波协会对"前沿"建筑的新认识，反映了自1990年以来的20年中北费城南部发生的翻天覆地的变化。2002年，社区住房经济学家给这里的标签是"费城最贫困的地区"，只能获得"低质量的生活"（Cummings et al. 2002）。到2010年这里已经变成了费城北自由区（Northern Liberties）的西区，一跃成为费城"最时髦、价格超高、发展最迅猛的社区"（Kieran 2008）。自2000年以来，年轻，富有的费城人便陆陆续续从市中心迁出。一路向北，他们充满创意的眼睛看到了一片潜力无穷的社区：北自由区。这里不仅土地价格低廉，而且与市中心的通勤便利。这里满布砂砾，狭窄的街道边是古老的砖石排屋，旁边分布着小店、仓库和开放空间———一个逃离循规蹈矩、自由挥洒创意的天堂！当然，与房管局和马波协会20年来试图开发的新社区截然相反，这些北自由区的新居民还是更偏爱北费城南部的古老结构。可见，马波协会向"绿色住宅"的转变虽然晚了一些，但仍然十分精明：他们承认，北费城南部正在改变，所以，新开发项目的外形也要随着社区居民的变化而变化。

到2010年，北费城的东侧和北侧都已分布有现代建筑。在北自由区，"受勒·柯布西耶启发"（Saffron 2006）的汉考克广场项目出租狭小的、12英尺面宽的一居室公寓，月租金1350美元。虽然这段关于勒·柯布西耶的类比可能有点夸张，但汉考克项目的抽象设计和巨大的规模（三栋200~400英尺长的6~7层混凝土大楼）的确给不少项目提供了灵感。相比于费城更加保守的、小规模的项目，汉考克广场对纽约一些19世纪中叶的项目有更大的启发意义，如贝聿铭设计的基普斯湾广场。汉考克广场项目坐落在一片长期空置的工业用地上，这片社区曾遍布朴素的排屋和笨重的工厂。但现在，这个新项目及其零售业和半公共开放空间为这片社区带来了一种新的城市美学以及新的公共空间设计。

汉考克广场位于白杨家园以东，距其不到半英里。如前文所述，2010年，汉考克广场一居室的月租金为 1350 美元，而白杨家园住宅的租金是每月 1700 美元。《费城问讯报》的建筑评论家认为，汉考克项目浑身散发着"老排屋社区中劳苦的工薪阶级"的气息(Saffron 2006)。然而，这样"劳苦的气息"并没有降低它的高房价，也没能使汉考克广场中"排屋似的"单元面积大到足以供北自由区地区的"工薪阶级"家庭居住。汉考克广场项目的设计的确很复杂，但没人敢说这个项目不豪华。

在北费城南部的北侧地区，天普大学的迅猛扩张带动了周边所有社区的发展。2006 年，该社区建成了 30 年来的第一个电影院，配有 2 层高的商业中心。在布罗德街上，一栋高 12 层、拥有 800 间房的"寝室风"居民楼高高矗立，活像一面由玻璃和混凝土筑成的墙。就在摩尔大街"居者有其屋地区"以东几个街区的地方，至少 45 个开发商正对这片"来自北费城南部、天普大学的庞大客流量和大量的待开发土地"虎视眈眈（Clark 2010）。

到 2010 年，北费城南部的城市衰落危机似乎告一段落，但另一场危机才刚刚开始。天普大学的学生们正越来越多地迁入约克镇。他们使街道变得格外拥挤，在半夜举办派对，门前的草坪堆满垃圾……这些行为使得居民们怨气重重。一些居民还抱怨，这些大学生缺乏种族多样性，白人比例过高，使社区中占多数的黑人居民感到不适。在开发项目方面，10 年前大家所抱怨的，如剑桥广场的高犯罪率和艾伦家园公屋项目，现在不再是问题。希望六号公共住房计划基金支持的再开发项目已经将它取而代之。与隔着第十二街的白杨家园相比，它的建筑甚至郊区风格更浓（图 4.4）。以至于克罗默都说（2010，94），这片新住宅活像白杨家园的二期项目。新的剑桥广场和艾伦家园项目都采用双拼式别墅住宅，配有砖砌的正立面、乙烯基壁板、侧院车位以及面向街道的、被朴素的门廊拱卫着的前门。可以说，在几乎所有方面，它们都与白杨家园的住宅完全一样。唯一的例外是，这两个项目的建筑都大量使用前山墙，使得它们呈现出一种本土化的郊区风格——这是一个连白杨家园都没能达到的成就。

对于北费城南部而言，如果 20 世纪人们希望它能够脱离贫困、犯罪和衰败；那么，在 21 世纪，人们希望它能够抵御房地产市场和较富裕的中产阶级所带来的社会阶层上升和排外力量的冲击。简而言之，北费城南部似乎正全面绅士化。如果这个趋势继续下去（就像 21 世纪前 10 年结束时那样），社区中的老人、低收入者和少数族裔居民一定会和年轻、富裕的，以白人为主的居民之间产生冲突。我们甚至可以推测这场冲突的口号："建更多的经济适用房"或是"包容性区划"——这样的冲突早已在纽约、波士顿和华盛顿特区发生。在这些城市，房地产市场早已盯上了衰败的社区，并正向其进军。2009 年，在《费城每日新闻》的采访中，约翰·克罗默就北费城的未来进行了讨论。他认为，费城房管局自 1993 年以来主持建造的郊区风格住宅实际上激发了市场兴趣，拯救了这片地区。他说，"这里的公共补贴住房项目会让开发商对该地区更有信心"（Russ 2009），暗指白杨家园及其他类似项目的目标是促进该地的绅士化。

其实，费城房管局建设白杨家园的初心与此完全相反。1993 年，《北费城住宅建设指导意见》提出，新的补贴住房应该"减轻开发压力"，并"使人们负担得起该地区的住房"（1993，5）。然而，并没有证据证明，费城房管局补贴的这些项目真的能改善周围社区的条件。2002 年的一项研究发现，在白杨家园建成的最初几年，周边地区并未受到其积极影响。研究认为，"尼希米白杨地区的房地产活动和价格趋势与该市其他贫困地区类似"。同样，对于建成时间更长的约克镇项目，研究人员也没有发现它对周边地区有任何影响。他们查遍了 1986 年到 1997 年的销售数据，发现"任一项目离约克镇的距离与其房价并没有关联"（Cummings et al. 2002，351–352）。

尽管克罗默声称白杨家园、约克镇和其他保障性住房项目促进了绅士化，人们其实可以从中得出完全相反的结论——这些项目的主要贡献在于为低收入居民提供了高质量的住房，而不是开发者对房地产市场的利用。从新自由主义的视角来看，人们会认为城市振兴的首要目的是提振住房价格，进而批判这些项目并没有使邻近社区的房产增值。然而，从社会的角度来看，30 年间，当周围的社区进一步恶化，约克镇却为 435 个中低收入的黑人家庭提供了稳定和满意的住房，这本身就已经是一个巨大的成就。同样，底特律，拉斐特公园和艾姆伍德公园项目也为低收入者提供了稳定的住房，但它们明显使用了更多的郊区风设计。虽然目前这些保障性住房仍为居民提供更多的内生收益，而不是为周围社区的建设提供外生收益，但到 2010 年，这样的趋势已大幅下降。这时，美国的保障性住房将由市场交叉补贴，要么是"包容性"住房单元（例如：Lerman 2006; Morgan 1995），要么是不同收入阶层混合居住的、市场补贴的开发项目，如希望六号计划。

随着现代主义的"绿色建筑"设计理念在北费城地区的落地，马波协会的开发主管认为，这代表北费城地区的建筑设计从传统模式走向了现代的可持续发展理念（Kerkstra 2010）。然而，面向高收入阶层设计的高密度、可持续的前卫住宅，以及面向低收入阶层设计的低密度、传统化的保障性住房，两者在北费城地区已经显得水火难容。正如我们之前所观察到的，马波协会标榜其开发的项目拥有现代、前卫的设计，但这样做可能并不妥当。前卫、现代的住宅设计有利有弊。同样的，传统的郊区风格的住宅设计尽管随处可见，但其给房主所带来的好处可能在前卫、现代的住宅设计中难觅踪影。无论是在约克镇还是白杨家园，低收入的费城人都更喜欢传统的郊区风格的住宅设计。正如一位社区发展公司领导所指出的那样，低收入阶层和一般人没有什么区别，大众偏好总是相似的。传统的郊区风格的住宅设计有着一系列的优点：它们风格相似，较好地融入了城市的环境，而且具有一定的辨识性，既不会过于平庸，也不会格格不入。而 Rowe（1993）认为，上述这些特征都是优秀的现代住宅所应具备的要素。无论是在北费城，还是在全世界任何一个面向低收入者的社区，这些特征在设计过程中都是至关重要的。

如果我们在这里结束故事，将会忽略北费城在后衰退时期的郊区风设计为费城其他地区的再开发工作所提供的先例。在北费城南部，开发商在大片的土地上以非常低的密度建造住宅，这遵循了费城房管局在《北费城住宅建设指导意见》中提出的目标：建造大量保障性住房，让它们占用尽可能多的低价值土地。房管局的策略是如此成功：到 2010 年，北费城南部大量集中连片的低价值土地几近消失。就像在杰斐逊村发生那样，当容易获得的土地消失了，市场无疑会对其余的土地虎视眈眈。

但是，在北费城的其他地区，有着比北费城南部更多的空置土地。2010 年 11 月，宾夕法尼亚大学计算出费城有 39896 块空置土地，其中只有 9000 多块是政府所有的（PIUR 2010）。宾夕法尼亚大学的地图建模实验室（2007）使用了另一种空置土地清单，显示北费城地区有 15991 块空置土地都集中在以里海大道、特拉华河和藤街为界的区域内。在这个区域内，大约四分之三的土地无法支持房地产开发（PIUR 2010，6）。这里的土地价格如此之低，以至于开发新建筑所能卖出的价钱甚至无法抵消其建设成本。

就费城整体而言，这里的空置问题相较北费城南部地区严重得多。而且，对于这些仍在收缩的地区来说，因为这里的土地价格无法支持以市场主导的房地产开发，政府补贴将是唯一的解决办法，就像底特律市一样。如果费城想要对空置土地进行再开发，那么市政府就必须为大量的新项目提供资金。像 1990 年后被证明可行的郊区风格模式那样，这些项目可以采用相似的模式建设面向低收入者的社区。如果人们想在北费城北部开展再开发工作，它可能也会发展为郊区风格的项目群。甚至，这里将会比北费城南部郊区风格更浓，而不是相反。除非决策者们愿意采用一种与房管局在《北费城住宅建设指导意见》中提出并实践的模式完全不同的再开发模式。

第5章 面向收缩城市的"社会城市主义"

> 人们会说，如果贫民窟的居民很穷，无论你给他们什么，他们
> 都会是大赢家，因为他们本身就一无所有。但我有一个颇受大家认可
> 的观点："最美好的东西，要献给城市中最贫苦的百姓。"
>
> ——塞尔西奥·法哈多，2010 年柯里史东设计奖采访

5.1 麦德林的革命

在距美国收缩城市千里之外的哥伦比亚，快速发展的麦德林市在 2003 年至 2010 年间经历了一场革命。但是，对熟知拉丁美洲 20 世纪历史的人们来说，这场政治革命却可能并不是他们所期望的。麦德林市的革命关乎建筑、政治经济学和社会正义——简而言之，是一场"社会城市主义"革命。这个词是由麦德林市市长塞尔西奥·法哈多（2003—2007 年）的下属、城市工程部门的主任亚历杭德罗·埃切瓦里所创造的。无论是与底特律还是费城相比，麦德林市都是那么的截然不同：在 1950 年至 2000 年间，麦德林市的人口增加了 620%，而底特律的人口则下降了 50%。但是，麦德林市和美国的收缩城市也有一些相似之处：它们都有许多只有穷人居住的衰败社区，以及为数众多的贫困人口。不过，麦德林市与那些彻底失去活力与创新能力的美国收缩城市不同，地方政府正在积极解决"贫民窟改造"的问题。

在一个人口仅 300 万余的城市中，麦德林的城市革命既仰望星空，又脚踏实地。在短短三年的时间里，法哈多市长带领下的政府建造了 5 个现代图书馆和 10 所优质学校，翻新了 141 所现有学校，新建了 20 多个派出

所，并建造了一系列新的企业中心和一条缆车线路，将低收入社区与城市的地铁线路连接起来（Samper 2010，113-150）。尽管以上这些举措对城市中的每个人都有益，但是法哈多政府专门为麦德林市的贫困社区发起了"综合城市项目计划"，将以上所有项目整合起来，专门为社会的中下阶层部署有针对性的项目。这一计划不仅包括新建各类项目，还鼓励社区参与和社会交往，共同构筑起"社会城市主义"这一愿景（Samper 2010）。

设计和规划是法哈多市长的"社会城市主义"理念的核心。麦德林市的新项目既给众多穷人带来了实实在在的好处，又为麦德林市在国际媒体上带来了极高的曝光率，尤其是 B 计划建筑设计事务所（Plan：B Arquitectos）设计的兰花花园和詹卡洛·马赞蒂事务所（Giancarlo Mazzanti）设计的图书馆有着令人震撼的视觉效果（例如：Romero 2007；Martignoni 2009；Rochon 2009；Hawthorne 2010）。法哈多市长似乎有很多理由将设计作为其施政纲领的核心：他声称受到了来自巴塞罗那奥运会时期的"城市改善"计划（Hawthorne 2010）以及 20 世纪 90 年代初期里约热内卢"贫民窟社区"计划的启发（Werthmann 2008，《哈佛设计杂志》，46-49；Blanco and Kobayashi 2009）。同时，作为一名建筑师的儿子，法哈多市长在很小的时候就接触到了设计可能带来的巨大变革。由"国家主义"影响的城市主义在拉丁美洲并不少见，如巴西总统朱塞利诺·库比契克（1956—1960 年）等强大的领导人，有时会利用城市设计改善社会福祉，以建立和巩固政治权力（Evenson 1973，105-116）。拉丁美洲的国家主义传统由来已久。从积极的一面来说，国家主义可以带来夺目的城市建设，如法哈多的麦德林市或库比契克的巴西利亚市；但国家主义也有其消极的一面，因为它有时与民主相矛盾。

就像 15 年前费城的伦德尔市长一样，法哈多富有创造力、魅力四射、雄心勃勃。2010 年，他因任期限制而从市长之位退休，转而竞选哥伦比亚总统。和伦德尔一样，法哈多时运极佳。他上任麦德林市长之位时，20 世纪八九十年代频发的极端暴力现象已明显减少；前几届政府于 90 年代启动的重要基础设施项目——落地，包括麦德林市的地铁。甚至缆车线路也是前任政府任内启动修建的,只是正巧在法哈多的任期内交付使用了(Samper 2010,138)。然而,正如伦德尔市长在 90 年代彻底改变了费城一样,法哈多为麦德林市的发展作出的贡献可能更为巨大,这是因为麦德林市的问题远比费城严重。法哈多市长之所以能够取得成功,得益于该地的政治文化,公众们支持政府提出的创新政策与实施行动;但人们必须承认,如果没有法哈多市长卓越的个人能力,麦德林市富有创新性的"社会城市主义"将永远不会发生。

法哈多的"社会城市主义"得到了各界的好评,这表明市长的举措得到了群众的广泛认可。一直以来,由于深受社会不平等和政局动荡等问题的困扰,人们都认为,拉丁美洲的城市在许多方面亟需改善。显然,对于拉丁美洲的城市而言,"社会城市主义"有着广泛的群众基础,因为数百万社会底层人民居住在各个城市的贫民窟中。然而,法哈多市长这样的成就却在拉丁美洲极为罕见。在满足人民群众各项需求的同时,麦德林市各类公共设施项目的设计也得到了全世界的关注。"社会城市主义"赋予了哥伦比亚设计师一种新的社会使命感。正如法哈多市长所言,"最酷炫的建筑位于城市中最贫困的地区"。但更重要的是,"社会城市主义"让哥伦比亚的社会重构与建筑设计之间形成了有机的联系。无论麦德林市的"社会城市主义"是否具有长效机制,它的存在都时刻提醒人们:在挽救严重衰败的城市与城市人口的治理问题上,美国以及世界各地的城市都没有发挥城市设计和规划的最大潜力。

5.2 城市更新的觉醒

1970 年以后,美国的收缩城市并没有实施与麦德林市的"社会城市主义"类似的计划。后更新时代的美国城市再开发在减轻人口和住房流失方面大多无效。鉴于美国城市更新的浪潮结束后,分给城市再开发的资源减少了许多,这种现象的出现倒也不足为奇。正如道格拉斯·雷(Douglas Rae)认为纽黑文市在 20 世纪五六十年代的城市更新是无效的(2003,

360），费城和底特律在 1980 年之后的 30 年间的再开发同样如此：去中心化的、小规模的城市设计无法让一个收缩城市重新回到增长的轨道上来。

显然，底特律的情况最为糟糕：在城市人口、经济和住房数量均严重下滑的情况下，地方政府的政策却没有明确的目标，任由政治挂帅或者政商勾结。底特律市各届市长的执政能力参差不齐，有的能力出众（杨市长），有的勉强应付（阿彻市长），有的彻底无能（基尔帕特里克市长），但他们其实对底特律市的发展影响都不大。不论是政府投入大额补贴的项目，如文艺复兴中心和 90 年代后期新建的两个体育场，还是像维多利亚花园和杰斐逊村这样昂贵的中产阶级住宅区，最后都亏损了。在更微观的尺度上，虽然社区干预成本高昂，但行之有效。毫无疑问，维多利亚花园项目改善了房地产市场对杰斐逊 - 查默斯地区的看法。但在整体衰退的背景下，底特律市只专注于几个特定片区的高额政府补助项目，让城市中其他大部分地区陷入了困境。在房地产市场和地方政府的合谋下，两者全力挽救某几个社区，而让其余的社区自生自灭。当地的居民很难不带有阴谋论的想法，他们猜测这一做法是政府有意为之。虽然上述猜测未必是真的，但底特律市在应对城市衰退问题上的确存在着政治短视，不但奉行标准的增长机器模式，还缺乏对城市规划和设计的重视。

费城的政治环境比底特律要健康许多。因此，这座城市的衰落远没有那么严重，市中心与城市中的许多社区还能保持稳定的状态。而且，早在20 世纪 50 年代（埃德蒙·培根时期），这座城市就表现出了对政策创新的包容和对再开发建设的克制。这使费城因再开发建设而声名远扬，尽管没有阻止城市陷入颓势。在经历了 1970 年以来近 20 年无效的政府领导与 15年左右的去中心化再开发政策之后，90 年代的伦德尔政府终于再次让费城脱颖而出。时任费城房管局局长的约翰·克罗默在北费城地区所实施的中心化的再开发政策恰逢其时：全美范围内正掀起一股"重返市中心"运动，同时从华盛顿到波士顿的整片美国东北部地区正经历着经济的高速增长，这为费城带来了新的居民和产业。各种底特律所缺乏的内生和外生因素积极地推动了费城的发展。同时，费城最贫困的城北地区也取得了可观的进步。然而，虽然 21 世纪初的房地产繁荣重新激活了北费城地区的部分社区，但与费城的其他地区相比，北费城仍然显得十分贫穷，且缺乏投资。

在底特律和费城，无论是建筑单体的设计还是社区的设计，都难以令人满意。尤其是底特律，其城市设计同样令人失望。在这两座城市中，为中下阶层新建的住房在建筑设计上都没有展现出太多的创新。为了维持较低的开发成本固然是原因之一，但更应归咎于开发商、承建方和政府职员们均未思考如何创新。在社区的设计上，即使是最具"创新性"的项目，比如费城的白杨家园和底特律的维多利亚花园，除了在内城建设郊区风格的住宅外，几乎没有任何其他的创新。而在费城的约克镇项目上，尽管排屋的住宅形式可能是对历史环境的再现，但在这个项目开展设计的时候（1990 年到 21 世纪初期），基地周边的建成环境早已翻天覆地，排屋类型的住宅显得格格不入。实际上，这个项目的设计对周边环境的否定远甚于对周边环境的融入和模仿。希望六号公共住房计划项目 ① 也不例外：与白杨家园一样，重建后的费城剑桥广场与艾伦家园都是郊区风格的住宅。同样，这些住宅项目中都没有规划商业设施：一方面因为政府的补贴较少；另一方面因为当地的市场不足以支撑这类设施。这种纯住宅类型的项目凸显了郊区属性，但与周边的城市氛围毫无联系。而且底特律在再开发过程中还缺少政策管控，导致了住宅项目只有以下两种形式：要么是费城房管局前局长克罗默在《北费城之家》研报中所反对的那样——分散的、小规模的、非营利性质的住宅项目，要么是集中在区位条件优渥地区的低密度、市场化的住宅项目。政府对区位条件优渥地区的项目进行补贴，会导致城市的发展更加不平衡，对那些条件较差的地区几乎没有任何好处。而《北

---

① 希望六号公共住房计划项目（HOPE VI）：1990 年，美国颁布了《全国保障性住房法》（Cranston-Gonzalez National Affordable Housing Act），并依次设立了一系列保障性住房项目，这些项目统称为"为所有人提供住房和机会"（Homeownership and Opportunity for People Everywhere，HOPE）。根据该项目的英文首字母，国内住房领域的学者将其翻译为"希望计划"。希望计划最初共有五大子项目，即希望一号到希望五号。1992 年，美国国会通过了"城市复兴示范计划"（Urban Revitalization Demonstration Program）提案，即"希望六号公共住房计划"，该计划于 1993 年正式启动，主要目的是振兴严重衰败的公共住房社区。——译者注

费城之家》则代表了一种富有成效的选址策略：重建措施主要针对城市发展最滞后的地区，这些地区必须离房地产市场活跃的区域足够远，方便政府进行征收；但又必须离市场活跃的区域足够近，使得政府补贴建设的住房项目具有市场价值。在 21 世纪初，这一策略在费城北部自由区的建设上得到了较好的验证。

尽管城市衰落提升了政策干预收缩城市的必要性，但后更新时代的城市再开发经验清楚地表明，地方政府并不总能完成任务。城市更新时代的结束，并没有给城市设计师和规划师带来太多的动力。相反，它似乎将规划和设计推向了更加简化的一面：要么将主动权完全交给市场，要么采用后现代主义的风格，在过去的建筑设计基础上进行微调。城市更新时期的喧嚣和嘈杂已然消失；但与此同时，现代主义后期那些优秀的城市再开发项目的特征（如创造力、抱负心和灵敏性等）也随之消失了。在后更新时代，费城和底特律在大部分时间里都在勉强度日，像麦德林这样的"社会城市主义"在这些城市里是难以实现的。

5.3　走向未来

2008 年，民主党人奥巴马赢得了总统选举，联邦政府从而开始在城市中进行大规模的再投资。[①] 然而，截至 2011 年，联邦政府的再投资和政策创新似乎都未实现。美国住房与城市发展部仍致力于发展市场驱动下的房地产开发策略，即以私人资本为主，公共补贴为辅。美国住房与城市发展部现任秘书肖恩·多诺万在 2006 年担任纽约市住房长官时表示，"我的职责是帮助政府与私企合作并制定相关政策"。奥巴马总统提议淡化城市的影响，反对"'过时的'城市主义：只关注城市，而忽视不断发展的大都市区"（Staley 2010）。奥巴马总统的大都市区政策可能会安抚那些给他投票但满

---

① 与居住在郊区的选民大多支持共和党不同，绝大多数美国城市地区的选民支持民主党，因此民主党上台后往往会对城市地区加以政策照顾。——译者注

图 5.1 2001—2007 年,费城"社区改造计划"拆除了近 6000 座废弃建筑。但由于没有对已清理地块进行重新开发,大多数地块仍处于空置状态。

摄影:丹尼尔·坎波

腹狐疑的郊区选民,而多诺万所提倡的政府与社会资本合作的模式则可能为纽约等经济繁荣的城市带来新的机遇。对于收缩城市来说,没有任何联邦政策关心它们的死活,只能寄希望于当地政府能出台一些有效的政策。

讽刺的是,虽然收缩城市衰退地区的再开发项目从未引起政坛的关注,但各类建筑的拆除却成了各界关注的焦点。事实上,在 2000 年之后,由于收缩城市中废弃建筑的数量持续居高不下,使得与拆除建筑相关的政策大行其道。1999 年,在费城持续 30 余年的房屋拆除后,城市中仍有超过 27000 栋废弃的建筑(Saidel et al. 1999),而底特律则有 40000 块土地空置(Gavrilovich and McGraw 2000,295)。鉴于费城强大的政府运作能力,它成为收缩城市中少数直面空置问题的城市也就不足为奇了。2001 年,当伦德尔市长退位后，前费城市议会主席约翰·司竹特成为新一任市长，继而隆重推出了"社区改造计划"，以解决该市长久以来的住房空置问题。2001—2007 年间，费城使用绝大多数出售地方债券得来的资金，在"社区改造计划"上共计花费了 3.067 亿美元（Kromer 2010，115）。这些资金用于拆除 5657 栋空置的建筑物（Gelbart 2008），对空地进行清理和绿化，清除了 289000 辆（政府统计数据）停放在街道上的废弃汽车。"社区改造计划"是全美这一时期规模最大、成本最高的拆除工程，但并不是所有人都认为它获得了成功。前费城房管局局长约翰·克罗默就对此持谨慎乐观的态度，他认为"社区改造计划"是一个"影响力较小的拼盘政策"，尽管有希望成为一项"消除空置建筑，推动城市发展"的政策（2010，115）。

在北费城地区，"社区改造计划"确实与城市的再开发有一定的关系。该计划承担了摩尔家园三期项目的土地收储，以及马波协会在北费城东部开发的非营利性住房项目的成本。但是，与该市的减税政策一样，"社区改造计划"只是被动地为各类项目提供资金，从未主动提议任何项目。在"社区改造计划"的实施过程中，司竹特市长没有为城市中不同的区域制定差异化的战略。无论各选区空置问题的严重程度究竟如何，司竹特市长做的仅仅是将资金平均分配给各个选区（Kromer 2010，126）。从这个角度来说，司竹特市长治下的费城其实比底特律好不了多少。在底特律，城市再开发项目和公共补贴资金的空间分配成了权力再分配或者讨好资本家的一种手段。

最终，"社区改造计划"在全费城范围内清理出了更多的空地，尤其是在空置建筑较为集中的北费城地区（图 5.1）。虽然废弃的建筑会导致城市的衰退，但拆除建筑后，空置的地块似乎并不一定会产生积极的效果。2010 年，宾夕法尼亚大学城市研究所的一项研究表明，北费城地区的空置地块使该地区的土地价值下降了 20%（PIUR 2010）。然而，在该机构更早的一项研究（Wachter 2005）中还发现，"社区改造计划"清理出的空置地块可以提高周边房产的价值，但不足以扭转衰败社区在房地产市场上的表现。到头来，"社区改造计划"拆除了很多房屋，但并没有解决费城的空置问题：2010 年，据《费城每日新闻报》报道，该市共有 40000 处空置的物业，其中至少有 9000 处还有地上附着物——这一数字可能远比实际的数字小很多，因为"社区改造计划"仅仅拆除了不到 6000 栋空置的建筑。一位前司竹特政府的官员表示，"在很大程度上，与社区改造计划启动之前相比，我们面临的问题没有什么不同"（Lucey 2010）。

其他收缩城市并没有因费城"社区改造计划"的艰难推行而终止拆除政策。在布法罗市，城市人口在 1950—2000 年间从 580000 下降到 293000。市长拜伦·布朗于 2007 年颁布了《5+5 计划》（City of Buffalo 2007），拟于五年内拆除 5000 处空置和废弃房屋。到 2010 年，该市已经拆除了 3100 多处房屋。但因资金所限，该计划不得不在 2010 年宣告终止（Wooten 2010）。在 20 世纪下半叶，密歇根州弗林特市的人口减少了一半。近年来，依靠出售因滞纳房产税而止赎①的郊区房产，杰纳西县土地银行②在弗林特市拆除了大量的空置建筑，并对空置的地块进行了整治（Gallagher 2010，135-142）。2009 年，杰纳西郡的财政局局长丹尼尔·基尔迪③在谈到弗林特市的废弃房屋时说："城市的衰退就像自由落体一样……我们需要控制废弃的房屋，而不是让它们摧毁我们的城市"（Streitfeld 2009）。但是空置的土地本身并不能给弗林特市带来任何的机遇。除非有一个可行的规划，否则即便这些空地归地方政府所有，也无法起到任何积极的作用。2010 年，随着戴夫·宾（Dave Bing）当选底特律市长，这座拥有全美国最多的空置土地的城市开始着手实施拆除计划。2010 年 4 月，戴夫·宾宣布要在 2013 年底前拆除 10000 栋空置、废弃的房屋。截至 2011 年初，底特律市已经拆除了 1850 栋房屋（Associated Press 2011）。然而，对于已经拥有大规模空地的底特律来说，除了为城市新增更多的空地外，并不能起到太大的作用。

---

① 房产税止赎（Tax-foreclosure）：指那些因原先业主滞纳房产税，导致其不动产被终止赎回并转交给政府的现象。——译者注

② 杰纳西县土地银行（Genesee County Land Bank）：杰纳西县的县治位于弗林特市，杰纳西县土地银行是全美设立较早，且影响力较大的土地银行之一。——译者注

③ 丹尼尔·基尔迪（Daniel Kildee），协助创办杰纳西郡土地银行，后来担任了美国众议院议员。——译者注

收缩城市在 2000 年之后的拆除策略除了对资方来说成本很高之外，还存在一个普遍性的问题：人们只是着眼于拆除空置的建筑，却对拆除完成后的空置地块的用途一无所知。而这种缺乏远见的代价是巨大的。第一个问题，在没有考虑到城市未来规划的情况下，费城和布法罗等城市只是迅速拆除了在政治上可以应对选民需求以及在公共安全上可能造成危险的建筑物。这种基于单个地块的拆除策略使得空地在整个城市中散落分布，这一结果与前几十年漫无目标的拆除几乎没有什么不同，使收缩城市很难诞生那些开发商喜欢的大片空地，例如底特律的杰斐逊村和费城的摩尔家园只能进行难度颇高的填充式开发。第二个问题，拆除后，空置的地块难觅买家。一方面因为这些空置地块过于分散，而且位于衰败的社区；另一方面还因为当地的房地产市场极为萧条，即便是那些没有空置或废弃的住宅，也无人问津。总之，收缩城市只拆除了废弃的建筑，但政府并没有为衰败的社区制定空间发展策略，也没有好的建设项目可以在拆除后的空地上落成。

2010 年，费城重建局局长特里·吉伦终于意识到，费城的"社区改造计划"缺乏空间规划："我认为在拆除前必须讨论这块土地适合用来干什么……应该将这块土地规划为无家可归者的收容所？还是将这块土地规划为企业用地？"（Lucey 2010）。作为 2009 年全美第六大城市的重建局局长，吉伦的困惑令人沮丧，但这种困惑也十分普遍。在美国各地，无论是在弗林特、底特律、布法罗、克利夫兰、扬斯敦、费城还是巴尔的摩，收缩城市根本不知道如何处理不断增加的空地，也不知道如何对待仍然居住在衰败地区的低收入居民。这或许是后更新时代新自由主义式城市规划留下的最具破坏性的遗产：对收缩城市中衰败的社区而言，在增长乏力，市场萧条的情况下，政府官员和规划师们对它们的复兴爱莫能助。

5.4 对于"非改革主义改革"的挑战

在当今美国的收缩城市中，实现麦德林式的"社会城市主义"似乎遥不可及。当然，在后更新时代，各地政府自行其是，联邦政府的各项政策难以对地方产生太大的影响，因此没有哪个城市可以像麦德林市那样成功。美国高度去中心化的政治体制给了底特律和费城这样的城市巨大的契机，独立应对城市的种种问题。但事实证明，城市更新所留下的空白并没有得到很好的填补。可悲的是，即便是底特律这样的收缩城市的市长，也不能从类似麦德林市长的"社会城市主义"政策中获得太多的政绩。麦德林吸收了大量的农村人口，64%的居民生活在联合国开发计划署的贫困线以下（UNDP 2010）。在哥伦比亚这样的发展中国家，奉行平民主义的市长可以得到来自广大社会底层的政治支持，但这在美国却很难实现。即便是在费城这样的城市，尽管25%的居民在2000年的时候生活在贫困线以下，但是绝大多数的居民依然属于中产阶级，而这些选民的需求和社会底层的差异非常大。

然而，无论现实多么令人沮丧，政治家们都应该重新考虑收缩城市中的城市设计策略。规划理论家苏珊·费恩斯坦（Susan Fainstein），在她最近出版的《正义城市》（*The Just City*）（2010，17）一书中解释了那些希望"改革现有城市政策"的人所面临的困境。她解释道：改革者主要面临着两大挑战。第一个挑战是，城市难以实现完全自治。它们不仅受到自身无法控制的政治力量的影响，例如共和党州的立法者或联邦预算危机，而且还面临着更宏观的问题，例如人口流动、经济全球化，甚至气候变化。当然，所有城市都面临这些问题，但人们可能仍会悲观地认为，底特律、克利夫兰或布法罗等城市面对的问题过于复杂，以至于很难进行改革。此外，政府施政能力参差不齐。郊区的地方政府可能对改革不感兴趣，甚至怀有敌意；州立法机构还有其他问题需要解决；而联邦政府则忙于国防等问题。人们可能很容易得出结论，收缩城市中的城市设计问题不仅相对微不足道，而且不太可能对宏观问题造成影响。于是，在无力控制的力量和问题面前，城市成了牺牲品。

费恩斯坦驳斥了这种悲观论点，并认为（2010，17–18）城市之间存在很大差异——波士顿不是旧金山，纽约不是伦敦，费城不是底特律。历史、地理、文化、经济和政治因素因地而异，这些差异为政治家和规划师提供了为其制定不同战略的机会。在社区层面，对差异性的了解是"基于资产的"；即使是最不值得投资的社区，也具有一些闪光点。费恩斯坦还指出，城市政府其实拥有很大的自治权。1970 年，正是因为看到了城市自治所可能带来的积极影响，尼克松总统才制定了去中心化的城市政策。因此，现在这些令人失望的情形可以说是城市和联邦政府的双重失败。诚然，当联邦允许底特律等城市高度自治时，它们并没有抓住机会，而只是回应了私营企业的需求。但希望并未消失，在每一届新政府的选举中，仍有许多有潜力的创新性政策被提出。正如费城在伦德尔 – 克罗默时代所证明的那样，好的想法在每次选举中都会受到欢迎。

改革者面临的第二个挑战更为现实，但出于显而易见的原因，市政府很少关心。费恩斯坦直言不讳地指出，这是因为"在资本主义下（不可能）进行再分配"（2010，18）——换句话说，美国现有的经济体系不允许对现行做法进行真正的改革。鉴于不可改变的现实，政策制定者们探索的道路几乎注定失败。不过，费恩斯坦提出，"非改革主义改革"（Fraser and Honneth 2003，79；Gorz 1967）是一个可行的方式。它首先接受现有的政治和经济制度，在此基础上主张变革。费恩斯坦补充道，这种方式是对马克思主义的反驳。学术界也许会关注这一问题，但在很少使用这个词的领域中则没有什么人关注。

在收缩城市中，"非改革主义改革"既不会拒绝接受资本主义，也不会否认诸如郊区化、影响有限的联邦政策、多元化的社会期许等政治、社会和经济的现实。相反，"非改革主义改革者"会将这些现实视为先决条件。在此条件下，聪明的建筑师和社会规划者可能会努力在现有背景下实现创新。费城在埃德蒙·培根和约翰·克罗默的领导下无法解决更宏观的问题（例如，基于拆除的城市更新策略、资金不足且去中心化的城市规划），但在这些限制下都取得了令人瞩目的进步。正是本着这种精神，本章对收缩城市的城市设计提出了如下建议。

5.5 城市设计理念：日常都市主义

2000—2010 年盛行的拆除策略确实把握了收缩城市的主要问题：大量

建筑物被遗弃，市场没有需求，它们不能继续存在。但这忽略了另一个更关键的问题。虽然许多人离开了收缩城市，但仍有相当数量的人留了下来，他们中有相当一部分人与世隔绝、就业受阻、生活贫穷。拆除工程对多余、破旧的房屋进行了清理，但除了消除可能的社区风险外，拆除几乎没有改善其余居民的生活质量。无论是否拆除，衰败社区的房屋仍然陈旧，居民仍然贫穷，社区的环境和以前一样破败不堪。拆除那些没有价值的建筑可能是明智的决定，但是这并不能给收缩城市带来美好的未来。可以预见的是，拆除建筑可能就像 1970 年来以来的城市收缩进程，毫无规律可言。拆除工程本身并没有为收缩城市带来繁荣：在布法罗和底特律，2000 年时的居民和 20 世纪 70 年代的居民一样贫穷，城市人口大幅减少。简·雅各布斯在《城市经济》(*The Economy of Cities*) 中注意到了同样的现象："在美国，最贫困的县经历了长期的人口外迁，而尚未离开的人，他们的经济状况并没有因为有人离开而得到改善"(1969，119)。碎片化的拆除并没有改善那些留在衰败社区中的人们的生活，也没有为大型的开发项目提供足够大的场地。拆除使得收缩城市中有了越来越多的开放空间，但这些开放空间是否真的有用却无人知晓。如果碎片化的拆除一直持续几十年或上百年，那么底特律的城市景观可能将越变越糟。

　　一些理论家认为，碎片化拆除所产生的开放空间可供居民扩建房产。在底特律，英特波罗设计公司发现了一种"吸附"现象 (Interboro 2008)：在与自家相邻的地块空置后，居民自发地将其用于各种目的，合法或非法地建造新的侧廊、花园和车库。大多数接受英特波罗设计公司采访的居民都认为，"吸附"能改善生活，而不会降低生活质量或恶化邻里关系。

　　其实，"吸附"行为很符合 20 世纪 90 年代到 21 世纪初一部分规划师呼吁的"日常都市主义"观念。对于日常都市主义者们 (Chase et al. 2008) 来说，人们对现有城市环境的小规模改造利大于弊。日常都市主义最早可以追溯到简·雅各布斯在 1961 年提出的论点，即喜欢居住在城市里的人应该"不带任何事先假设，仔细观察城市中每一帧最日常、最普通的场景，用心体会其中深意"(Jacobs 1961，13)。此后，她又呼吁："我们必须仔细观察现实世界，否则将迷失在自己制造的迷雾中"（Jacobs 1984，35）。

简·雅各布斯在她的名著《美国大城市的死与生》中，第一次描绘了她住的哈德逊街的日常生活，并对其进行了评价。她脑海中的理想城市与她每天见到的城市几乎没有什么不同。由此看来，日常都市主义是被动的：在城市设计中，应该提倡无为而治。对于健康发展的城市而言，这种方法可能具有一定的意义：无论是在波士顿的北区还是在北非城市的堡垒式住区中，现代化的改造很可能破坏老城区的历史风貌和形式秩序。几位来自英特波罗设计公司（Park 2005；Walters 2001）的负责人在观察后发现，即使在收缩城市最破败的社区中，社会关系仍然运行良好。在成千上万的居民们眼中，这一切不仅是破败的建筑物、空置的土地和逝去的记忆，更是他们温暖的家园、深深热爱的地方。但在收缩城市中，日常都市主义可能是对现有问题的一种妥协。尽管许多底特律的居民改造了自己家附近的空地，但是对于解决整个城市规模庞大的空置问题来说，这么做只是杯水车薪。

小规模的土地利用并非无关紧要，但它终究算不上一个理想的解决方案。英特波罗设计公司声称"吸附""可能不是一件坏事"，[英特波罗设计公司，《变得更小的城市》（*Cities Growing Smaller*）中的"改变你的宅地"（Improve Your Lot!）一节，第 64 页，2008 年]。正如简·雅各布斯所说，城市本来是什么样的，未来就应该是什么样的。但简·雅各布斯等日常都市主义者们都回避了一个关键事实：无论好坏，城市一直在发生着变化。哈德逊街在 20 世纪 50 年代后期是一个"鱼龙混杂的步行街"。但到了 2010 年，这里在士绅化之后，已经变成一个高档社区，像简·雅各布斯这样的中产阶级家庭几乎不可能负担得起这里的生活。纵使街道曾经错综复杂，也不能阻止这种变化的发生。同样，在收缩城市中，日常都市主义所主张的行动，如吞并空地或粉刷空屋（图 5.2），对于解决整个城市的衰败和贫困来说，也只是杯水车薪。换句话说，日常都市主义可以准确地描述城市的复杂性，但它不能为规划出更好的未来。建筑师迈克尔·史比克斯（Michael Speaks）认为，这场运动"并不是真正的自下而上，而几乎或完全只是民众们的自嗨。"日常都市主义从来不会建立一个宏大的计划，然后

图5.2 在底特律,艺术家泰瑞·盖顿(Tyree Guyton)的海德堡项目。利用艺术的变革性力量,他重新构建了一个严重衰败的社区。10多年来,盖顿一直在装饰房屋、院子和街道,他对遗弃的建筑有着乐观的看法。

摄影:丹尼尔·坎波,2003年

通过小尺度的干预逐步完成,而是满足于对现实世界的修修补补。日常都市主义是反设计的。它引出了一个问题:你如何做出一些平庸的设计,以及这些设计的目的是什么(Speaks 2005,36)?

在规划师看来,日常都市主义也反映了在后更新时代,城市规划和政府主导的城市设计已经失去了作用。这表明,如果人们认为城市规划不能带来积极的作用,那么他们可能根本不想要城市规划。在这种情况下,城市只能被动接受上级政府和市场带来的种种影响。甚至可以说,日常都市主义是一种与自由主义类似的,反国家、反市场的理念。虽然,日常都市主义者的观点的确在这方面符合事实,即国家和市场在收缩城市中的作用可以忽略不计,没有带来积极影响。但是,日常都市主义几乎没有对收缩城市的大范围干预提供任何建议,而且还认为个体行为比整体城市设计对塑造城市未来的作用更大。

5.6 景观都市主义

　　如果日常都市主义的"无为而治"会导致收缩城市继续遍布破败的空置房屋和土地：这显然不是一种最理想的状态，什么才是理想的状态呢？当城市的原有肌理被大规模拆除，其实为另一种城市设计的思路提供了可能：收缩城市的大片空地可能最后都会变成城市景观，包括自然区域、郊区草坪，甚至城市农场。与强调现实而非理想的日常都市主义不同，这场称为"景观都市主义"（Waldheim 2006）的城市设计运动反映了对空间形式和设计本身的高度重视。收缩城市中的大片区域，例如费城的特拉华河码头、底特律的次级铁路线或布法罗早已过时的粮仓在21世纪初已被废弃了数十年，而大自然很快便将这些场地据为己有。在20世纪80年代，像雷纳·班纳姆（Reyner Banham）这样勇敢的探险家，认为布法罗市的废墟是工业文明的纪念碑，可以与古埃及文明或古罗马文明的残骸相提并论（Banham 1986，136，166）。当然，人们在底特律的帕卡德工厂改建上投入了许多努力，希望能重振经济，但却无能为力。因此，这样的建筑几乎没有改造、重新利用的可能。到2010年左右，无论人类愿意与否，随着鹿、野鸡甚至海狸（"Good Detroit News" 2009）在底特律繁衍生息，大自然开始重新占有这座收缩城市。

　　鉴于收缩城市的人口密度正在迅速降低，景观都市主义在收缩城市中落地也未尝不可。我在第2章提到，圣路易斯市2000年的人口密度为每平方英里5625人，仅为其1950年人口密度的40%。将废弃的工业设施转化为城市景观，可以有效地治理去工业化区域。这些废弃的设施占地面积巨大，通常造成严重的环境污染。在去工业化区域的景观设计上，德国的埃姆舍景观公园一定是最佳的案例。该项目位于德国的北莱茵－威斯特法伦州，占地300余平方公里，也称为杜伊斯堡－北园。在这片钢铁厂和煤矿的遗址上，当地政府和施工人员历时10年、耗资50亿德国马克（三分之

二的资金来自政府）清理了埃姆舍河，建造了 15 个新技术中心、2500 套
全新住宅，翻新了 3000 套住宅，改造了废弃的工业建筑和矿山，还发起了
众多的社会活动以及职业培训（Shaw 2002）。总的来说，埃姆舍景观公园
的综合改造工程以高质量设计为基础，依靠国家拨款的扶持，大幅度改善
了当地的社会和经济状况。尽管在细节上有诸多不同，该工程与麦德林的
"社会城市主义"及其"城市综合改善计划"有诸多相似之处。

　　在美国，景观都市主义也标志着，专业人士终于接受了如下的事实：
美国人通常居住在密度较低的郊区，而并非居住在城市。除了少数几个社
区，比如波士顿的后湾社区，美国的城市通常不如欧洲城市人口密集且维
护良好，也不像欧洲那样城是城，景是景。美国的城市是分散的、绿色的
和低密度的。从某种意义上说，这样的城市本身就是一种景观。美国的景
观设计师一向提倡郊区化：景观都市主义的先驱弗雷德里克·劳·奥姆斯
特德（Frederick Law Olmsted）不仅设计了许多郊区的居住区，而且在布法
罗、波士顿、路易斯维尔等城市设计了反城市的公园体系。景观设计师查
尔斯·W. 艾略特（Charles W. Eliot）在城市规划专业的发展中发挥了重要
作用。在哈佛大学的设计研究生院，景观建筑学和城市规划曾在 20 世纪
50 年代短暂地划归为同一个专业，随后再次各自独立。

　　景观都市主义者的倡导者们重新定义了"景观设计"这一概念，这
是一个重大的里程碑。景观都市主义者不再仅限于在城市中建设公园，而
是致力于将整个城市打造成一个大公园。他们反对传统城市设计中对容积
率和建筑密度等建筑控制指标的关注，转而认为景观是塑造城市环境的最
主要因素之一。景观都市主义对城市设计中环境的关注，恰好与环保主义
者不谋而合。1984 年，MIT 景观设计师安妮·斯本（Anne Spirn）在《花
岗岩花园》(*The Granite Garden*) 一书中提醒城市研究者关注自然环境在
城市生态系统中的地位。景观都市主义家查尔斯·瓦尔德海姆（Charles
Waldheim）称，景观"已成为当代城市中的亮点和构建城市的媒介"（2006，
15），尽管这只是概念上的一小步，却是城市设计专业实践的一大步。

　　然而，值得注意的是，在 1990 年至 21 世纪初期，最受好评的景观都

市主义项目都位于经济发达，充满活力且得到国家支持的地区，如纽约市（高架公园项目，迪勒和斯科菲迪奥设计，2008 年）、荷兰（东斯海尔德风暴潮屏障，West 8 设计，1992 年）和德国（北杜伊斯堡风景公园，鲁尔河谷地区，1989—1999 年）。而在收缩城市，就很少有这样成功的大型景观项目。21 世纪初期，底特律实施了数个传统的开放空间项目，如迪昆德雷绿化廊道（将铁轨设计为休闲道）和底特律河的沿岸步道，城市中的都市农业（景观都市主义和日常都市主义的结合）项目数量激增。截至 2010 年，底特律市共有 800 多个社区公园和城市农场（Gallagher 2010，61）。

如此看来，似乎景观城市主义可以在收缩城市落地了。但是，若是在这些地方实施景观都市主义，又会带来许多问题，使建设难以为继。首先，景观项目往往造价高昂。纽约市的新基尔公园是一个占地 2200 英亩的巨型吞金兽，仅项目一期的建设就预计需要至少 1.92 亿美元（纽约市公园局，2011），以及 4.1 亿美元的土方及后续管理成本（纽约市城市规划 2006）。该项目的最终花费虽然仍未可知，但毫无疑问数字会更大，因为项目的后续扩建预计将持续 30 年。虽然纽约市公园局希望该项目"在未来几年内开放一小部分"（Barron 2010），但直到 2010 年，建设工程仍未启动。同样位于纽约市的高架公园也取得了巨大的成功：从一条废弃的高架铁路线蜕变为一条高架绿色步道。该项目全长 1.5 英里，总成本 1.52 亿美元（Pogrebin 2009），即每英里约 1 亿美元。也有一些小尺度的项目得到了大家的关注。费城的 11 号码头公园项目占地面积大约为 1 英亩①，位于高度空置的特拉华河滨水区。该项目于 2010 年底开始施工（Pew 2010），其总耗资比前述纽约市的两个项目少很多，约为 350 万美元（Saffron 2009）（图 5.3）。但是，11 号码头项目只是一片非常大的滨水区中的一小部分，远够不上一般景观都市主义项目的规模。

景观都市主义并不提倡给出一个明确的目标，而是提倡建设一个具有弹性的未来。例如，雷姆·库哈斯认为，他于 1991 年为巴黎拉维莱特公园

---

① 1 英亩约等于 4000 平方米。——译者注

图 5.3　景观都市主义认为,改造去工业化的地区可能成为新的设计热点,比如费城的特拉华河滨水区。然而,因为改造费用过高,收缩城市中很少有大型的景观项目,只有小规模改造项目。图中的费城 11 号码头项目由场地运营景观设计事务所设计。
摄影:丹尼尔·坎波,2011 年

设计的竞赛提案将"不断变化和调整。公园运营的时间越久,它就越会处于一个"发现问题 – 修正问题 – 解决问题"的循环之中。最好的修正方式是,能够在不破坏公园整体环境的情况下,替换并修缮部分的景观"(Koolhaas 1995,921)。

这是一个引人注目的提议。当然,城市将"永远处于运行—修正的循环中",大自然本身也是如此。然而,一方面,景观都市主义宣称自己具有高度灵活性;另一方面,出于项目所需的巨大工程量,又要求实施方案有较高的完成度与精确度,并要求明确设计负责人。就城市中的大型建设项目而言,根据不断变化的情境,对设计方案进行修正和调整的情况很常见,但这未必是一件好事。拉斐特公园[①]就是一个很好的例子：密斯与希尔伯斯海默联合设计的方案才建成不到三分之一，而后来者的设计远没有之前那么有趣，设计的品质也大幅下降。虽说景观都市主义项目主要由自然环境组成，但它毕竟是一种设计形式，同样会因中断实施原始方案而受到不利影响。例如，雷姆·库哈斯还为多伦多市的唐斯维尤公园设计过一个项目，该项目屡获殊荣，享誉四海（例如，Czerniak 2001）。然而，公园本身却从未建成。由于资金问题导致项目暂停 10 年后，唐斯维尤项目变成了一个只完成一半的城市再开发项目，其中包含了 7300 个住宅单元和一处尚未完工的休闲场所（Grewal 2010）。这相当于直接放弃了原始方案，而不是对其进行修改。这是设计界的一个经典悖论；如果人们对设计 A 进行过多的改编或修改，它就不再是设计 A，而是变成了设计 B。[1]在美国，景观都市主义是否能如巴塞罗那、巴黎一样，真正随着时代的发展而进步，同时又能保持其原有的特质？这还有待观察。

　　整体来看，景观都市主义引起了人们的注意，因为其设计思路似乎能填补废弃的空地，修复城市的环境；且前卫的设计理念符合美国城市的去中心化趋势。然而，在实施时，项目却与传统的公园项目类似：它们造价高昂，建设时间冗长，需要非常周全的安排和部署才能实现项目预定的影响力。除此之外，像所有精心设计的项目一样，景观都市主义项目也需要高水平的长期维护，方得以"青春永驻"。就连久负盛名的《AIA 纽约指南》（*AIA Guide to New York*）也不禁质疑，高架公园项目那"相当精致的细节在数百万游客观光后还能维持多久"（White，Willensky and Leadon 2010，219）。

　　总而言之，在收缩城市中，景观都市主义的设计思路的确十分前卫，但具体实施则将面临诸多挑战。看看布法罗市和芝加哥南部那些规模巨大的工业遗产，再看看底特律或圣路易斯市那被拆得七零八落的城市街区——

---

① 拉菲特公园（Lafayette Park）：位于底特律东部，是密斯·凡·德·罗等设计的最大的建成项目，体现了"公园里的塔楼"的现代主义设计理念。——译者注

有什么词能比 "景观" 更好地满足人们对这些地区未来的想象呢？景观都
市主义能够将城市肌理上的一点乌痣化作玫瑰；它既讲求实际，又似海市
蜃楼。它似乎能同时解决很多人们关注的问题——环保、可持续发展、传
统美国人向往的田园生活……因此，引起了不少专业设计师们的兴趣。

　　但是，对于收缩城市而言，实施景观都市主义项目似乎不切实际。首先，
这些城市财政压力大。纽约市有能力支付 1.92 亿美元将其垃圾填埋场改造
成新基尔公园；但是，像布法罗或克利夫兰这样的城市，更不用说弗林特
或扬斯敦，真的有能力将他们大片荒废的后工业地区改造成为合格的城市
景观吗？另外，在收缩城市中建设开放空间也困难重重：在收缩城市中，
土地的所有权通常极为分散。杰斐逊村的开发商懊恼地发现，即使是一块
归市政府所有的空地，在征地程序完成之前，其土地所有权也很难整合。
这给城市的再开发带来了巨大的挑战。表面上看，那些人口流失严重的住
宅区可能适合进行大规模的都市景观改造，但事实并非如此。正如英特波
罗设计公司这样的日常都市主义者所指出的：收缩城市的土地过于碎片化。
这里只适合去中心化的改造工程，甚至是前文提到的可以任由居民们进行
"吸附" 的改造行动。但大规模的改造项目在收缩城市中则会水土不服，特
别是那些带来巨大财政压力的项目，比如大型公园。在纽约市，高架公园
位于城市中市场价值较高的区域；而收缩城市的空地则通常距繁华地段甚
远，市场对其需求微乎其微。因此，在这些地方修建纽约高架公园式的巨
型项目根本不现实——即使在费城或巴尔的摩等人口稠密的城市也是如此。

　　日常都市主义能够在底特律获得 "成功"，正是因为它迎合了一个收缩
城市的各种特点：在后工业化的背景下，居民的居住地极为分散；地方政
府任由居民自生自灭；国家政策难以推行，而且往往忽视收缩城市；地方
政府主导了零星几个建设项目，但通常位于市场价值较高的地区，与人口
减少的地区距离较远。杰斐逊村的确是一个例外，但并不是所有项目都能
像它一样。另一方面，景观都市主义所需的条件通常与收缩城市能够提供
的条件相反：大面积的场地、简单的产权关系、一个强有力的政府和充足
的资本。这并不意味着费城 11 号码头、底特律帕卡德工厂和布法罗河等项

目不能称为城市景观。但是，这的确意味着，如果设计师不改变原有策略，传统意义上的景观都市主义无法适用于这些地区。为了适应收缩城市，景观都市主义需要更多地借鉴与融合日常都市主义。

5.7 新城市主义

后更新时代，城市设计对底特律和费城的影响很小。几乎所有地区吸引投资改造的可能性都不大，这使得区划对城市形态的控制和影响非常低。只有市中心地区是个例外：高层建筑项目需要城市规划，尤其在 20 世纪 80 年代的写字楼繁荣时期。然而，在衰败的社区，开发项目资金几乎全部来源于政府补贴，在这些地区控制建筑密度和容积率不是什么问题。但这并不是说政府官员们对城市设计不感兴趣。相反，对于底特律和北费城的政府和开发商来说，大型住房开发项目的形式、外观和容积率非常重要。他们寄希望于高质量的设计成为吸引中产阶层回到衰败社区的关键因素，或者为工薪阶层提供中产社区的便利设施，包括社区的稳定性、凝聚力、自豪感等无形资产。然而，费城和底特律的维多利亚花园、白杨家园、摩尔家园等面向中下阶层的项目的建设目标，则是为了更多地满足人们的实际需求和市场预期，而不是前卫设计。在这些项目中，城市设计的作用仅限于让中下阶层的住房在外观上长得像中产阶级的住房。这样的城市设计仅仅让城市的肌理具有高度的一致性，但却不具有创新性。

这种从实用主义出发的设计方法标志着，在城市更新时期结束后，设计理念也随之发生了转变。在城市更新时期，人们强调设计理念的不断创新，而不是墨守成规。这一是因为创新是现代主义的基石，二是因为人们普遍认为 20 世纪五六十年代美国的城市问题只有靠顶级设计师的颠覆性方案才能解决。例如，在纽黑文市，法国城市学家、耶鲁大学的莫里斯·罗蒂瓦尔教授参与了重新设计市中心的工作（Rae 2003，319）。在芝加哥，著名的建筑公司 SOM 主持了绝大部分南部地区的再开发设计方案（Whiting 2001，676）。就连一贯对新潮建筑持保守态度的波士顿，也为新的市政府大楼举办了一场全国性的设计竞赛（Freeman 1969, 50）。当时，美国各地的市政府纷纷聘请行业专家担任城市的总规划师，如费城从康奈尔大学聘请了培根教授 [①]，底特律从麻省理工学院聘请了布莱斯教授。但是，这些专家都无法解决现代主义的标志性问题：对人本主义关怀的缺失。尤其是波士顿和纽黑文市，后来地方政府恨不得把专家们请回去。但费城等地在二战后激进的联邦政策支持下，聘请的建筑和规划设计专家的确使城市再开发工作向更人性化、更具吸引力、更理性的方向发展。

在后城市更新时代，城市规划的实践领域对专业人才的依赖发生了重大转变。20 世纪 60 年代初，贝聿铭和密斯·凡·德·罗等知名建筑师在费城和底特律设计了大量的城市更新项目。但到了 20 世纪 90 年代和 21 世纪初，各地的再开发工作则几乎全部交给本地公司设计和运作，如白杨家园、卢德洛小镇、摩尔家园、维多利亚花园、克莱尔波因特项目、杰斐逊村等，其中杰斐逊村的设计公司是个例外，它在全美都有业务，但也起源并扎根于当地。后城市更新时代这种本地化的趋势，不但反映了用于更新工作的资金量的减少以及各界期望的下降，还反映了这些再开发项目愈加缺乏社会的关注度。当然，像费城房管局局长约翰·克罗默这样的政治家，无论他们的成就如何，都无法再像 20 世纪 60 年代时任同一职位的埃德蒙·培根那样登上《时代》杂志封面。总的来说，后城市更新时代的城市再开发项目规模更小，知名度更低，设计质量也更差。此时，鼓励创新的热潮已然褪去：保守、传统、与周围环境保持一致的设计走上了历史的舞台。

广受欢迎的在地化设计策略使后城市更新时代的城市再开发项目成了一潭死水（Altshuler and Luberoff 2003, 26）。70 年代中期以后，城市设计除了尊重周边的环境以外，没有任何创新，也不谋求在城市的再开发项目中扮演更重要的角色。底特律的杰斐逊 – 查默斯项目就是一个典型的例子：风格中庸，设计人性化，绿树成荫，可停放汽车，对行人也很友好。几乎

---

① 埃德蒙·N. 培根（Edmund N. Bacon）：于 1949 年担任费城规划委员会负责人，直至 1970 年退休，其著作《城市设计》（*Design of Cities*）已被翻译为中文。——译者注

所有美国人对杰斐逊村的建筑环境都会感觉很熟悉。即便杰斐逊村位于内城，很多美国人居住在郊区；但宜人、友好、有吸引力的社区，维多利亚风格的独户住宅，以及步行可达的商业街与购物区，仍然是极为理想的居住区模式。

后现代主义以其对历史的尊重和对过去的再现，保留了原有的城市肌理。在新城市主义大会的发起人、建筑师安德烈斯·杜安尼和伊丽莎白·普拉特－齐伯克的设计中，后现代主义与历史城市主义融会贯通。1974 年，他们毕业于耶鲁大学，在 70 年代后期，他们开始在迈阿密设计建筑。1979 年，他们开始设计"滨海家园"——一个小型的度假社区（LaFrank 1997）。滨海家园体量虽小，意义却很大：它占地仅 80 英亩、共 350 栋房屋（Krieger 1991，9），但其新历史城市主义的建筑风格却广受赞誉，重新点燃了学界对历史城市形态的兴趣。随着 90 年代初期的"新城市主义"设计运动，这一风格进一步成型。2011 年的新城市主义大会吸引了共计 3000 余名付费会员的参与（Neyfakh 2011）。

作为一项新传统主义运动，新城市主义拒绝郊区的疯狂扩张和城市更新中的极端现代主义，转而拥抱传统的设计理念。新城市主义理念下设计的社区与 20 世纪 20 年代的设计风格类似，都具有林荫大道、社区公园、商业中心等特征。新都市主义项目和 20 世纪早期美国城镇的设计和布局十分相似。例如，俄亥俄州的玛丽蒙特镇、新泽西州卡姆登约克船村，以及英国的花园城市（如莱奇沃思小镇）。这些项目的传统风貌十分突出，让人回想起"美国传统市镇最好的模样"（Calthorpe 2009，51，in Cisneros and Engdahl 2009）。在杜安尼等人随后出版的著作中，他们对比了新城市主义与二战前的美欧城市，进一步发展和阐述了这种关系（例如：Duany, Plater-Zyberk, and Alminana 2003）。

最能体现新城市主义的意义与影响的是二战后的美国郊区住宅。这些社区的密度很低，但公共设施却与老城区一样少。诚然，很多美国人喜欢郊区生活，否则也不会有这么多人在郊区定居。但是，新城市主义也得到了很多人的支持：郊区居民不愿意连买一加仑牛奶都要开车，或在川流不息的车流中遛狗；开发商希望他们的项目能在市场竞争中脱颖而出；设计师和规划师渴望塑造一个更像城市的社区。新城市主义满足了上述所有人的愿望。自 80 年代末以来，新城市主义在开发项目中的运用愈加广泛，特别是在美国南部的"阳光地带"。90 年代，迪士尼公司加入了新城市主义运动，在佛罗里达迪士尼乐园旁建造了"庆典家园"，称这是一个"追求幸福生活的美好蓝图"（Ross 1999，4）。新城市主义和新传统主义的设计并不能改变美国人对独户住宅、大型汽车或田园生活的喜好，但是它可以在精心设计的北美都市边缘的新建社区中以另一种模式满足美国人的偏好。

虽然新城市主义在郊区影响力颇大，但却无法对已建成的地区产生太大影响，因为可供开发的土地面积不够建设新的社区。而杰斐逊村的郊区风格建设得以成功，是因为它建立在拆除城市更新项目的土地之上。城市更新时期建设公共住房的项目中有相当一部分被拆除，而清理出的土地则成为新城市主义发展的基石。在 80 年代初，即滨海家园的建设开发时期，人们开始重新审视现代主义的公共住房项目。波士顿等城市修复并重新设计了公共住房，将其更新为小尺度的住宅楼，并包含不对外界开放的室外空间（Vale 2000，2002）。1992 年，一个联邦政府委托的调查委员会建议，翻新或再开发全美范围内最严重衰败的公共住房项目，随后公共住房再开发的浪潮涌向全国各地。1993 年，为所有人提供住房机会的项目（"希望六号"公共住房计划）① 正式启动。到 2007 年，联邦政府已经为"希望六号计划"拨款了 63 亿美元，用于在 193 个严重衰退的公共住房项目中拆除 134752 个住房单元，并再开发大约 10 万个公共住房单元（U.S. Congress 2008，14 and 44）。

"希望六号"计划资助的住房项目有山墙、对称的入口、前门廊和复古的装饰，看起来肯定比现代主义理念下设计的公共住宅更复古一些。尽管年代不同了，但是"希望六号"的公共住房项目同样受到了与之前城市

---

① Housing Opportunities for People Everywhere VI Urban Demonstration Program：直译为"为所有人提供住房机会的项目"，英文中常取首字母简写为 HOPE VI，中文则相应翻译为"希望六号"。——译者注

更新时期项目相同的政治影响，而新城市主义的设计理念经常受政治或市场需求的影响，被淡化或忽视。在新奥尔良，一位开发商不顾保护主义者和规划师的抗议，在"希望六号"的开发项目旁边建造了一家沃尔玛超市（Elliott，Gotham，and Milligan 2004）。并于 2001—2005 年再开发了费城艾伦家园，比起费城传统的排屋，它看起来更具有"郊区风"，类似隔壁的白杨家园。费城房管局局长约翰·克罗默说，他在"希望六号"项目中看到了"地块面积大，有庭院、车道、门廊和山墙的房屋……与郊区的住宅极为类似"（2010，93）。其实，艾伦家园不算是那种死板的新城市主义，但话说回来，失败的芝加哥罗伯特·泰勒家园项目也不是死板的现代主义。事实是，无论新城市主义的支持者如何夸赞，新城市主义也算不上一场城市设计的革命，而只是一种比当地郊区化风格住宅略好的设计策略。有时候，带有新城市主义风格的项目甚至还不如郊区化的住宅，比如艾伦家园。

在底特律和费城，除了公共住房项目之外，新城市主义对两座城市影响都相对较小。当然，费城城市的密度很大，因此填充式开发项目会有更多的新城市主义特征，比如北部自由区的汉考克广场公寓。相比费城，底特律的空置率较高，有更多可以再开发的城市土地。底特律内城附近的伍德沃德广场项目确实是一个理想的中西部城市社区的范本（图 5.4）。伍德沃德广场以街巷和略带复古风格的建筑，重现了灌木花园社区历史上的街道风貌。但是，尽管伍德沃德广场确实重现了灌木花园社区的开发强度，但因为它不具备复合的土地利用模式，所以与 20 世纪 50 年代的灌木花园社区根本不是一回事（Ryan 2002，361–362）。

底特律的新城市主义开发项目通常属于填充式开发，因为伍德沃德广场等新城市主义项目的住房密度与该地原先的状态几乎没有区别（两者都是大约每英亩 12 ~ 15 个单位）。在杰斐逊 – 查默斯地区以北，新城市主义者起初制定了一个雄心勃勃的"东区规划"，包括新的街巷、零售、社区公园和历史主义住宅（图 3.10）。如果建成的话，杰斐逊村的东区规划将代表一种具有创新性的新城市主义设计实例，取代了原有的四处分散的住房。但是，东部规划拟新建 1000 多套住宅，这是底特律市萧条的住房市场所无

图 5.4 在 20 世纪 90 年代和 21 世纪头 10 年,开发商在底特律市中心附近的一些地区建造了新城市主义住宅开发项目,例如位于灌木花园的伍德沃德广场。

摄影: 凯伦·盖奇

法承受的。而且，直到 2007 年房地产市场崩盘前，该项目仅有部分房屋落成。遗憾的是，这个底特律特色的"填充开发式"新城市主义项目从未得以实现。

在郊区，新城市主义是单调的郊区居住用地的地块划分模式的重要替代方案。但在现有的城市社区中，新城市主义其实更像文脉主义。新城市主义的设计师认为，历史上的城市形态或许就是最理想的城市形态。那么这将意味着未来城市的彻底覆灭：人类只要不断用过去的形式开发现在的城市，即可达到最佳效果。考虑到收缩城市中社区的不断衰退，这种观点似乎有些道理。再差也比现在破败的城市更好，不是吗？

在收缩城市中，新城市主义达成了景观都市主义和日常都市主义都无法实现的成就。最重要的是，新城市主义涵盖了一个城市应该有的一切元素：住房、商店、街道和小型公共空间。与日常都市主义不同，新城市主义对未来的愿景异于现状，尽管这种愿景源自过去。新城市主义的最大优势在于，它的设计策略非常便于居民、开发商和政策制定者理解，并让他们看到再开发衰败城市的希望。它"从过去中找到未来"的设计理念不仅满足了人们对保护主义和文脉主义的关注，而且满足了人们对逝去城市的怀念。与之相反，日常都市主义看起来则像是为一切当前存在的事物进行辩护；景观都市主义则像是空中楼阁，不适宜在有人居住的地区实施。新城市主义虽没有正规的创新，但在概念和未来愿景上最吸引人。

不幸的是，收缩城市的现有条件如此极端，以至于连新城市主义的愿景都不可能实现。过去 50 年间，底特律东区减少了超过 15 万套住房；而失败的东区规划仅打算新建 1000 多套住房。新城市主义的愿景源于过去，但底特律和费城等城市的美好光景却再也回不来了。底特律 15 万栋废弃的房屋将永远无法得到再利用，1950—2000 年间离开北费城的 30 多万人永远不会再回来了。在这些数据面前，新城市主义几近成为一个幻影：收缩城市可能永远无法再回到工业时代的辉煌。新城市主义者也无法给出答案：现在的底特律应该开发到什么程度？是越多越好吗？应该恢复哪部分城市肌理？其余的地方应该如何规划呢？新城市主义基于连续、完整的城市肌理开展设计，是一种非常理想化的模式，但却与收缩城市的未来格格不入。

伍德沃德广场等新城市主义开发项目可能会在衰退的大潮中逆流而上，但面对人口流失的大潮，它们终究无能为力。

2010 年，扬斯敦和底特律等城市在应对空置建筑上的策略逐渐获得了关注。这时，新城市主义者开始意识到，新传统主义的设计模式或许无法适用于收缩城市。新城市主义的坚定支持者菲利普·兰登在 2011 年初承认，"如果工业城市已经经历了数十年的衰退，那不如承认衰退的现实"（Langdon 2011，1）。但是，除了指出"收缩城市发展缓慢"这个显而易见的事实外，兰登几乎没有提出任何可行的措施和建议。当新城市主义大会的发起人安德烈斯·杜安尼紧张地注意到景观都市主义在环境和可持续性等热点问题上的影响力越来越强，而新城市主义对此缺少相关的影响力时（Duany 2010）。在新城市主义的大会上，人们不得不开始讨论"在经济衰退后，随着一些城市的收缩，人们开始以新的方式思考城市问题。底特律的部分地区能否，以及是否应该恢复为农田？都市农业是解决城市衰退问题的重要方法吗？"（New Urban Network 2010）。然而，受新城市主义对密度、原有城市形态和新传统建筑的一贯主张所限，新城市主义者虽然提出了这些重要问题，却无法进行解答。

5.8 非实验时代

新城市主义者主张的新历史主义风格的建筑和城市形态，标志着在后更新时代城市设计本能地排斥各种实验性的设计。城市更新时代的错误和痛苦告诉人们，城市是难以被实验的：建筑成本太高，土地太稀缺，而且对生活造成的影响代价太大。极端现代主义最广受诉病的是，它认为城市及其居民只是一个宏大实验的素材。为了改善人类的福祉，设计师、规划师和政治家可在城市的画布上任意作画。现代主义甚至混淆了实验艺术和实城市主义。对此，简·雅各布斯批判道："城市无法，也不能成为艺术品"（1961，372）。雅各布斯还提到，"如果我们认为，城市或者社区就是一堆建筑的集合体，同时认为它们的秩序与经过训练所绘制的绘画一样，那么这就大错特错了。真实的生活远比艺术来得复杂。如此的混淆，会让城市变成一个'四不像'的标本，既不是生活，也不是艺术…… 现代主义扼杀了城市生活，也扼杀了艺术，只会使人们的生活变得更加贫乏"（1961，373）。不幸的是，简·雅各布斯是对的。极端现代主义城市设计的宏大实验不仅导致项目本身（如明尼阿波利斯市的滨河松庭项目）的失败，而且导致人们失去了对城市设计进行实验的能力和勇气。

后更新时代的在地化设计从夏洛特花园开始，直到 2010 年费城摩尔家园第三期项目竣工，有力地说明了 1975 年后城市设计在实验和创新上停滞的事实。虽然开发商仍在建造具有创新性的高端住房，但至少就可能影响普通居民生活的项目而言，创新的确停止了。但人们也可以将 1975 年后应对衰退的设计视为另一种创新：只在私人开发商、城市居民和市政府当局愿意接受的范围内进行实验。其结果很明显：以上三方都不愿意接受实验。在后更新时代，底特律和费城这两个城市的再开发经历都揭示了同一个道理：收缩城市中的城市设计为什么不再具有创新性。开发商用他们惯用的套路建设各类以盈利为首要目的的项目；居民则更容易接受那些外形普通的住宅项目。政治家与开发商和居民想要的一样，并且知道，这将使他们的城市看起来平平无奇，泯然于众。三方都渴望同一件事：保守主义。

回顾过去，我们会发现，简·雅各布斯所述的"扼杀了艺术"，即创新和实验的终结，也许是极端现代主义所带来的最具毁灭性的遗产，甚至超过了极端现代主义在全盛时期直接对居民生活所造成的影响。城市更新只是现代主义失败的一个缩影而已，它不但让城市的居民对此彻底失望，还为新保守主义势力的抬头提供了契机，导致目前联邦政府很少考虑有关城市地区的重大发展政策。收缩城市完全没有受益于这一趋势，因为它们对政策创新的需求是最迫切的。

当人们可以接受当下的状况时，保守主义就有了意义。但是，收缩城市中急剧的经济衰退、人口流失和建筑衰败表明，当下状况恰恰又是不可取的。最讽刺的是，后更新时代的收缩城市明明最需要设计上的创新，却只能眼睁睁看着它远去。其实，人们能想出无数种方法重新设计与规划收缩城市中的住房、社区甚至整座城市，从而提高居民的生活质量。但是，由于后更新时代去中心化的政治格局，开发商、居民和地方政府三方都偏向于保守主义，使得这一切都未发生。简·雅各布斯尽管不喜欢现代主义式的城市设计实验，却是创新的狂热倡导者：她的后期著作（1969，1984）强烈呼吁经济创新，大力赞扬其益处。然而，她没有注意到，创新的终结虽然使人们无法享受到带来的益处，但也避免了可能带来的负面影响。另一方面，虽然难以带来任何变革，但保守主义的好处是可以经受历史的检验。

在过度泛滥的现代主义潮流过后，后更新时代的保守主义倾向似乎颇为合理。事实上，城市更新的停止并没有拯救收缩城市，同样的，后城市更新时期在设计与规划上放弃创新也帮不了收缩城市。如果收缩城市想有任何发展，城市设计的创新必不可少。当我们畅想未来之时，不禁要问，如果收缩城市既不能过度创新，走极端现代主义的道路；又不能过度保守，走新城市主义的怀旧道路，那么，路究竟应该在何方呢？

5.9　走向社会城市主义：收缩城市设计的五项原则

为了给收缩城市在城市设计和"社会城市主义"提供新的思路，我在下文中提出了未来城市设计的五项原则。这些原则与美国收缩城市的特殊条件密切相关，但同样适用于存在人口和住房减少的任何地方。这五项原则是：（1）姑息式规划；（2）干预主义政策；（3）民主决策；（4）预见性设计；（5）城市织补。以下，我将依次对它们进行讨论。

（1）姑息式规划

在人们对收缩城市进行任何再开发工作之前，都必须认识到，它们的衰退并非开发商、设计师和政府的措施所能完全补救。在分析纽黑文的持续衰退时，道格拉斯·雷曾说，该市的"制造业流失由两大历史趋势共同推动"，即"区域性的衰退"和"郊区化"（2003，361–362）。在这之上，更宏观的因素则是技术的迭代，以及改变美国经济竞争力的全球性产业转移，等等。无论是在城市更新时期，还是在后更新时代，抑或是在遥远的未来，这些宏观趋势都是城市更新相关领域的决策者们所无法控制的。但是，面对这一沉重的事实，我们不能放弃或屈服，而是要积极思考出路：如费恩斯坦所呼吁的"非改良主义的改良"。在这里，我们也可以称其为"姑息式规划"。

"姑息式规划"认为，政策干预可以缓解，但不能逆转收缩城市的衰落，就像临终关怀医院对于奄奄一息的病人一样。即使经济学家们认为，收缩城市的居民可以搬到经济更发达的地方，但实际上很多留下来的人是因为他们不想去别的地方，或者根本去不了别的地方。或许继续留在收缩城市里生活不符合逻辑，但现实中的人们就不是经济学中的"理性人"，大家都过着没那么理性却仍旧多姿多彩的生活。留下还是离开，这是个人决定，国家无法干预其中。因此，地方政府应该认识到，即使选民逐渐流失，他们也有责任开展姑息式规划，以改善选民的生活。

姑息式规划主张，收缩城市中的政府领导应该从实际出发，减轻当地居民因人口减少而承受的各种痛苦和不幸。政治家应采取措施，减缓人口流失的速度，达到利益的最大化。纽约州布法罗市可能再也不会有1950年时的58万人口，但在2000年，仍有29万居民生活在这里（虽然其人口仍在不断地流失）。姑息式规划认为，政治家们应努力改善那些人口、房屋减少速度最快地区的居民福祉，以尽可能减少人口的进一步流失。姑息式规划措施应优先针对那些严重衰败的社区，因为这些地方更容易受到人口流失的影响，而且居民的生活质量是全市最差的。如果社区居民的生活质量提高了，人们就更不可能选择离开了。

姑息式规划还主张，地方政府应该努力修缮衰败的社区，给居民一个留下的理由。废弃的房屋通常位于不稳定、衰败的社区，状况不佳，而且周边公共设施很少，居民的居住体验极差。因此，姑息式规划的策略是，政府应建设新社区，以此留住居民，甚至吸引新居民，从而让社区居民更加多元化，同时社区的状况变得更为稳定。这正是费城房管局在北费城南部的策略：它成功吸引并留住了工薪阶级，即使这并未改变北费城地区衰落以及费城去工业化的整体趋势。在白杨家园，姑息式规划没有得到完整的实施：只建设了住房，而没有建设其他构成良好社区的元素，如学校或零售店。但即便如此，白杨家园这一案例也证实了姑息式规划的巨大潜力。

（2）干预主义政策

城市更新以政策干预为基础。城市的问题非常严重，需要大量联邦资金的投入和政策的关注。当然，现代主义式的干预都失败了：或许因为问题过于严重，或许因为补救措施缺少足够的考量。无论哪种情况，尼克松政府都不想再实施那些会激怒选民且无法产生积极影响的政策。后来，奥巴马政府推出的"患者保护与平价医疗法案"似乎也面临类似的局面，因为保守的共和党人正加班加点试图推翻它。许多美国人强烈反对政府干预：他们更希望政府能够放任自流，而不是制定政策影响他们的生活，即使这项政策的确能够改善他们的生活。

在收缩城市中，人们也有着类似的怀疑。城市更新带来的负面影响仍旧让他们记忆犹新，而像杰斐逊村这样丑态百出的再开发项目几乎无法让居民相信，政府有能力且愿意兑现改善人民生活的承诺。但在更宏观的层面上，要求政府对收缩城市进行干预的呼声却从未如此强烈。对费城的司竹特市长和底特律的宾市长而言，拆除废弃房屋都是他们的重要竞选议题。在布法罗市和巴尔的摩市，市长们也提出了拆除废弃房屋的倡议。最近美国各地出台的多个耗资巨大的拆除政策表明，地方政府并不反对干预城市收缩进程，执行诸如发行债券（费城）或接收国家拨款（底特律）等财政政策。对规划师和设计师而言，这样的积极态度是个好消息。但与此同时，不断采用拆除作为主要政策的现状也表明，仅干预本身并不足以解决房屋废弃的问题。政府必须努力进行积极的干预，城市建设量要与拆除量相匹配：政府在拆除老社区的同时，也要有能力建造一个新的社区。

当然，干预主义政策是有风险的：政策的干预越多，它的对社会的影响就越大；而如果政策失败，就会反噬那些发起和推动它的人们。干预性政策会消耗政治资本，因此政客们需要确保其取得积极的成果，否则就有失去民众支持的风险。这正是城市更新时期所发生的事情。尼克松宣布取消城市更新政策，一方面是因为其政治理念更加保守；但另一方面，也是出于一个很实际的政治愿望，即撤销前任总统（林登·约翰逊）的失败政策，以提高自己的政治声望。当城市更新这一政策被政府抛弃后，规划师仍然尝试城市更新策略是非常危险的，就像在第 1 章中讨论过的那样。但是，干预主义带来的关注度和影响力是把双刃剑，项目失败时带来风险，但成功时也会带来很大回报。正因如此，政治家们一直很喜欢搞大工程：即使只是再新建一个体育馆，建设本身总会让政府显得正在努力做些什么。比如，底特律的杨市长建成文艺复兴中心和两个新汽车厂，就以此标榜自己了。然而，费城的司竹特市长在"社区改造计划"中拆除了 5000 余间废弃房屋，才是真正值得标榜的政绩。

后更新时代的小型项目展示了非干预主义政策的两面性：小型项目的成本较低，但没有获得公众关注，因此几乎没有任何政治影响。威尔逊·古德政府在北费城的分散规划和建设的项目并未改变公众对北费城落后、深陷困境的认知；杨市长和阿彻市长在底特律分散建设的小规模中低收入住房也没有扭转人们对底特律的看法。因此，对政治家来说，采取政府干预可以获得不错的回报：干预规模越大，就越能获得越广泛的关注，带来更多的政治利益。明白这个道理后，底特律的杨市长和阿彻市长批准了维多利亚花园和杰斐逊村项目，费城的克罗默则将联邦政府下发的社区发展补助计划的资金用于建设白杨家园项目。

政治考量并不是支持干预主义的唯一理由。在衰败的社区中，更大规模的改造项目可以创造一种与众不同的社区认同感，强化社区纽带，从而促进社会稳定。在奥德姆步道、夏洛特花园和约克镇等各种大型的、与众不同的项目中，居民的社区认同感都很强。很多人表示，他们对项目的忠诚度甚至超过了对更大范围内社区的忠诚度。只有干预主义政策，即大规模、影响广泛的项目，才能产生实际影响，带来社会凝聚力和民众的政治支持。

（3）民主决策

收缩城市中有大量贫困人口。在一个经济衰退的地方，无论是就业、居住地、还是社区，穷人的选择是所有人中最少的。简而言之，在收缩城市中的穷人活得很惨；而不幸的是，收缩城市中确实有很多穷人。秉持正义与民主的原则，政府应尽一切可能，优先改善穷苦百姓的生活质量。

在后城市更新时代，再开发项目通常没有改善最贫穷人口的生活。相反，居者有其屋政策①通常使中产阶级和工薪阶级家庭受益，他们被视为稳定社区的基础。在这件事上，地方政府通常别无选择。资助白杨家园的尼希米计划是一个提升居住者购买当地房产的项目，就像资助摩尔家园的"居者有其屋"计划一样。维多利亚花园和杰斐逊村是为中产阶级购房者建造的。鉴于补助金指导意见旨在提高居民购买当地房产的比例，希望拿到这些补助金的政客就必须遵守相关意见，他们无法为最贫穷的人提供房屋。甚至"希望六号"计划的目的也不是为了安置公共住房的居民，而是为了提升居民的收入多样性，实现不同社会阶层居民的大混居。

考虑到收缩城市中的大量贫困人口，即使开发的项目并不总是能够直接使贫困人口受益，各方应将贫困人口的利益牢记在心中，通过间接的方式使贫苦人口受益。例如，约克镇开放式的街区和住房设计使它与周围的环境相互联通；尽管约克镇居民的生活条件比周围的居民更好，但这传达了一种融入周边地区的态度。维多利亚花园则有明确的边界，采用了围栏和单一入口，传达了与约克镇完全相反的信息。杰斐逊村对穷人一样不友好，让以前居住在这里的人搬走，而不是允许他们留在新项目附近，或在新项目内留有一席之地。由于建造和维护新项目的成本高昂，最贫困的人群可能的确无法居住于此；但是，如果新项目与周围环境互联互通，就可以增加周边地区的稳定性。另外，如果新项目建造新的公共设施或商业设施，也会使周边地区受益。例如，维多利亚花园项目的开发商在杰斐逊大

---

① 即上文提及的"希望六号"计划。——译者注

道上建造的商业设施，已经让整个社区的消费者受益。

出于同样的原因，若是新开发项目散布在收缩城市的各个区域，那么不同区域的居民都可以受益于这些新社区的建立，即使他们并不住在这些新项目之中。然而，在底特律和费城，由于政策决定和资金限制，大型开发项目只能集中在少数几个地段，如北费城南部地区。相反，尽管北费城北部地区的居民也需要新的住房，但这里却很少受到政府的关注。

将新开发的项目散落分布于各个衰败的地区，可以保证社会的公平和稳定。因此，决策者们需要摒弃"政府投资项目应撬动私人资本"的旧观念。例如，底特律许多地区的大型政府补贴住宅项目，难以刺激周边地区新建更多的住房，因为这些地区远离房地产相对繁荣的区域。然而，这里的人们有着与任何其他地区的人们一样的需求：他们想要有地方住。政府应以民主决策为基石，尽可能将新开发项目带来的收益分配给更多的人。这一行动将向区位条件欠佳、面临不断衰败的地区的人们宣告：你们不会被政府忘记，你们与那些发达地区的人民一样重要。当然，在这里建设项目会面临资金问题；但就像麦德林的法哈多市长一样，美国的收缩城市也应该"将最美好的建筑献给最贫苦的百姓"，并将其视为必须解决的首要问题。因为，在这些收缩城市中，有太多的人在贫困中挣扎。

在新开发项目的规划和设计中，民主决策同样重要。新建的住房应满足居民的需求，而且在开发过程不应侵犯该地原有居民的权利。原住民需要得到保证：第一，他们不会流离失所；第二，如果需要搬迁，会有人为他们提供新的住所，或帮助他们搬迁；第三，最终迁入的新社区比旧社区的条件更好。在收缩城市中，政府补贴建设新社区应该是一种民主行为；而在设计和规划这些开发项目期间，政府需要通过民主的方式就收缩城市的设计征求群众的意见。

（4）预见性设计

或许，极端现代主义最大的吸引力，是它给了人们梦想——城市正向着一个更美好的未来稳步前行。然而，在少数几个极端现代主义项目中，美梦变成了噩梦：伦敦市的罗南角项目轰然倒地，芝加哥的卡布里尼格林项目犯罪猖獗。虽然这只是个例，但足以让人们失去信心：民众不再信任，甚至开始蔑视任何颠覆性的设计。从这个角度来看，在现代主义过度扩张失败后，新城市主义的保守举措显得很合理：既然我们无法创造未来，那就只好回到过去。

但这种新历史主义其实反应过度了。伦敦的奥达姆步道和费城的约克镇项目证明，现代主义设计可以既有预见性（即立足当下、面向未来），又有高度的社会敏感性。哈佛大学教授彼得·罗的《现代化与住宅》（*Modernity and Housing*）（1993 年）是对改良后的现代主义的详细探索，其中总结了当代城市与住房设计的六个权威标准："存在"、"开放性与预设性"、"充分与精确"、"常态化与独特性"、"可接受的抽象性"和"城市中的投射 / 知名度"（Rowe 1993，271–330）。罗教授的标准为我们提供了一个详细的参考，即现代住宅如何兼顾社会需求和表达设计的现代性。要想实现这些目标具有非常大的挑战性：我们所熟知的设计要么过于抽象和前卫（极端现代主义），要么蕴含了太多的隐喻（后现代主义），却不熟悉那些既符合未来需求，又尊重当地环境的设计。

当然，所有建筑都应当具有预见性；但在收缩城市中，预见性设计格外重要，因为大多数现有的建成环境极为糟糕。预见性设计在收缩城市中很少见，但并非不为人知。最著名的案例之一位于新奥尔良的下九区，一个因卡特里娜飓风袭击而导致洪水泛滥的社区。正确行事基金会 ① 在这里建造了 33 套新住宅（Make It Right 2011）的设计颇有预见性。这些设计既现代又抽象，其功能非常适应当地的环境，例如房屋中的节能设计和防风防雨材料。在建筑设计上，与费城的摩尔家园三期中的普通住宅相比，正确行事基金会的设计更具备前瞻性。

然而，作为一个预见性设计项目，正确行事基金会有两大问题。首先，它未能塑造一个看起来团结、有凝聚力的城市社区，因为每座房子都是由

---

① 　正确行事基金会（Make It Right Foundation）：2007 年由好莱坞明星布拉德·皮特创立。——译者注

不同的设计师设计的，房屋外表各不相同。项目整体呈现的视觉形象十分不协调，设计风格相互打架，既像一个小规模的建设设计竞赛的参赛作品，又像一群暴发户住的别墅社区。与此同时，正确行事基金会完全没有试图改善下九区社区整体的设计质量：每栋新建的住房只是在现有街区格网中重新占据原先空置的土地，导致整个社区的空间结构并不完整和连续。第九区的社区设计源于19世纪投机主义理念下的土地性质划分，几乎没有考虑公共开放空间的设置，也没有分等级、成体系的道路交通系统。总而言之，正确行事基金会过分强调单个建筑本身的预见性设计，而忽略了整个项目和周边社区的预见性设计。收缩城市中，一个真正合格的预见性设计项目应该兼顾建筑单体和社区整体两个方面。

罗教授的两项标准，即"常态化与独特性"和"可接受的抽象性"，对于补充民主决策下的预见性设计尤为重要。无论作为一个社区，还是作为现代建筑本身，约克镇都是成功的。因为它的设计让居民感到梦想成真，也符合社会理想。同时，它很符合建设时期流行的现代主义风格，居民们也认可约克镇抽象的建筑设计风格。同时，作为费城工薪阶层的住房，约克镇的设计符合其定位，平衡了原有的北费城南部中下阶层的社会结构。而在底特律和费城的其他地区，后更新时代的住房却没有达成这种平衡。当然，因为这些住房与社会期望相符，它们看上去还算正常。但是建筑设计上的抽象性和独特性要么彻底不存在，要么残存无几。对于这样的住房，居民还是会愿意接受，但它们的设计并不具有预见性。

对于缺乏投资的社区而言，在设计的预见性和民主性之间进行平衡是至关重要的。极端现代主义在社会和建筑形式上的实验留下了非常沉重的包袱。在美国，政治家和设计师无法强迫社会底层的百姓住进这些实验性的楼房中，因为这些设计的"独特性"很快就会成为标志他们底层身份的一种耻辱。尤其是那些高层且聚集了大量贫困人口的公共住房项目；它们的大规模失败带来了极其惨痛的代价。相似的，通过新建社区重新激活收缩城市既非常重要，但过于昂贵了，为了完成这项任务而开展建设并没有太大的意思。人们很少关注全美的城市再开发工程，也不怎么关注维多利亚花园和白杨家园这样的项目。如果政策制定者将大量的公共资金投入干预性的项目中，那么开发项目的设计就应该具有预见性，并且能干预现实的状况。遗憾的是，在全美各地近十年的拆除废弃建筑的政策中，如费城的"社区改造计划"，都看不到一个真正有预见性的项目。往者不可谏，来者犹可追，收缩城市应努力把握未来的机会。

（5）城市织补

历史对现在城市的最大影响，就在于城市的肌理。一旦街道和建筑的肌理建成了，各种开发和投资项目就会在此基础上展开。在不断的投资和建设项目之后，城市肌理不断得以强化，这就是为什么改变曼哈顿的街区网格极其困难。即使是纽约州务卿罗伯特·摩西强力推动的城市更新计划，也只能改变曼哈顿岛边缘的路网肌理，而曼哈顿岛的中心区肌理则保持原状。总之，改变城市肌理可能是一项艰巨且成本高昂的工作。

然而，在收缩城市中，因为房产的价值逐渐走低，改变城市肌理的难度降低了：获得土地和房产所需的资金越来越少，而要求变革和创新设计的呼声则越来越高。在 20 世纪 50 年代，为了推进埃德蒙·培根提出的社会山再开发项目，费城市政府征收了大片街区。费城市政府之所以有能力这样做，是因为该地区的房产价格已经大幅下降。即使在财政更加拮据的90 年代，费城住房办也能为开发白杨家园征收土地，并重塑街区和街道。但是，北费城南部有大量的联排住宅，使得重新设计这条街道变得更具挑战性。在底特律，人们可以在更大程度上重新设计这座城市。底特律的收缩如此严重，以至于许多社区的房产价值甚至接近于零，而当地房屋弃置现象如此普遍，以至于许多街区几乎空无一人。90 年代，底特律出现了杰斐逊村等位于内城的郊区风格项目，说明城市的肌理十分松散，街道格局完全重塑，甚至可以在内城建设带有"尽端路"的郊区住宅项目。

底特律和费城 19 世纪时的街道是网格状的，有着规律性、可预测性的优点，但也带来了单调、混乱、缺乏等级体系、交通堵塞等问题。如果城市状态良好，无论现存的城市肌理有多少不足，设计师仍旧无能为力。除非建设大型工程，如体育场馆或会议中心等，它们背后的巨额投资使设计师的颠覆式设计成为可能。但是，在收缩城市中，城市肌理被侵蚀的程度不同：一些衰败的社区正在经历住房流失，而另一些社区则在健康发展。在肌理被侵蚀的地区，设计师可以通过关闭、整合或新建街道和街区，重新设计其肌理。新社区的设计与建设将给城市的肌理带来变化，但可以肯定的是，19 世纪城市肌理与道路网络的调整面临着诸多的问题。

近四五十年间，随着收缩城市中的住房被持续拆除，一种新的城市肌理开始出现。它由三种不同类型的斑块组成：几乎完好无损的地区、住房正在陆续拆除的地区和完全弃置、少有人居住的地区。如巴尔的摩市住房专员所述（Janes 2011，私人交流），随着人口的收缩愈演愈烈，衰败的地区通常"不断吞噬周边地区，面积越来越大，就像不断膨胀的太阳系那样"。

在历史悠久的工业城市中，城市的肌理通常整齐划一，老城的肌理至今完好无损。但在收缩城市中，无论是建筑的密度、居民区的排布、尚存的建筑，还是开放空间的分布，都十分不规律。对于由收缩形成的新城市肌理，学界通常称之为斑块化的城市。这些斑块是动态演变的，时间的推移，废弃、拆除和新项目建设，都会导致这些斑块的变化。如果任其发展，这些斑块的肌理将变得非常混乱，且不可预测。但是，人们也可以通过建设新的开发项目，让这些斑块的肌理趋于稳定。当新项目建设后，收缩城市的斑块肌理可能会得到调整，抑或趋于稳定。在 20 世纪 90 年代和 21 世纪初，底特律的杰斐逊村和北费城南部的新项目让周边地区的城市肌理得以稳定。

在美国的城市中，区划对大部分的地区赋以相似的用地性质和指标，但城市设计则完全不一样，对城市中不同的区域有着差异化的处理。这种城市设计模式并非只针对收缩城市。城市中总是只有一小部分地区有着较强的市场潜力，所以这部分区域日新月异，而其他地方则发展缓慢，甚至停滞不前。凯文·林奇在他职业生涯的早期就发现了这种区域性的差异（Lynch 1947）。城市织补承认城市设计师和决策者的能力是有限的，尤其当项目的资金主要来自政府时，新开发的项目只能采用针灸式的渐进主义

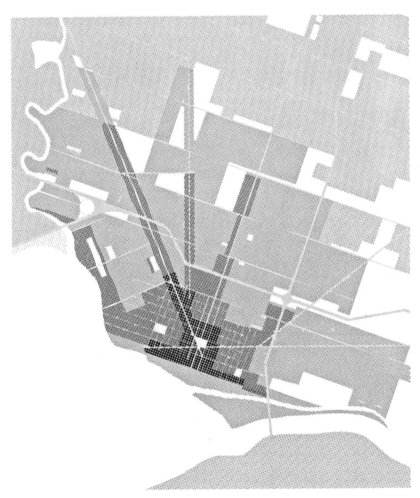

图 5.5　这幅插图展示了 20 世纪 50 年代一个典型美国工业城市的形态：这座工业城市的肌理高度同质化，市中心和主要大道两则拥有较高的密度。
插图由作者和艾莉森·胡（Allison Hu）提供

改变城市的肌理。

　　新的社区往往建设周期冗长，因此收缩城市的肌理会随着人口减少而不断碎片化：在开发部分区域的同时，其他区域房屋弃置的现象可能更加严峻。如果收缩持续进行，城市的格局最终可能会稳定下来，并且仍由三

图 5.6 1950 年后，随着大片建筑乃至整个社区被废弃，城市开始收缩。随着部分肌理的消失，城市逐渐碎片化。

插图由作者和艾莉森·胡提供

部分构成：因市场活跃，城市肌理完整的区域；公共政策驱动下建设起来的新城肌理；几乎完全被弃置的地区。这种斑块的最终分布和格局在每个城市都有所不同，不仅取决于市场状态，还取决于不同城市的城市设计干预政策。以下数幅图，展示了一个典型收缩城市的斑块演变进程（图 5.5 ~

图 5.7　在这座典型收缩城市中，后更新时代的再开发项目一般由私人资本所驱动，空间上邻近城市中心及其周边地区的，在城市的外围地区则有小型的非营利组织开发的项目。私人资本驱动下，城市中的开发项目在分布上极为破碎。
插图由作者和艾莉森·胡提供

图 5.8 ）。

　　斑块化的城市肌理并不是收缩城市所独有的。其实，大多数城市的空间结构都带有斑块化的特点，我们可以认为，那些精心设计的地区在其他普通设计作品的环绕下，也是一种斑块的类型。在洛杉矶，建筑批判家雷

图 5.8 另一种再开发策略是，在一些主干路和高速路附近地区，选择大片集中的空地，集中开发大规模的住宅项目。
插图由作者和艾莉森·胡提供

纳·班纳姆描述了"飞地的艺术"。他认为，洛杉矶的空间结构是"独户住宅的海洋中有几簇塔楼群"，"洛杉矶的城市肌理并不像某些专业规划师所描述的那么无趣"（1971，137）。班纳姆认为，"系统性规划"，比如城市设计，仅存在于"少部分的城市飞地"和"步行区"中，如洛杉矶的圣莫尼卡码头、威尼斯海滩和曾经的洛杉矶奥尔维拉大道广场。或者说，他认为，整个洛杉矶城是由公路和郊区构成的汪洋大海，而精心设计的区域不过是其间散落的礁石。

长久以来，人们一直认为收缩和衰退是可悲的，不仅因为它们带来了各种社会和经济问题，还因为它们破坏了城市的肌理，使城市的历史风貌荡然无存。然而，其实大多数美国城市原有的肌理并不比洛杉矶的"成山成海的独户住宅"更具特色，人们不如接受收缩城市中大部分城市肌理正在衰落和被侵蚀的现实。这给了城市设计师一个重新思考住房、社区和城市肌理的机会，也使决策者能够像克罗默在北费城南部所做的那样，全面、有策略地考虑如何通过开发新的公共项目介入城市发展，而不是像底特律那样跟随开发商的指示。如果我们再乐观一点，在秉持干预主义的决策者，以及乐于创新的城市设计师的共同领导下，收缩城市甚至可能变成新一代城市形态的先行者：整座城市的建成区和开放空间可以相互穿插，不同地区的建筑密度和肌理类型各不相同，以满足不同人群的需求（图 5.9 ~ 图 5.11）。这正是凯文·林奇的理想，他认为城市的边缘区是实现这一理想最好的地方（Lynch 1981，293–317）。但事实证明，这种理想中的城市形态无法应用于美国郊区，主要有以下两大原因：第一，郊区居民非常反对住宅密度和容积率的上升；第二，郊区房地产市场的压力和碎片化的地方政府管理体系，使得除了以低密度独户住宅区为主的区划以外，大规模的城市设计难以实施。

收缩城市则不同，这里的房地产市场几乎没有任何需求，因此市政府和非营利机构自然而然地承担起了开发项目的责任。城市政府的辖区比郊区政府的辖区更小，也比它们对辖区的掌控力更强。在收缩城市中，许多穷人对政府有各种各样的需求，因而需要政府对此进行干预。政府主导的开发项目在规模和质量上既受到施政能力和设计师创新能力的限制，又受到资金和经济运营情况的限制。对城市设计而言，收缩城市是一片充满机会的沃土，不逊于任何其他城市。

图 5.9 在收缩城市衰落前，一个社区的空间结构往往是这样的：建筑密度中等，建有独户和双拼住宅，主街上有商业设施。
插图由作者和艾莉森·胡提供

图 5.10 在衰落时期，社区中出现了一些空置的土地、废弃的住宅，人们居住的住宅分散于整个社区。
插图由作者和艾莉森·胡提供

图 5.11　激进的城市设计可以在旧房基础上改建新房、新建公共和半公共的开放空间，以及改变街道结构，对这些社区进行再开发。城市设计师可以将仍然有人居住的房屋平移到社区内的另一个位置，或者让现有的居民迁居进住改建后的新房。如图 5.8 所示。

插图由作者和艾莉森·胡提供

5.10　终章：A 市的故事，2061 年

　　20 世纪上半叶，这座城市飞速发展。1950 年，A 市在多个工业领域保持领先。市政府委托规划委员会制定的总体规划方案提出，预计到 1980 年，A 市总人口将增长 50%。不幸的是，这座城市开始出现人口流失现象。20 世纪五六十年代，市政府在城市建设上投入巨大，新建高速公路，拆除贫民窟，但都未能成功扭转颓势。人口持续流失，城市更新运动期间没有拆除的街区人口也在逐渐减少。废弃建筑遍布全市，房产价值一落千丈。20 世纪 70 年代初期，A 市的最后一个城市更新项目——一座新工厂建成，但是不久就破产了。数以百计的房屋被拆除，但清理出的土地却空置了 30 余年。70 年代中期，城市几近破产，犯罪日益猖獗。居民选举出了一位新市长。此后 20 余年间，地方政府的政策聚焦于预防犯罪、稳定财政，以及开

发市中心项目，如会议中心。然而，城市人口继续流失。1990 年，该市人口较 1970 年减少了 40%。在一些社区，70% 的住房弃置后拆除。90 年代，非营利组织开始在 A 市各处分散建造住房，市中心边缘的商品房获得了政府的高额补贴，但它们似乎都无法阻挡收缩的大潮。2005 年，随着人口持续流失，市长颁布了拆除方案，计划在全市范围内拆除 1 万余栋废弃的房屋，预计成本 6 亿美元。然而，因资金匮乏，该计划进展缓慢。

2012 年，随着最后一家大型工业企业撤出，A 市正式完成向服务型经济的过渡。在新市长的领导下，该市的住房、规划和再开发机构决定采取新策略，将有限的再开发资金集中在几个大型项目上，而不是在全市范围内平均分配。在听从一个咨询公司的建议后，A 市政府选择在三个高空置率区域分别进行建设（图 5.8）。由于建设成本较高，政府补贴给拆除工作和非营利性组织的资金不得不减少。起初，非营利组织提出抗议，但新的社区开发项目为社区和非营利组织的合作提供了许多契机，从而减轻了人们对市政府忽视居民需求和社区建设的担忧。

建设新社区背后的政策意图其实很简单：主要是为了面向中低收入阶层提高居民持有房产的比率，同时为低收入阶层提供出租房。由于市政府仍在偿还早年间拆除空置与废弃建筑物欠下的债务，这个社区建设所用的资金几乎都来自联邦和州政府。在新社区，仍有一些原先的居民在此居住，他们的住房可能已经被货币化征收并拆除，或者补偿得到一套位于新社区的住房。绝大多数原先社区的居民对他们的新生活很满意，只有不到 5% 的居民同时拒绝两种补偿方案。每个新社区的设计均由一个全国知名的建筑师和城市规划师团队负责，各社区均包含中等密度的住宅、集合式住宅、开放空间和多功能的社区与零售空间（图 5.11）。每个新社区都有 300 ~ 400 套住宅，成功吸引了便利店和大型商业进驻，充实了原先的商业设施。

A 市的新策略引发了全国性关注。大众媒体和专业期刊的反复曝光，为 A 市带来了它所渴望的高知名度。设计师创新了建设方法，大量房屋同时建设，压低了单体建筑的建设成本。评论家大力赞扬新住宅的可持续设计及其对携老带小家庭需求的敏感性。美国住房与城市发展部部长主持了A市某社区的奠基仪式，向市长私下承诺新增补贴。旋即在下一个年度，A市从联邦政府获得了更多的社区开发补助资金。

新社区的建设共持续 8 年，为城市新增了 1500 套住宅。与此同时，A市又有 3000 栋旧房被弃置，但房屋净流失的速度显著低于预期。许多原计划离开A市的低收入群体转而搬进了新社区。新社区的建设并没有影响其他住宅项目的开发。城市内原本稳定的社区仍保持原样，商品房开发项目继续进行。私企开发的项目仍旧可以获得适度补贴，但市政府出台了严格的规定，禁止对私企开发商进行高额补贴，除非其开发项目面向中低收入家庭。

2023 年，随着三个第一代社区正式建成，A市政府决定新建两个更大的社区。一个社区坐落于高空置率的地区，几十年来都没有任何新建的项目；另一个社区位于城市主要的商业街旁，坐落于两个第一代社区之间。在规划局、再开发局和房产局合并为住建局之后，领导们决定以更高的容积率建设城市主要商业街沿线的住宅，而距商业街较远区域的住宅则不需要那么高的容积率，可以多建一些游乐场和社区公园。

这两代新建社区共同构成了新的城市肌理，四周环绕着各种类型的开放空间，许多街区的住宅持续遭到废弃。A市的政府无法遏制整个城市的经济衰退，因为他们无法同时在全市各地采取行动。2025 年，市政府终于决定，将只剩一栋房屋的街道划归业主所有，同时业主也需要承担维护和保养街道的责任。许多业主听到这项政策后，决定抛弃他们的房屋，而另一些人则选择将公共设施据为己有。原先网格状的街区开始变得更加多样化，街区的规模大小不一，街区内住宅的密度也参差不齐。

此后 40 年间，尽管市政府继续建设新的社区，A市的人口和住房仍继续保持下滑，许多地区一片荒芜。非营利组织管理着大部分空置土地，种植当地的植物，或发展新型都市农业。几个街区迎来了新主人：要么彻底变成郊野公园，要么成为神秘的艺术作品，要么被称为寻宝乐园。但是，城市里并没有人对此提出异议。毕竟，对于现有的人口规模来说，城市已经足够大了。一些居民还以他们的"艺术作品"为荣，一些"作品"甚至吸引了外地游客参观。

虽然部分地区一片荒芜，但整座城市仍欣欣向荣。随着老旧建筑改造工作的持续落地，A 市部分地区进一步绅士化。在两代决策者、设计师和规划师的不懈努力下，2061 年，即 A 市再开发政策转型的 50 周年之际，A 市约 15% 的住房（1 万余套）位于新的社区之中。这座城市成为全国公认的人性化、可持续和创新设计的实验基地。一些社区获得了设计奖项，成为建筑学院的参观学习基地。早在 21 世纪 20 年代，A 市的新社区战略就曾引发全国性的关注，许多城市开始学习模仿其经验，开展类似的城市再开发项目。

在 A 市的大多数地方，旧城几乎没有留下任何痕迹。偶尔，人们可以在自然区域中发现一座废弃的消防站或学校。在新社区中，许多老旧的建筑重新设计后，融入了新社区的肌理之中。当然，与百年前的经济巅峰相比，A 市的经济和人口总量都相去甚远。但是，其人口和住房几乎不再流失。在 1950 年，甚至 2000 年，没有任何人能想象 A 市如今的样子。但现在，绝大多数居民认为，这里是一个宜居的好地方。并且相信未来会更好。2011 年，人们认为这是一座收缩城市，50 年后，A 市早已撕下收缩的标签。许多居民甚至难以想象，他们的城市曾一度陷入困境。2061 年，收缩已逝，未来已来。

注 释

第1章

1. 否认城市更新仅仅是一种更大范围的城市扩张，这种观点逐渐得到规划师们的广泛认同，自 20 世纪 70 年代起，在城市的外围，各类城市政策的改革都把重心放在开发、管制和尝试阻止低密度住区的开发（Bruegmann 2005, 121-136）。规划师们和蔓延的不懈斗争，最终使得设计与规划方法的革新就像第 5 章对新城市主义的讨论一样。

2. 1960 年的总人口为 554958，其中白人为 433796（78%）。1980 年的总人口为 284392，其中白人为 57977，非裔美国人为 135403，其他黑色人种为 2390，西裔为 80338，非西裔的拉丁人为 8175，因此黑人与拉丁人合计为 215741（76%）。

3. http://www.zillow.com/homedetails/1545-Charlotte-St-Bronx-NY-10460/29783367_zpid（2011 年 1 月 20 日访问有效）。

第2章

1. 在 1950 年的美国人口统计中，底特律市的人口为 1849568，而底特律周边地区的人口总和为 824211，这也就意味着底特律大都市区范围内，69% 的人口居住在底特律市的行政边界范围之内。但是到了 2000 年，情况就反过来了。底特律大都市统计区中只有 21.4% 的人居住在底特律市的行政边界范围之内（4441551 人居住在底特律大都市统计区，而只有 951270 人居住在底特律市的行政边界范围内）。

2. 对底特律市的人口普查统计区进行分析是很困难的。很多人口普查统计区在 20 世纪 70~90 年代间，由于城市人口的大量流失，调整了统计的边界。在绝大多数情况下，所有1970年的统计边界先合并成一个整体，再拆分成若干个1990年的统计边界，从而使后者单个统计单元的边界范围更大。举例来说，五个1970年的统计边界可以先合并成一个整体，然后拆分成三个1990年的统计边界。除非合并之后的人口普查统计区，否则跨年份间比较人口普查区的数据变得十分困难。为了比较1970年和1990年人口普查统计区的数据，我的做法是，观察1970年和1990年的人口普查区，找到共同的边界后，将若干个1970年的人口普查区合并，再1970年的人口数据根据合并后1990年的人口普查区数量进行均分。这种做法可能使单个人口普查区的数据产生偏差，但却保证了合并后人口普查区数据的正确性。

第3章

1. 美国的两位学者——洛根（Logan）和莫洛奇（Molotch）在1987年创造了"增长机器"一词，用来形容受后城市更新时期新自由主义思想的影响，在开发项目中实现政治诉求以及谋求私人利益。同样，城市更新也摆脱不了增长机器的影响，安德森（Anderson）在1964年出版的书中对此有详细的记载。

2. 城市更新项目帮助房主逃离不断贬值中的住房，但是这并不意味着所有的房主和租客都欢迎征地。房主和租客对征地的反对在20世纪90年代后期的杰斐逊村项目中体现得淋漓尽致。

第4章

1. 英国女王伊丽莎白二世首先提出了"值得被救助的穷人"（deserving poor），用以形容那些虽然有意愿工作，但是依旧贫穷的人。在政府眼中，"值得被救助的穷人"比那些不愿意工作的穷人更值得被救助。

2. 这种关系在今天的北费城社区中依旧如此。位于白杨社区西侧若干街区的瑞奇大道（Ridge Avenue）与第十六街的不同寻常的交叉口，就是一个典型的例子。

3. 出售数据详见 www.ablerealestate.net/listnow/listings.html?p=005c7e5bbc

38-47c1-a114-6552f9a10b10（2011 年 1 月 3 日访问有效）。出租数据详见
www.myfavoritehomesearch.com/homes/11222061/PA/Philadelphia/1314-Poplar-
Street-19123/（2011 年 2 月 1 日访问有效）。

第 5 章

1. 对于旧公园景观因缺少规划而引发的破坏性效果，以及对设计的负面
影响，在奥古斯特·海克什尔（August Heckscher）的《开放空间：美国城市
的生活》（*Open Space: The Life of American Cities*）一书中有很详细的记载。

参考文献

68 Stat. 590 (1954). Public Law 83-560/Chapter 649, 83rd Congress, Session 2. An Act: To Aid in the Provision and Improvement of Housing, the Elimination and Prevention of Slums, and the Conservation and Development of Urban Communities.

Academy for Sustainable Communities. "Odhams Walk: A Thriving Community in the Heart of the City." 2010. http://asc2.futura.com/CaseStudies/Odhams/Impact/Default.aspx. Accessed November 11, 2010.

Adams, Carolyn, David Bartelt, David Elesh, Ira Goldstein, Nancy Kleiniewski, and William Yancey. *Philadelphia: Neighborhoods, Division, and Conflict in a Postindustrial City.* Philadelphia: Temple University Press, 1991.

Altshuler, Alan, and David Luberoff. *Mega-projects: The Changing Politics of Public Investment.* Washington, D.C.: Brookings Institution Press; Cambridge, Mass.: Lincoln Institute of Land Policy, 2003.

Anderson, Martin. *The Federal Bulldozer: A Critical Analysis of Urban Renewal.* Cambridge: MIT Press, 1964.

Ankeny, Robert. "Title Problems Beset Jefferson Village Plans." *Crain's Detroit Business,* July 31, 2000, 40.

———. "Work Begins on Phase II of Woodward Place." *Crain's Detroit Business,* June 4, 2001, 47.

Anson, Brian. *I'll Fight You for It!: Behind the Struggle for Covent Garden.* London: Cape, 1981.

Associated Press. "Detroit's 3,000 Demolished Home Goal Within Reach." January 7, 2011. http://www.mlive.com/news/detroit/index.ssf/2011/01/detroits_3000_demolished_home.html.

Bacon, Edmund. *Design of Cities.* New York: Viking Press, 1967.

Bailey, James. "An In-city New Town Stalled by Environmentalists." *AIA Journal* (December 1974): 33–34.

Ball, Don. "Foreclosures Costing FHA Millions." *Washington Post,* December 12, 1971.

Ballon, Hilary, and Jackson, Kenneth, eds. *Robert Moses and the Modern City: The Transformation of New York.* New York: W. W. Norton & Co., 2007.

Banham, Reyner. *Los Angeles: The Architecture of Four Ecologies.* London: Allen Lane, 1971.

————. *Megastructure: Urban Futures of the Recent Past.* London: Thames and Hudson, 1976.

————. *A Concrete Atlantis: U.S Industrial Building and European Modern Architecture, 1900–1925.* Cambridge: MIT Press, 1986.

Barkholz, David. "Developers Plan Subdivision on Detroit's East Side." *Crain's Detroit Business,* December 10, 1990, 3.

Barron, James. "Turning Trash Piles into a Bird-Watcher's Paradise." *New York Times,* January 26, 2010.

Bauman, John F. *Public Housing, Race, and Renewal: Urban Planning in Philadelphia, 1920–1974.* Philadelphia: Temple University Press, 1987.

Beardsley, John, and Christian Werthmann. "Improving Informal Settlements: Ideas from Latin America." *Harvard Design Magazine* (28) 2008.

Belanger, Duane E. "Building the City's Future." *Detroit News,* November 26, 1991.

Birch, Eugenie Ladner. "Downtown Living: A Deeper Look." *Land Lines* 14:3 (July 2002): 12–15.

————. "Edith Elmer Wood and the Genesis of Liberal Housing Thought." Thesis, Columbia University, 1976.

————. "Who Lives Downtown?" In *Redefining Urban and Suburban: Evidence from Census 2000,* edited by Berube et al. Washington, D.C.: Brookings Institution Press, 2006: 44–61.

Blanco, Carolina, and Hidetsugu Kobayashi. "Urban Transformation in Slum Districts Through Public Space Generation and Cable Transportation at Northeastern Area: Medellín, Columbia." *Journal of International Social Research* 2:8 (Summer 2009): 78–90.

Bloom, Nicholas Dagen. *Public Housing That Worked: New York in the Twentieth Century.* Philadelphia: University of Pennsylvania Press, 2008.

Bluestone, Barry, and Bennett Harrison. *The Deindustrialization of America: Plant Closings, Community Abandonment, and the Dismantling of Basic Industry.* New York: Basic Books, 1982.

Bolger, Rory Michael. "Recession in Detroit: Strategies of a Plantside Community and the Corporate Elite." Diss., Wayne State University, 1979.

Bolton, Charles Knowles. *Brookline: The History of a Favored Town.* Brookline, Mass.: C. A. W. Spencer, 1897.

Bradbury, Katherine L., et al. *Urban Decline and the Future of American Cities.* Washington, D.C.: Brookings Institution, 1982.

"Bronx Housing Slated." *New York Times,* November 24, 1960, 34.

Bruegmann, Robert. *Sprawl: A Compact History.* Chicago: Chicago University Press, 2005.

Bryan, Jack. "New Town/Out of Town, New Town/In Town: Twin Cities of Minneapolis, St. Paul Have New Sets of Twins." *Journal of Housing* (April 1972): 119–31.

Calthorpe, Peter. "HOPE VI and New Urbanism." In *From Despair to Hope: HOPE*

VI and the New Promise of Public Housing in America's Cities. Washington, D.C.: Brookings Institution, 2009: 49–63.

Caulfield, John. "Changing Direction: A Developer's Detours to Address Philadelphia's Affordable Housing Shortage." *Builder*, January 2009. www.builderonline.com/affordable-housing/. Accessed January 3, 2011.

Campo, Daniel. "In the Footsteps of the Federal Writers' Project: Revisiting the Workshop of the World." *Landscape Journal* 29 (2010): 2–10.

Caro, Robert A. *The Power Broker: Robert Moses and the Fall of New York*. New York: Vintage, 1974.

Carter, Edward. *The Future of London*. Harmondsworth, Middlesex, UK: Penguin Books, 1962.

Cedar-Riverside Adult Education Collaborative. "Who Are We? A Short History of Cedar-Riverside." www.cr.themlc.org. Accessed December 26, 2010.

Cedar-Riverside Associates. *Cedar-Riverside New Community: Narrative Description*. Minneapolis: Cedar-Riverside Associates, 1971.

CensusCD Neighborhood Change Database (NCDB): Selected Variables for US Census Tracts for 1970, 1980, 1990, 2000 and Mapping Too! East Brunswick, N.J.: Geolytics, 2001.

CensusCD 1960. East Brunswick, N.J., 2001.

CensusCD 1970. East Brunswick, N.J. : Geolytics, 2001.

CensusCD 1980. East Brunswick, N.J.: Geolytics, 2001.

Center City District. *Center City: Planning for Growth, 2007–2012*. Philadelphia: Center City District, 2007.

———. *Center City Reports: Residential Development 2010: Diversification Pays Dividends*. Philadelphia: Center City District, 2010.

Chafets, Ze'ev. *Devil's Night: And Other True Tales of Detroit*. New York: Vintage Books, 1991.

Chargot, Patricia. "A Nice Neighborhood Gone Wrong." *Detroit Free Press*, February 3, 1980, 1A.

———. "Optimism Amidst Urban Blight." *Detroit Free Press*, February 4, 1980, 3A.

Chase, John, Margaret Crawford, and John Kaliski, eds. *Everyday Urbanism*. 2nd ed. New York: Monacelli Press, 2008.

Christensen, Jean. "Planned Towns as Big Business." *New York Times*, August 5, 1973, 137.

Cisneros, Henry G., and Lora Engdahl. *From Despair to Hope: HOPE VI and the New Promise of Public Housing in America's Cities*. Washington, D.C.: Brookings Institution Press, 2009.

City of Buffalo Department of Administration, Finance, Policy and Urban Affairs. "Mayor Brown's '5 in 5' Demolition Plan." *Moving Buffalo Forward: Policy Briefs from the Brown Administration* 1:1 (August 2007): 1–4.

City of Detroit City Council. *Notice of Public Hearing: Modified Development Plan*

for the Jefferson-Chalmers Neighborhood Development Program Area, Mich. A-4-1.
January 22, 1973.

————. *Notice of Public Hearing: Modified Development Plan for the Jefferson-Chalmers Neighborhood Development Program Area, Mich. A-4-1.* September 28, 1976.

Clark, Vernon. "New Temple Student Housing Stirs Renaissance West of Broad Street." *Philadelphia Inquirer,* October 15, 2010.

Cleveland City Planning Commission. *Cleveland Policy Planning Report.* Cleveland: Cleveland City Planning Commission, 1975.

Cohen, James R. "Population Thinning Strategies for Baltimore: Implications for Historic Preservation, Citizen Participation, and 'Smart Growth.'" Thinning Cities Conference, Cornell University. Ithaca, N.Y., September 8–9, 2000.

Colborn, Marge. "Couple Builds Urban Dream House: Detroit's Victoria Park is a City Neighborhood with a Suburban Feel." *Detroit News,* January 10, 1998, D20.

Covent Garden Planning Team. *Covent Garden's Moving: Covent Garden Area Draft Plan: Consortium of Greater London, City of Westminster and London Borough of Camden.* London: Greater London Council, 1968.

Crosswinds. "Jefferson Village." www.crosswindsus.com/michigan/detroit_jefferson_village/models.html. Accessed December 19, 2010.

Cummings, Jean L., Denise DiPasquale, and Matthew E. Kahn. "Measuring the Consequences of Promoting Inner City Homeownership." *Journal of Housing Economics* 11 (2002): 330–59.

Curry Stone Design Prize. "Sergio Fajardo + Alejandro Echeverri: Transformative Public Works Initiative." Interview. 2010. http://currystonedesignprize.com/2009/finalists/fajardo_and_echeverri. Accessed January 15, 2011.

Czerniak, Julia, ed. *CASE: Downsview Park, Toronto.* Cambridge, Mass.: Harvard University Graduate School of Design, 2001.

Daughen, Joseph R., and Peter Binzen. *The Cop Who Would Be King: Mayor Frank Rizzo.* Boston: Little Brown, 1977.

Davidoff, Paul. "Advocacy and Pluralism in Planning." *Journal of the American Institute of Planners* (November 1965): 331–38.

Dembart, Lee. "Carter Takes 'Sobering' Trip to South Bronx." *New York Times,* October 6, 1977, 66.

"Detroit Developers Set to Break Ground on One of the Largest Eastside Housing Developments in Years." *PR Newswire,* March 24, 2003.

"Detroit to Host Builders Association of Southeastern Michigan Homearama, Mayor Young Announces." *PR Newswire,* April 19, 1991.

"Detroit Subdivision on Track Despite Mayor's Warning." *Detroit News,* July 2, 1991.

Dobrin, Peter. "Kimmel Weighs Renovations: Low Public Use of the Arts Center and an Inferior Acoustic Are the Top Targets for Planners." *Philadelphia Inquirer,* November 19, 2008.

Dreussi, Amy Shriver, and Peter Leahy. "Urban Development Action Grants Revisited." *Review of Policy Research* 17:2–3 (June 2000): 120–37.

Duany, Andres, Elizabeth Plater-Zybrek, and Robert Alminana. *The New Civic Art: Elements of Town Planning.* New York: Rizzoli, 2003.

———. "A General Theory of Sustainable Urbanism." In *Ecological Urbanism*, edited by Mohsen Mostafavi with Gareth Doherty. Baden, Switzerland: Lars Muller Publishers, 2010: 245–50.

Edmonds, Patricia. "Young's Grand Vision: New Towns, Industry." *Detroit Free Press,* September 24, 1986, 1A, 15A.

Elliott, James R., Kevin Fox Gotham, and Melinda J. Milligan. "Framing the Urban: Struggles Over HOPE VI and New Urbanism in a Historic City." *City & Community* 3:4 (December 2004): 373–94.

Elrich, M.L. "New Homes Bring Hope for Detroit Neighborhood's Revival." *Detroit Free Press*, March 27, 2003.

Evenson, Norma. *Two Brazilian Capitals: Architecture and Urbanism in Rio de Janeiro and Brasilia.* New Haven, Conn.: Yale University Press, 1973.

Fainstein, Susan. *The Just City.* Ithaca, N.Y.: Cornell University Press, 2010.

Featherman, Sandra. "Early Abandonment: A Profile of Residential Abandonment in the Early Stages of Development." In *Papers in Urban Problems 1.* Philadelphia: University of Pennsylvania Department of City and Regional Planning, 1976.

Fogelson, Robert M. *Downtown: Its Rise and Fall, 1880–1950.* New Haven, Conn.: Yale University Press, 2001.

Fraser, Nancy, and Axel Honneth. *Redistribution or Recognition? A Political-Philosophical Exchange.* New York: Verso, 2003.

Freeman, Donald, ed. *Boston/Architecture: The Boston Society of Architects.* Cambridge: MIT Press, 1969.

Frej, William, and Harry Specht. "The Housing and Community Development Act of 1974: Implications for Policy and Planning." *Social Service Review* 50:2 (1976): 275–92.

Frieden, Bernard J., and Lynne Sagalyn. *Downtown Inc.: How America Rebuilds Cities.* Cambridge, Mass.: MIT Press, 1989.

Gallagher, John. *Reimagining Detroit: Opportunities for Redefining an American City.* Detroit, Mich.: Wayne State University Press, 2010.

Garvin, Alexander. *The American City: What Works and What Doesn't.* New York: McGraw-Hill, 1996.

Gavrilovich, Peter, and Bill McGraw. *The Detroit Almanac: 300 Years of Life in the Motor City.* Detroit: Detroit Free Press, 2000.

Gelbart, Marcia. "The Street Legacy: Agenda for Renewal, Overshadowed." *Philadelphia Inquirer*, January 6, 2008, A1.

Gillette, Howard. *Camden After the Fall: Decline and Renewal in a Post-industrial City.* Philadelphia: University of Pennsylvania Press, 2005.

Glaeser, Edward L., and Joseph Gyourko. "Urban Decline and Durable Housing."

National Bureau of Economic Research Working Paper Series 2001: 1–72.

Goldberger, Paul. "Design: The National A.I.A Awards." *New York Times*, May 18, 1975, 69–70.

——. "Ruling Against Model High-Rise Disputes Federal Housing Ideas." *New York Times*, October 8, 1976, 1.

"Good Detroit News: Beaver Signals Cleaner River; Cleanup of Detroit River Is Starting to Pay Off, Officials Note." MSNBC, February 16, 2009. www.msnbc.msn.com/id/29222122/ns/us_news-environment/. Accessed December 13, 2010.

Goode, W. Wilson, with Joann Stevens. *In Goode Faith*. Valley Forge, Pa.: Judson Press, 1992.

Goodin, Michael. "Sold!: Victoria Park Has Buyers for Most Homes." *Crain's Detroit Business*, March 9, 1992, 1.

——. "Rehab Would Cover Entire Neighborhood." *Crain's Detroit Business*, August 30, 1993, 1.

——. "Land Along Riverfront May Become Battleground." *Crain's Detroit Business*, January 1, 1996, 3.

"Graimark Realty Advisors, Inc.: Detroit City Homes Affordable; Single Family Housing Development." *PR Newswire*, October 24, 1997.

Gray, Madison. "Podcast: Will Light Rail Lay Tracks in Motown?" *Time: The Detroit Blog*. detroit.blogs.time.com/2010/08/06. Accessed December 29, 2010.

Greater London Council, Department of Architecture and Civic Design. *Covent Garden's Moving: Covent Garden Draft Plan*. London: Greater London Council, ca. 1969.

——. *GLC Architecture 1965/70: The Work of the GLC's Department of Architecture and Civic Design*. London: Greater London Council, 1970.

——. *GLC Architects Review 2*. London: Academy Editions, 1976.

——. *The Greater London Council (Covent Garden) GLC Action Area Plan: Resolution of Adoption, Written Statement, Proposals Map*. London: Greater London Council, 1978.

——. *New Directions in Housing: GLC Architects Review 3*. London: Academy Editions, 1977.

——. *Review, 1974/Greater London Council Architects Department*. London: Greater London Council, 1974.

Grewal, San. "What's Going On with 10 Major Projects Around the GTA." *The Star*, May 25, 2010. www.thestar.com/813841. Accessed January 24, 2011.

Grutzner, Charles. "Issue of 'Fair Trade' Still Very Much Alive." *New York Times*, June 3, 1951, 149.

Grzech, Ellen. "Jefferson-Chalmers Agency Plants 200 Townhouses." *Detroit Free Press*, June 26, 1976, 6-A.

Hall, Peter. *Cities of Tomorrow: An Intellectual History of Urban Planning and Design in the 20th Century.* 3rd ed. Oxford: Blackwell, 2002.

Hauser, Michael, and Marianne Weldon. *Hudson's: Detroit's Legendary Department Store.* Charleston, S.C.: Arcadia, 2004.

Hawthorne, Christopher. "Medellín, Colombia's Architectural Renaissance." *Los Angeles Times,* May 8, 2010. http://articles.latimes.com/2010/may/08/entertainment/la-ca-medellin-20100509-1.

Heller, Gregory L. "Salesman of Ideas: The Life Experiences That Shaped Edmund Bacon." In *Imagining Philadelphia: Edmund Bacon and the Future of the City,* edited by Scott Gabriel Knowles. Philadelphia: University of Pennsylvania Press, 2009: 19–51.

Henderson, Tom, and Robert Ankeny. "Complex Deals Help Projects Pay Off: Creative Financing, Incentives Drive Detroit Development." *Crain's Detroit Business,* August 21, 2006, 14.

Henion, Andy. "People Mover Grows Up: Proposal Would Extend Route to New Center." *Detroit News,* December 23, 2006. www.detnews.com/article/20061223/METRO/612230387. Accessed December 29, 2010.

Herbers, John. "House Passes Bill with Broad Provisions for New Communities." *New York Times,* December 20, 1970, 32.

Heron, W. Kim. "$50 Million Awarded for Chrysler Plant: Grant, Loan to Preserve Jefferson Ave. Jobs." *Detroit Free Press,* September 24, 1986, 1A.

Hinds, Michael deCourcy. "After Renaissance of the 70s and 80s, Philadelphia Is Struggling to Survive." *New York Times,* June 21, 1990, A16.

———. "Its Cash and Tempers Short, Philadelphia Seeks Solvency." *New York Times,* September 11, 1990, A1.

Home, Robert, and Sebastian Loew. *Covent Garden.* London: Surveyors, 1987.

"Honor Awards Go to Nine Buildings: The 25-Year Award to a Glass House." *American Institute of Architects Journal* (May 1975): 26–43.

Hoyt, Homer. United States Federal Housing Administration. *The Structure and Growth of Residential Neighborhoods in American Cities.* Washington, D.C.: U.S. Government Printing Office, 1939.

Huxtable, Ada Louise. "The Gospel According to Giedion and Gropius Is Under Attack." *New York Times,* June 27, 1976, 47.

Ilka, Douglas. "New Subdivision Will Mark Rebirth of Single-Family Housing in Detroit." *Detroit News,* November 22, 1991.

Interboro Partners. "Improve Your Lot!" In *VERB Crisis: Architecture Boogazine.* Barcelona: Actar, 2008: 240–69.

———. "Improve Your Lot!" In *Cities Growing Smaller.* Cleveland: Kent State University, Cleveland Urban Design Collaborative, 2008: 46–64.

Jackson, Kathy. "Ford Engineer's Island Dream Is Nearing Reality." *Crain's Detroit Business,* July 3, 1989, 11.

Jackson, Kenneth T. *Crabgrass Frontier: The Suburbanization of the United States.* New York: Oxford University Press, 1985.

Jackson, Samuel C. "New Communities." *HUD Challenge*, August 1972, 4–23.

Jacobs, Jane. *The Death and Life of Great American Cities.* New York: Vintage, 1961.

———. *The Economy of Cities.* New York: Random House, 1969.

———. *Cities and the Wealth of Nations.* New York: Random House, 1984.

Jencks, Charles. *The Language of Post-Modern Architecture.* New York: Rizzoli, 1981.

Johnson, Saunia. "Mellon PSFS Keeps North Philly Revitalization Going." *Philadelphia Tribune*, January 13, 1998, 3A.

Kerkstra, Patrick. "Special Report: A Surprising Mix of Bricks, Mortar, and Imagination." *PlanPhilly*, December 2, 2010. Planphilly.com/special-report-surprising-mix-bricks-mortar-and-im agination. Accessed January 3, 2011.

Kieran, Christopher. "One Hancock Square: A Kaleidoscope of Color and Light Graces the Façade of Erdy McHenry Architecture LLC's Mixed-use Project." *Architectural Record*, June 2008. Archrecord.construction.com. Accessed January 4, 2011.

Klatt, Bebbe, ed. *GLC/ILEA Architecture 1976–1986: An Illustrated Record of the Work of the GLC/ILEA Department of Architecture and Civic Design in the Decade 1976–1986.* London: Architectural Press, 1986.

Kleinman, Kent. "Detroit's Michigan." *Arkkitehti* (1997): 28–31.

Klemek, Christopher. "From Political Outsider to Power Broker in Two 'Great American Cities': Jane Jacobs and the Fall of the Urban Renewal Order in New York and Toronto." *Journal of Urban History* 34 (January 2008): 309–32.

———. "The Rise and Fall of the New Left Urbanism." *Daedalus* 138:2 (Spring 2009): 73–82, 144.

Knowles, Scott Gabriel, ed. *Imagining Philadelphia: Edmund Bacon and the City of the Future.* Philadelphia: University of Pennsylvania Press, 2009.

Koolhaas, Rem. *S M L XL.* New York: Monacelli Press, 1995.

———. "Miestakes." In *Mies in America*, edited by Phyllis Lambert. New York: Harry N. Abrams, 2001.

Kraemer, Kenneth L. *The Concept, Theory, and Objectives of Urban Renewal.* Los Angeles: University of South California, City and Regional Planning and School of Public Administration, 1965.

Krause, Charles. "HUD Blamed as Detroit Homes Rot." *Washington Post*, March 15, 1976, A1, A3.

Krieger, Alex. "Since (and Before) Seaside." In *Towns and Town-Making Principles.* Cambridge, Mass.: Harvard University Graduate School of Design, 1991.

Kromer, John. *Fixing Broken Cities: Implementation of Urban Development Strategies.* New York: Routledge, 2010.

———. *Neighborhood Recovery: Reinvestment Policy for the New Hometown.* New Brunswick, N.J.: Rutgers University Press, 2000.

Kromer, John, to Reverend Ralph Blanks. Memorandum. April 6, 1993.

Kromer, John, to Ronald Wilson. Memorandum, April 3, 1992.

LaFrank, Kathleen. "Seaside, Florida: 'The New Town—The Old Ways.'" *Perspectives in Vernacular Architecture* 6, Shaping Communities (1997): 111–21.

Langdon, Philip. "'Shrinking' the City Cannot Be the Whole Solution." *New Urban Network,* January 12, 2011. http://newurbannetwork.com/article/%E2%80%98shrink ing%E2%80%99-city-cannot-be-whole-solution-13849. Accessed February 20, 2011.

Lee, Rebecca. "The Affordable Option: Charlotte Street Manufactured Housing." In *The Unsheltered Woman: Women and Housing in the 80s,* edited by Eugenie Ladner Birch. New Brunswick, N.J.: Center for Urban Policy Research, Rutgers University, 1985: 277–82.

Leonardo, Joseph, Chief, Community Planning Division, Philadelphia City Planning Commission, to Sharon Grinnel. Memorandum, September 21, 1994.

Lerman, Brian R. "Mandatory Inclusionary Zoning: The Answer to the Affordable Housing Problem." *Boston College Environmental Affairs Law Review* 33:2 (2006): 383–416.

Leven, Charles L., et al., eds. *Neighborhood Change: Lessons in the Dynamics of Urban Decay.* New York: Praeger, 1976.

Logan, John, and Harvey L. Molotch. *Urban Fortunes: The Political Economy of Place.* Berkeley: University of California Press, 1987.

Loos, Adolf. "Ornament und Verbrechen." In *Trotzdem, 1900–1930,* by Adolf Loos. Innsbruck: Brenner-Verlag, 1931.

Lucey, Catherine. "40,000 City Properties Abandoned: Now What?" *Philadelphia Inquirer.* July 28, 2010. articles.philly.com/2010–07–28/news/24969809_1_abandoned-property-tax-delinquent-properties-numerous-city-agencies. Accessed December 17, 2010.

Lueck, Thomas J. "Giuliani Plans Inducements to Revive Wall Street Area." *New York Times,* December 16, 1994.

Lynch, Kevin. "Controlling the Flow of Rebuilding and Replanning in Residential Areas." Bachelor's thesis, Massachusetts Institute of Technology, 1947.

———. *Good City Form.* Cambridge, Mass.: MIT Press, 1981.

Macdonald, Christine. "How Former HUD Chief's Detroit Housing Project Failed." *Detroit News,* April 14, 2011. www.detnews.com/article/20110414/METRO/10414 0394, Accessed April 22, 2011.

Mahler, Jonathan. *Ladies and Gentleman, the Bronx Is Burning: 1977 Baseball, Politics, and the Battle for the Soul of a City.* New York: Farrar, Straus and Giroux, 2005.

Make It Right. "Our Work and Progress: Track Our Progress." *Make It Right.* 2011. www.makeitrightnola.org/index.php/work_progress/track_progress/. Accessed February 20, 2011.

"Making Housing Affordable: The Newest Inner-City Houses Have Amenities That Match Many in the Suburbs; Keeping the Cost Down Is Hard Work." *Philadelphia Inquirer*, May 11, 1997.

Marchand, Yves, and Roland Meffre. *The Ruins of Detroit*. Göttingen, Germany: Steidl, 2010.

Markiewicz, David A. "Hometown Model." *Detroit News*, June 1, 1992, 3F.

Martignoni, Jimena. "How Medellín Got Its Groove Back." *Architectural Record* 197:3 (March 2009): 37.

Martin, Judith A. *Recycling the Central City: The Development of a New Town-in Town*. Minneapolis: Center for Urban and Regional Affairs, University of Minnesota, 1978.

McDonald, Maureen. "Success Spreads Around Development: Victoria Park Sparks Growth in City's Once Blighted Areas." *Detroit News*, December 24, 2002. http://www.crosswindsus.com/news_2002-dec-24.html. Accessed December 1, 2010.

McKee, Guian. "A Utopian, a Utopianist, or Whatever the Heck It Is: Edmund Bacon and the Complexity of the City." In *Imagining Philadelphia: Edmund Bacon and the Future of the City*, edited by Scott Gabriel Knowles. Philadelphia: University of Pennsylvania Press, 2009: 52–77.

Midgette, Anne. "A Regional Center Is Set to Replace a Hall That Has Been Problematic for Nearly a Century." *New York Times*, March 28, 1999, AR37.

Miller, Nancy A. "Arrested Development: Can Ralph Rapson's Progressive Vision for America's First 'New Town-In Town' Be Recovered in the Beleaguered Cedar Square West?" *Architecture Minnesota*, January–February 2006, 38–43, 54, 56.

Minneapolis City Planning Commission. *Riverside: Challenge and Opportunity*. Analysis report, Winter 1965–66, Publication No. 168, Neighborhood Series No. 10.

Mishler, Tom, Pennsylvania Horticultural Society, to Anne Fadullon. Memorandum. September 22, 1994.

Montgomery, Paul. "New Towns Here Held Essential to Ease Pressures." *New York Times*, May 11, 1971, 35.

Morgan, Jennifer M. "Zoning for All: Using Inclusionary Zoning Techniques to Promote Affordable Housing." *Emory Law Journal* 44 (Winter 1995): 359–93.

"National Transportation Statistics 2002." *Bureau of Transportation Statistics*. December 2002. www.bts.gov/publications/national_transportation_statistics/2002/excel/table_highway_profile.xls. Accessed July 24, 2009.

Neubacher, Jim, and Ellen Grzech. "Charting the Tragedy of the Lower East Side—a Fifth of It Has Vanished." *Detroit Free Press*, December 11, 1977, 1B.

Newman, Oscar. *Defensible Space: Crime Prevention Through Urban Design*. New York: Macmillan, 1972.

New Urban Network. "Waldheim/Duany Dialogue CNU 19." *New Urban Network*. December 6, 2010. http://newurbannetwork.com/article/waldheimduany-dialoguecnu-19-13669. Accessed February 20, 2011.

New York City Department of City Planning. *Fresh Kills Park: Draft Master Plan.* March 2006.

New York City Department of Parks. "Freshkills Park." www.nycgovparks.org/ sub_your_park/fresh_kills_park/html/fresh_kills_park.html. Accessed January 24, 2011.

The New York Yankees 1977 World Series. Directed by A&E Home Video. 1977, 2007.

Neyfakh, Leon. "Green Building." *Boston Globe,* January 30, 2011. www.boston.com/ bostonglobe/ideas/articles/2011/01/30/green_building/. Accessed February 4, 2011.

Nixon, Richard. "Radio Address About the State of the Union Message on Community Development." Paper 68, March 4, 1973. In *Public Papers of the Presidents of the United States: Richard Nixon; Containing the Public Messages, Speeches, and Statements of the President, 1973.* Washington, D.C.: U.S. Government Printing Office, 1975: 164–68.

———. "State of the Union Message to the Congress on Community Development." Paper 73, March 8, 1973. In *Public Papers of the Presidents of the United States: Richard Nixon; Containing the Public Messages, Speeches, and Statements of the President, 1973.* Washington, D.C.: U.S. Government Printing Office, 1975: 171–80.

Northrup, Becki, to John Kromer. Memorandum, February 12, 1992.

OKKS Development. "Cecil B. Moore Homeownership." http://okksdevelopment .com/Current_Projects.html. Accessed January 3, 2011.

Okrent, Daniel. "Detroit: The Death- and Possible Life- of a Great City." *Time,* September 24, 2009. www.time.com/time/printout/0,8816,1925796,00.html. Accessed December 29, 2010.

Oser, Alan. "About Real Estate: US Re-evaluating 'New Towns Program.'" *New York Times,* July 23, 1976, 10.

———. "Owner-Occupied Houses: New Test in South Bronx." *New York Times,* April 1, 1983, A17.

Ostmann, Robert, Jr. "Jefferson-Chalmers Troubled: E. Side Renewal Miracle Falters." *Detroit Free Press,* December 13, 1976, 1A, 10A.

Oswalt, Philipp, ed. *Shrinking Cities.* Vol. 1, *International Research.* Ostfildern-Ruit, Germany: Hatje Cantz, 2005.

Palm, Kristin. "One Building's Struggle: Hudson's Department Store, Detroit." *Metropolis,* June 1998, 33, 39, 41.

Park, Kyong. *Urban Ecology: Detroit and Beyond.* Hong Kong: Map Book Publishers, 2005.

Pawlowski, Diane. "Development May Stop Demolition: Jefferson-Chalmers Pact Signals Area Rebirth." *Detroit News,* April 16, 1976.

Penn Institute for Urban Research, with Econsult Corporation and May 8 Consulting. *Vacant Land Management in Philadelphia: The Costs of the Current System and the*

Benefits of Reform. Philadelphia: Penn Institute for Urban Research, 2010.

Pennsylvania Horticultural Society. *Urban Vacant Land: Issues and Recommendations: Executive Summary.* Philadelphia: Pennsylvania Horticultural Society, 1998.

Pepper, Jon. "Building Homes Inside Detroit Is a Strong Step Toward Rebuilding the City." *Detroit News,* November 17, 1991, 1D, 2C.

Pew Charitable Trusts. "Delaward Waterfront Corporation Breaks Ground for Race Street Pier." www.pewtrusts.org.

Philadelphia City Planning Commission. *North Philadelphia Databook.* Philadelphia: Philadelphia City Planning Commission, 1986.

———. *North Philadelphia Plan: A Guide to Revitalization.* Philadelphia: Philadelphia City Planning Commission, 1987.

———. "Meeting minutes." September 23, 1993.

Philadelphia Office of Housing and Community Development (OHCD). *Home in North Philadelphia.* Report, 1993.

———. Poplar Nehemiah Project Development Team. "Meeting minutes." April 28, 1994.

———. "Meeting minutes." September 29, 1994.

———. "Meeting minutes." October 6, 1994.

———. "Learning from Yorktown." Report, 1996.

———. "Proposal for the Cecil B. Moore Homeownership Zone." Application to the Department of Housing and Urban Development, 1996.

———. Cecil B. Moore Project Development Team. "Meeting minutes." November 19, 1997.

———. "Year 27 Consolidated Plan, Fiscal Year 2002." 2002.

———. "Neighborhoods Online: OHCD Lower North." Phillyneighborhoods.org/. Accessed January 3, 2011.

Philadelphia Housing Authority. "About Scattered Sites." 2010. www.pha.phila.gov/housing%5CTypes_of_Housing%5CAbout_Scattered_Sites.html. Accessed December 19, 2010.

Philadelphia Housing Development Corporation. "Cecil B. Moore Homeownership Zone." www.phdchousing.org/cbm.htm. Accessed January 4, 2011.

———. *Ludlow Village III: 16 New Twin Townhouses.* Brochure, 1998.

———. *Ludlow Village IV: $45,000 Can Buy You a New Home in Philadelphia!* Brochure, 2001.

Philadelphia Redevelopment Authority. *Neighborhood Housing Strategy for the Cecil B. Moore Development Area.* Philadelphia: Philadelphia Redevelopment Authority, February 1996.

Pierce, Neil. "Massive Urban Renewal: Detroit's 21st-Century Formula." Washington Post Writers' Group, May 30, 2004. http://www.stateline.org/live/ViewPage.action?siteNodeId = 136&languageId = 1&contentId = 15660. Accessed August 17, 2011.

Plunz, Richard. *A History of Housing in New York City: Dwelling Type and Social Change in the American Metropolis.* New York: Columbia University Press, 1990.

Pogrebin, Robin. "First Phase of High Line Is Ready for Strolling." *New York Times,* June 8, 2009.

Polshek, James S. *James Stewart Polshek: Buildings and Projects, 1957–1987: Context and Responsibility.* New York: Rizzoli, 1988.

Pope, John, to Wayne King. Memorandum, December 29, 1997.

Poplar Enterprise Development Corporation, to Poplar Nehemiah Project Development Team. Memorandum, September 22, 1994.

Pristin, Terry. "Voters Back Limits on Eminent Domain." *New York Times,* November 15, 2006, 6.

Puls, Mark. "Detroit's Claim on Land Premature: Property Records Changed Before Deal." *Detroit News,* March 4, 2001, 1C.

Rae, Douglas W. *City: Urbanism and Its End.* New Haven, Conn.: Yale University Press, 2003.

Reardon, Kenneth M. "State and Local Revitalization Efforts in East St. Louis, Illinois." *Annals of the American Academy of Political and Social Science* (1997): 235–47.

Reeves, Richard. "HUD Fiasco Haunts Liberals." *Detroit Free Press,* June 13, 1979.

Rich, William, Kenneth Geiser, Rolf Goetz, and Robert Hollister. "Holding Together: Four Years of Evolution at MIT." *Journal of the American Planning Association* 36:4 (January 1970): 242–52.

Risselada, Max and Dirk van den Heuvel, eds. *Team 10: 1953–81, in Search of a Utopia of the Present.* Rotterdam, Netherlands: Nai Publishers, 2005.

Roberts, Sam. "Charlotte Street: Tortured Rebirth of a Wasteland." *New York Times,* March 9, 1987, B1.

Robertson, Nan. "Helping the Elderly to Flee from Fear." *New York Times,* June 13, 1977, 48.

Rochon, Lisa. "From Slumdog Barrio to Beacon on the Hill: Catalytic Architecture, Visionary Social Spending and Simple Local Pride Are Remaking One of Colombia's Poorest Neighbourhoods." *Globe and Mail,* February 7, 2009, R8.

Rodwin, Lloyd, and Bishwapriya Sanyal, eds. *The Profession of City Planning: Changes, Images, and Challenges, 1950–2000.* New Brunswick, N.J.: Center for Urban Policy Research, Rutgers University, 2000.

Romero, Simon. "Medellín's Nonconformist Mayor Turns Blight to Beauty." *New York Times,* July 15, 2007, 3.

Rooney, Jim. *Organizing the South Bronx.* Albany: State University of New York, 1995.

Ross, Andrew. *The Celebration Chronicles: Life, Liberty and the Pursuit of Property Value in Disney's New Town.* New York: Ballantine Books, 1999.

Rossi, Aldo. *The Architecture of the City.* Cambridge, Mass.: MIT Press, 1982.

Rowe, Peter. *Modernity and Housing.* Cambridge, Mass.: MIT Press, 1993.

Rusk, David. *Cities Without Suburbs.* Washington, D.C.: Woodrow Wilson Center

Press, 1993.

Russ, Valerie. "North to the Future." *Philadelphia Daily News*, September 8, 2009, 6.

Ryan, Brent D. *Privately-Financed Housing in Distressed Urban Neighborhoods: Lessons from Detroit*. Unpublished research report, Fannie Mae Foundation, 2006.

———. "Reconsidering the Grid: The Evolution of Philadelphia's Block Form, 1683–1900." Unpublished paper, Massachusetts Institute of Technology, 1998.

———. "The Suburbanization of the Inner City: Urban Housing and the Pastoral Ideal." Diss., Massachusetts Institute of Technology, Cambridge, Mass., 2002.

Ryan, Brent D., and Daniel Campo. "Demolition of Detroit: A History of the Automotive Industry, Demolition, and Deurbanization." Paper presented at Urban History Association, 5th Biennial Conference, Las Vegas, Nev., October 2010.

Saffron, Inga. "Changing Skyline: Four Reasons for Creating a Green Gem on the Waterfront." *Philadelphia Inquirer*, June 26, 2009, E01.

———. "Changing Skyline: Hometown Modernists; At Once Edgy and Down-to-Earth, the Architecture of Erdy McHenry Is Redefining the City's Look." *Philadelphia Inquirer*, August 25, 2006.

Samper Escobar, Jose Jaime. "The Politics of Peace Process in Cities in Conflict: The Medellín Case as a Best Practice." Master's thesis, Massachusetts Institute of Technology, 2010.

Sanborn Map Company. *Sanborn Fire Insurance Maps [microform]: Pennsylvania*. Ann Arbor, Mich.: Bell and Howell Information and Learning, 1984: Philadelphia sheets 366 and 367.

Schade, Rachel Simmons, Bolender Architects, National Trust for Historic Preservation in the United States, Philadelphia Office of Housing and Community Development, and Philadelphia City Planning Commission. *Philadelphia Rowhouse Manual: A Practical Guide for Homeowners*. Philadelphia: City of Philadelphia, 2008.

Schwartz, Alex F. *Housing Policy in the United States: An Introduction*. New York: Routledge, 2006.

Schwieterman, Joseph, and Dana M. Caspall. *The Politics of Place: A History of Zoning in Chicago*. Chicago: Lake Claremont Press, 2006.

Scism, Leslie. "Focus: North Philadelphia: A Neighborhood Struggles for a Revival." *New York Times*, November 18, 1990, R5.

Scott Brown, Denise. "Between Three Stools: A Personal View of Urban Design Pedagogy." In *Urban Concepts*. New York: St. Martin's Press, 1990: 8–20.

Scully, Vincent J. *American Architecture and Urbanism*. New York: H. Holt, 1988.

Segal, Gloria M. "Cedar-Riverside: The Architect as Teacher." *Northwest Architect*, July–August 1972: 162–63, 174.

Shaw, Robert. "The International Building Exhibition (IBA) Emscher Park, Germany: A Model for Sustainable Restructuring?" *European Planning Studies* 10:1 (2002): 77–97.

———. "Taste of Suburbia Arrives in the South Bronx." *New York Times*, March 19, 1983, 1.

Siegel, Ron. "Archer's Kinfolks on Graimark Payroll." *Michigan Citizen*, February 28, 1998, A1.

———. "Archer Hatched Graimark Plan: Documents Contradict Earlier Administration Statements." *Michigan Citizen*, March 14, 1998, A1.

———. "Council Members Declare Themselves on Graimark Plan." *Michigan Citizen*, March 28, 1998, A1.

———. "DunCombe, Graimark Directors Are Partners." *Michigan Citizen*, May 2, 1998.

Slobozdian, Joseph A. "Renaissance." *Philadelphia Inquirer*, December 27, 2005, A1.

Sohmer, Rebecca, and Robert E. Lang. "Life at the Center: The Rise of Downtown Housing." In *Housing Facts and Findings 1:1*. Washington, D.C.: Fannie Mae Foundation, 1999.

"South Bronx Debate: Dig It Now or Plan It Later." *New York Times*, February 25, 1979, E7.

Spatt, Beverly Moss. "Dissenting Report of Commissioner Spatt." In *Plan for New York City 1969: A Proposal*. Vol. 1, *Critical Issues*, 174–75. New York: New York City Planning Commission, 1969.

Speaks, Michael. "Every Day Is Not Enough." In *Everyday Urbanism: Margaret Crawford vs. Michael Speaks*, edited by Rahul Mehrotra. Ann Arbor: University of Michigan, 2005: 35–50.

Special to the *New York Times*. "A City Within a City Is Guaranteed Loan." *New York Times*, June 29, 1971, 29.

———. "Public Housing Curb Scored in Carolina." *New York Times*, January 28, 1973, 45.

Spirn, Anne Whiston. *The Granite Garden: Urban Nature and Human Design*. New York: Basic Books, 1984.

Staley, Willy. "Urban Nation." *Next American City* (Winter 2010). http://americancity.org/magazine/article/urban-nation/.

Steinberg, Harris M. "Philadelphia in the Year 2059." In *Imagining Philadelphia: Edmund Bacon and the Future of the City*, edited by Scott Gabriel Knowles. Philadelphia: University of Pennsylvania Press, 2009: 112–44.

Stern, Robert A. M. "Subway Suburb." In *The Anglo-American Suburb*, edited by John Montague Massengale. New York: St. Martin's Press, 1981.

Stevenson, Richard W. "Take a Ride on the Reading: Collect $25 Million." *New York Times*, September 22, 1985.

Stewart, Barbara. "Market's Nod to a Rebirth: Property Values Rise in a South Bronx Enclave." *New York Times*, November 2, 1997, 37.

Streitfeld, David. "An Effort to Save Flint, Mich., by Shrinking It." *New York Times*,

April 21, 2009.

Sugrue, Thomas. *The Origins of the Urban Crisis: Race and Inequality in a Postwar Detroit.* Princeton, N.J.: Princeton University Press, 1996.

Talen, Emily. "Sprawl Repair." *Planning,* November 2010, 32–36.

Talley, Brett. "Restraining Eminent Domain Through Just Compensation: Kelo v. City of New London." *Harvard Journal of Law and Public Policy* 29:2 (2006): 759–69.

"The Little Firehouse That Couldn't Beat the Convention Racket." *Classical Values,* May 28, 2008. www.classicalvlues.com/archives/2008/05/the_little_fire.html. Accessed December 31, 2010.

Thomas, June Manning. *Redevelopment and Race: Planning a Finer City in Postwar Detroit.* Baltimore: Johns Hopkins University Press, 1997.

Thompson, Lawrence. *A History of HUD.* Washington, D.C.: Lawrence Thompson, 2006.

Toy, Vivian S. "Detroit Subdivision on Schedule Despite Mayor's Warning." *Detroit News,* July 2, 1991, 3B.

United Nations Development Programme. *Human Development Report 2010: 20th Anniversary Edition; The Real Wealth of Nations: Pathways to Human Development.* New York: United Nations Development Programme, 2010.

U.S. Congress. House. Committee on Financial Services. *HOPE VI Improvement and Reauthorization Act of 2007: Report, Together with Additional Views (to Accompany H.R. 3524) (Including Cost Estimate of the Congressional Budget Office).* Washington, D.C.: U.S. Government Printing Office, 2008.

U.S. Department of Housing and Urban Development. *FY 2002 Formula Allocations for Michigan.* Washington, D.C., November 28, 2001. www.hud.gov/offices/cpd/communitydevelopment/budget/2002allocations/michigan.pdf. Accessed January 7, 2011.

———. *New American Neighborhoods: Building Homeownership Zones to Revitalize Our Nation's Communities.* Washington, D.C., 1996.

———. *Section 108 Loan Guarantee Program.* www.hud.gov/offices/cpd/communitydevelopment/programs/108/. Accessed January 23, 2011.

U.S. National Advisory Commission on Civil Disorders [Kerner Commission]. *Report of the National Advisory Commission on Civil Disorders.* New York: Praeger, 1968.

University of Minnesota News. "Ralph Rapson Dies at 93." *University of Minnesota.* April 3, 2008. www1.umn.edu/umnnews/Feature_Stories/Ralph_Rapson_dies_at_93.html. Accessed July 24, 2009.

University of Pennsylvania Cartographic Modeling Laboratory. *Philadelphia NIS NeighborhoodBase: Summary Statistics: Vacant Land Parcels, 7/1/2007.* http://cml.upenn.edu/nbase/nbStatsRequest2.asp. Accessed August 18, 2011.

Vale, Lawrence J. *From the Puritans to the Projects: Public Housing and Public Neighbors.* Cambridge, Mass.: Harvard University Press, 2000.

————. *Reclaiming Public Housing: A Half-Century of Struggles in Three Public Neighborhoods*. Cambridge, Mass.: Harvard University Press, 2002.

"Vast Shopping Center with 100 Retail Units Planned by Store in Suburbs of Detroit." *New York Times*, June 4, 1950, R1.

Venturi, Robert. *Complexity and Contradiction in Architecture*. New York: Museum of Modern Art, 1966.

Vergara, Camilo Jose. *The New American Ghetto*. New Brunswick, N.J.: Rutgers University Press, 1997.

Von Hoffman, Alexander. *House by House, Block by Block: The Rebirth of America's Urban Neighborhoods*. Oxford: Oxford University Press, 2003.

Wachter, Susan. *The Determinants of Neighborhood Transformations in Philadelphia Identification and Analysis: The New Kensington Pilot Study*. Philadelphia: Wharton School, University of Pennsylvania, 2005.

Waldheim, Charles, ed. *CASE: Hilberseimer/Mies van der Rohe, Lafayette Park, Detroit*. Cambridge, Mass.: Harvard University Graduate School of Design, 2004.

————. *The Landscape Urbanism Reader*. New York: Princeton Architectural Press, 2006.

Walter, Joan. "Hidden Soul: Old Area Bristles with Hope: Jefferson-Chalmers Works Hard to Shed 'Ghetto' Image." *Detroit News*, July 20, 1981: 1B.

Walters, Wendy S. "Turning the Neighborhood Inside Out: Imagining a New Detroit in Tyree Guyton's Heidelberg Project." *TDR: The Drama Review* 45:4 (Winter 2001): 64–93.

Warner, Sam Bass, Jr. *The Private City: Philadelphia in Three Periods of Growth*. Philadelphia: University of Pennsylvania Press, 1968.

White, Norval, Elliot Willensky, and Fran Leadon. *AIA Guide to New York City*. 5th ed. New York: Oxford University Press, 2010.

Whiting, Sarah. "Bas-Relief Urbanism: Chicago's Figured Field." In *Mies in America*, edited by Phyllis Lambert. Montreal: Canadian Center for Architecture, 2001: 642–91.

Whyte, William H. 1970. *The Last Landscape*. New York: Anchor Books.

Willis, Carol. *Form Follows Finance: Skyscrapers and Skylines in New York and Chicago*. New York: Princeton Architectural Press, 1995.

Wilson, William J. *The Truly Disadvantaged: The Inner City, the Underclass, and Public Policy*. Chicago: University of Chicago Press, 1987.

————. *When Work Disappears: The World of the New Urban Poor*. New York: Knopf, 1996.

Woodward, Christopher, and Kenneth Campbell. "Two Perspectives on Odhams: Odhams Walk, Covent Garden, London." *Architects' Journal* (February 3, 1982): 31–46.

Woolf, Virginia. "Mr. Bennett and Mrs. Brown." London: Hogarth Press, 1924.

Wooten, Michael. "Special Report: Abandoned Housing Crisis in Buffalo." *WGRZ*, May 11, 2010. www.wgrz.com/news/local/story.aspx?storyid = 76773&catid = 37. Accessed February 20, 2011.

Wowk, Mike. "Detroit Would Like to Build on the Success of Victoria Park." *Detroit News*, May 4, 1993, B1.

Yardley, Jim. "A Master Builder's Mixed Legacy: Forgotten by the Public, 'Mr. Urban Renewal' Looks Back." *New York Times*, December 29, 1997, B1.

Zillow.com. "1545 Charlotte Street, Bronx, NY 10460." www.zillow.com/homedetails/ 1545-Charlotte-St-Bronx-NY-10460/29783367_zpid/. Accessed November 11, 2010.

致　谢

　　本书的完成，离不开许多人、地方、机构所提供的无价的帮助和建议。劳伦斯·韦尔（Lawrence Vale）无私地提供了大量宝贵的建议，让本书从开始到完成都变得简单很多。

　　赞恩·米勒（Zane Miller）在本书写作最困难的日子里，给予我极大的支持。查尔斯·霍克（Charles Hoch）一直鼓励我在学术界发出自己的声音。我希望本书可以成为自己学术道路上向前迈进的一小步。宾夕法尼亚大学出版社的两位编辑——罗伯特·洛克哈特（Robert Lockhart）与尤金妮亚·波奇（Eugenie L. Birch）帮助我将书稿完善至可以出版的地步。山姆·巴斯·沃纳（Sam Bass Warner）、安妮·斯本（Anne Spirn）、埃兰·本－约瑟夫（Eran Ben-Joseph）、苏珊·费恩斯坦（Susan Fainstein）、杰罗德·凯顿（Jerold Kayden）、大卫·斯特里德林（David Streadling）、拉里·本奈特（Larry Bennett）、雷切尔·韦伯（Rachel Weber）以及罗伯塔·菲尔德曼（Roberta Feldman）都给我提供了宝贵的修改和出版意见。丹尼尔·坎珀（Daniel Campo）一如既往地为我提供费城和其他城市的发展经验。卡伦·盖奇（Karen Gage）向我介绍了底特律，并成为我了解这个城市最重要的窗口。阿贝·布鲁斯特（Abe Brewster）在本书写作最关键的时候，非常慷慨地提供了设计上的意见。我还要感谢研究助理们提供的帮助，包括安－艾瑞尔·韦奇奥（Ann-Ariel Vecchio）、莎拉·斯派塞（Sarah Spicer）、约翰·施特恩（John Stern）、艾莉森·胡（Allison Hu）、克里斯蒂娜·卡拉布雷斯（Christina Calabrese）、杰夫·莫恩（Geoff Moen）、弗兰尼·里奇（Frany Ritchie）、德鲁·庞帕（Drew Pompa）、艾莉·布朗（Ellie Brown）和克里斯蒂娜·吴（Christine Wu）。我的母亲、父亲、兄弟姐妹们和其他家庭成员，以及城市午餐会和耶鲁同级的朋友们都一直在鼓励着我前进。

正如一句谚语所说的那样，"无论去哪里，你还是原来的你"，我发现旅行对思考有着非常重要的推动意义。很幸运的是，我在奥地利的萨尔茨堡有了撰写本书的灵感，在西印度群岛的蒙特塞拉特岛、罗得岛州的普鲁登茨岛、玛莎葡萄园岛的查帕奎迪克的旅行中完成了本书中的关键部分。最后，非常感谢曾经工作过的两个研究机构为我在写作和思考上所提供的帮助。麻省理工学院通过林德职业发展教职基金（Linde Career Development Professorship）为我提供了一个学期的学术休假和研究基金，在此之前哈佛大学设计学院也为我提供了年轻教师基金。

我决定将本书献给我的妻子洛瑞娜，她善良和乐观的精神一直支持着我。

译后记

10多年前，当我刚迈进大学校园时，中国正在城镇化的道路上狂飙突进。彼时，随着大量农村人口进入城市，各地正掀起一场场如火如荼的造城运动。而当时作为身在校园的学生，我所能直接感受到的，就是建筑学、城市规划与土木工程等相关专业的火爆。

2014年，我于读博后参与了东北某市的一个城市规划项目，发现当地的城镇人口连续几年下降。于是，我开始寻找国内外文献，发现"收缩城市"是国外规划研究与实践领域的一个热点，同时了解到美国麻省理工学院城市研究与规划系的布伦特·D.瑞安教授对收缩城市有较多的研究，并出版了一本专著（即本书英文版）。后来，受国家留学基金委的资助，我前往麻省理工学院，在瑞安教授指导下开展研究工作。

博士毕业后，我进入高校开展科研工作，深感中国城市收缩问题的普遍性与严峻性，因此决定翻译引进本书。在整个过程中，我得到了中国建筑出版传媒有限公司率琦和刘文昕两位编辑的大力支持，他们为本书的出版付出了大量的心血，在此深表感谢。东南大学建筑学院的陶梦烛、李昊伦、王雨、李曼雪、苏子玥、贾璐涵、李艳妮、佘悦、刘丛禹和钟笑寒同学为本书的翻译初稿贡献了较多的时间，在此一并致谢。

最近几年，城镇化大潮的趋缓和人口的负增长成了中国社会各界热议的话题。而在建筑和规划领域，传统上以人口增长为前提的规划模式在面临城市收缩时，却显得无能为力，甚至雪上加霜。正是在这样的背景下，向国外学习应对衰退和人口收缩背景下的城市规划与设计，也有了更多的实际意义。尽管由于国情和制度差异，其他国家的经验和教训未必能直接照抄，但或许能从中发掘部分值得学习之处，同样有所裨益。

本书主要描述了美国两个收缩城市——底特律和费城在 20 世纪 70 年代陷入衰退后，如何重建城市的历程。值得一提的是，本书强调了应对衰退的设计不只有空间设计一个维度，政策设计也是非常重要的。而底特律和费城这两个城市在重建上采用了迥异的政策设计与空间设计模式。底特律的重建以市场为主导，任由开发商决定开发项目的位置与形式，地方政府虽然为这些开发项目提供了较多的资金补贴，但建成后的商品房并没有改变当地房地产市场崩溃的状况。费城的地方政府则在重建中发挥了较大的作用，促使新的建设项目尽可能在空间上集中，并对建筑形式与规划模式进行较多的管控，同时出售时主要面向社会中下阶层的购房者，最终得到了社会的认可。

诚然，每个城市背后的资源禀赋和发展背景不尽相似，在面对相同的问题时采用不同的方法情有可原。底特律和费城的确代表了应对人口收缩的两种方式，放任自由还是进行干预。但无论采用哪种方式应对已经出现或者即将到来的人口收缩，前提都是接受现实，即一些城市的人口规模很可能回不到过去的高峰。在此基础上，梳理和整理城市中的低效、闲置空间，对可以归并出较大开发潜力的地块进行集中，其余零散空间拆除还绿，正如作者所提出的，城市织补可能是未来应对城市收缩的一种通用模式。总之，如何减轻人口收缩对依然生活在这座城市中的居民的影响，值得规划师、建筑师以及社会各界关注思考。

当然，如果把时间线拉长一些，可以发现人类历史和地球的历史相比，简直如沧海一粟。城市中人口的收缩，甚至空无一人，亦难载史册。未来某一天，可能出现新的物种接管地球，那时他们或许惊讶于某个不知名物种所留下的巨构。

高舒琦

2023 年 8 月